全国机械行业职业教育优质规划教材（高职高专）
经全国机械职业教育教学指导委员会审定

数控机床控制技术与系统

第 3 版

主编　王侃夫
参编　顾晓春

机械工业出版社

本书是全国机械行业职业教育优质规划教材（高职高专），经全国机械职业教育教学指导委员会审定。本书以 FANUC 0i 和 SINUMERIK 802D 系统为依托，介绍了数控原理、数控机床机械传动、主轴和进给电气驱动、位置和速度检测、数控机床伺服系统及数控机床 PLC 等方面的内容。

本书涵盖了数控机床控制技术的各个方面，内容丰富、层次清晰、重点突出，重视实践技能的培养。本书采用任务驱动方式，通过任务分解，将数控机床控制技术落实到具体的知识点和能力点上，以期对数控机床控制技术与系统从整体上有较全面的了解，为进一步学习数控机床故障诊断及维护知识，提高数控机床的应用水平做好铺垫。本书每个模块还附有拓展阅读，以适应不同教学层次的要求。本书安排有大量思考题与习题，可作为对正文内容的巩固，以拓展解决实际问题的能力。

本书既可作为高等职业教育数控技术专业、机电一体化技术专业的教材，也可作为从事数控机床工作的工程技术人员的参考书。

本书配有电子课件、课程大纲、教学计划、课后习题答案、模拟试卷及答案，凡使用本书作教材的教师可登录机械工业出版社教育服务网（http://www.cmpedu.com），注册后免费下载，或发送电子邮件至 cmpgaozhi@sina.com 索取。咨询电话：010-88379375。

图书在版编目（CIP）数据

数控机床控制技术与系统/王侃夫主编. —3 版. —北京：机械工业出版社，2017.2（2025.8 重印）

全国机械行业职业教育优质规划教材（高职高专） 经全国机械职业教育教学指导委员会审定

ISBN 978-7-111-55993-1

Ⅰ.①数… Ⅱ.①王… Ⅲ.①数控机床-高等职业教育-教材 Ⅳ.①TG659

中国版本图书馆 CIP 数据核字（2017）第 023853 号

机械工业出版社（北京市百万庄大街 22 号 邮政编码 100037）
策划编辑：王英杰 责任编辑：王英杰 郑 丹 章承林
责任校对：佟瑞鑫 封面设计：鞠 杨
责任印制：张 博
北京机工印刷厂有限公司印刷
2025 年 8 月第 3 版第 7 次印刷
184mm×260mm·10.5 印张·245 千字
标准书号：ISBN 978-7-111-55993-1
定价：35.00 元

电话服务 网络服务

客服电话：010-88361066 机 工 官 网：www.cmpbook.com
　　　　　010-88379833 机 工 官 博：weibo.com/cmp1952
　　　　　010-68326294 金 书 网：www.golden-book.com
封底无防伪标均为盗版 机工教育服务网：www.cmpedu.com

前　言

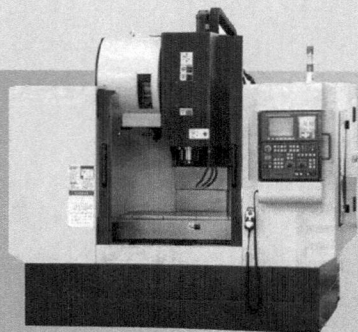

　　本书第 2 版自出版以来，数控技术得到了快速发展，表现为以数字化总线控制取代了模拟控制，全数字式交流伺服驱动取代了直流伺服驱动，伺服控制和性能更加先进和完善；同时，数控系统的智能化和网络化也得到了进一步的发展。尤其是，《中国制造 2025》将高档数控机床及相关技术作为战略任务和重点领域，并提出了目标、要求和规划路径。为适应数控技术的发展趋势，践行职业教育课程改革，满足应用型人才培养的需要，在企业调研和教学实践的基础上，对本书进行了第 3 版修订。

　　本书在内容和编排上较第 2 版做了大幅度的改变，表现为以下几个方面：一是，采用模块、项目和任务的结构形式，将数控机床控制技术落实到具体的知识点和能力点上，配合大量图片，在内容阐述上力求直接和直观，使教学更接贴近于工作现场；二是，在介绍基本知识和能力的基础上增加拓展阅读，以适应不同教学层次的要求；三是，增加了数控机床机械传动的内容，对数控机床的进给机械传动、主轴机械传动以及辅助功能做了基本介绍，为数控机床控制技术的知识展开做好铺垫；四是，每个模块有思考题与习题，题目中的内容除了涉及专业基础知识外，还有分析题，以期培养应用专业知识解决实际问题的能力；五是，精心制作了与教材配套的课件，课件采用了大量与教学内容相匹配的实景图片，文字说明简洁明了，突出重点，既是对教材内容的补充，又可以提高教学的直观性，便于提高教学效率和效果。

　　在本书的编写过程中，作者一直跟踪数控技术的新发展，查阅了大量文献资料，并主持了多个数控机床改造和调试项目。作者将文献资料和实践体会进行整理和提炼，将部分成果编入教材相关的任务中。另外，本书的部分内容曾作为讲义在学校教学和企业培训中使用，收到了良好效果，经进一步整理、补充和修改，整合在本书中。

　　本书由王侃夫（模块一、二、三、五、六、八及统稿）、顾晓春（模块四、七）编写。宋又廉教授担任本书主审，对书稿进行了认真、负责和全面的审阅，并提出了许多建设性的意见。另外，上海电机学院梁森教授、上海电气上海重型机床厂有限公司陈建新高级工程师也对书稿提出了许多宝贵意见。本书在编写过程中，还得到了上海东海职业技术学院杨萍、上海电气自动化设计研究所有限公司马丹、上海电气上海电机厂有限公司柴家隆等专家、工程技术人员，以及上海电机学院工业中心、上海东海职业技术学院数控实训中心、上海电气李斌技师学院、上海电气上海机床成套工程有限公司、上海电气上海汽轮机有限公司、上海三菱电梯有限公司、陕西法斯特齿轮有限责任公司、中国中车集团资阳机车有限公司等单位的大力支持，作者在此一并表示衷心的感谢。

　　由于数控技术发展较快，作者水平有限，本书内容难免存在不妥之处，敬请读者批评指正，并热诚希望本书能对从事和学习数控机床控制技术的广大读者有所帮助，同时期待您把对本书的意见和建议通过 E-mail 告诉我们，E-mail 地址是 skwangkf@ 126.com。

编　者

目　录

模块一

数控机床概述

任务一　数控机床基本特点

数控机床是机电一体化的典型产品，是以计算机为控制核心，集机床、电机及拖动、电力电子、传感器、自动化、机床电器及 PLC，以及气液压等技术为一体的自动化金属切削设备。数控系统（Computer Numerical Control，简称 CNC）是数控机床的控制核心，一般是一台专用的计算机。相对于普通机床而言，数控机床加工零件是根据加工程序自动进行的。以数控车床为例，其加工过程如图 1-1 所示。

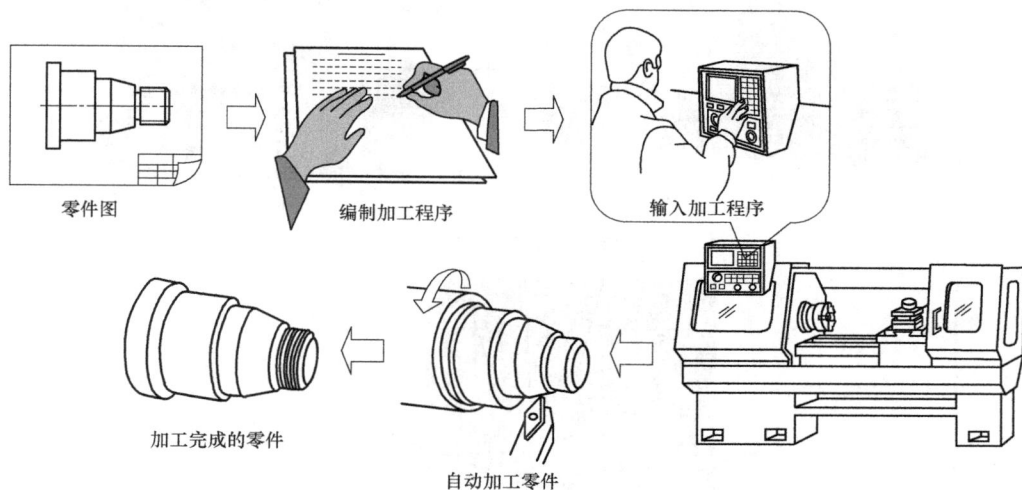

零件图　　　　　编制加工程序　　　　　输入加工程序

加工完成的零件

自动加工零件

图 1-1　数控车床的加工过程

编程人员根据零件图，制订加工工艺（机床选择、刀具选择、夹具选择、切削用量确定等），编写加工程序。

操作人员将加工程序输入到数控系统中，在进行了工件装夹、刀具调整及对刀等操作后，执行加工程序。

数控系统对加工程序进行数据处理后，输出控制信号控制机床各部分动作，进行自动切削加工，如主轴起动、停止及主轴转速变换，刀具相对于工件的进给轨迹调整，自动换刀，切削液开、关等。

数控机床加工的基本特点有：

1）加工过程中无须人的过多介入，把人对加工精度的影响降低到最小。

2）数控机床本身机械精度和控制精度都较高，加工过程中的每一步严格按照加工程序来执行，保证了零件加工精度以及精度保持的一致性。

3）数控机床自动化程度高，如自动换刀、自动对刀等，有效缩短了非切削时间，加工效率高。

4）采用标准化和模块化的刀具和夹具后，加工不同的零件只需更换相应的加工程序即可，适应性强。

任务二　数控机床基本组成及控制

一、数控机床基本组成

1. 数控车床

数控车床按功能分为普通型和全功能型。卧式数控车床结构有平床身和斜床身两种类型。图1-2所示为斜床身数控车床的机械结构和电气控制柜。

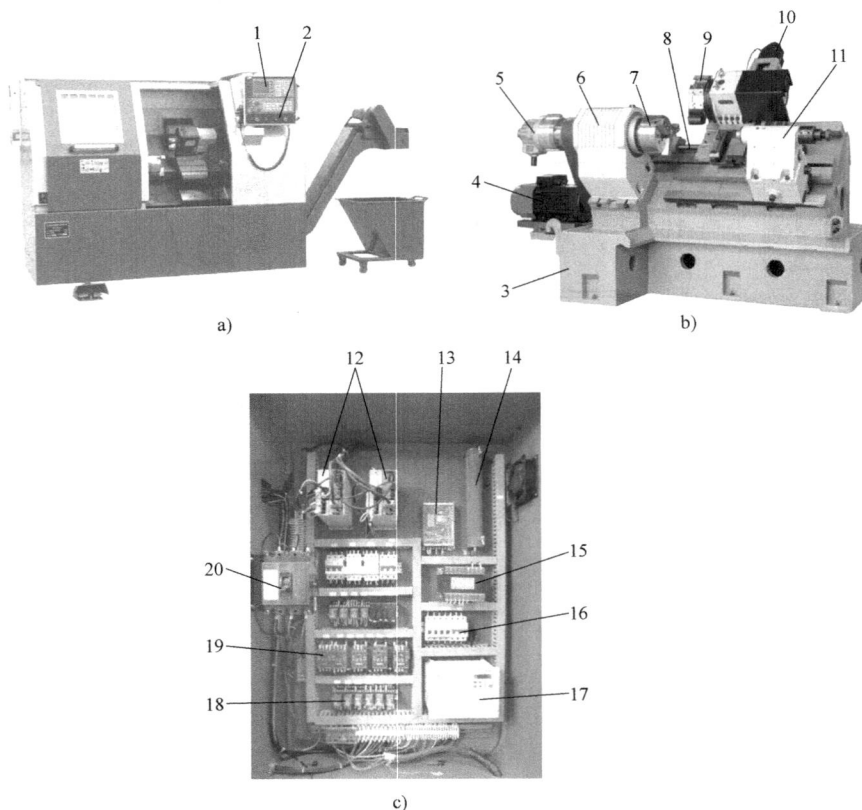

图1-2　斜床身数控车床的机械结构和电气控制柜

a）外观　b）机械结构　c）电气控制柜

1—数控系统　2—机床操作面板　3—床身　4—主轴电动机　5—回转液压缸　6—主轴箱

7—主轴液压卡盘　8—Z轴滚珠丝杠　9—转塔刀架　10—X轴伺服电动机　11—尾座

12—X轴和Z轴伺服驱动器　13—开关电源　14—制动电阻　15—机床变压器

16—断路器　17—变频器　18—继电器　19—接触器　20—电源开关

（1）主运动 主运动的机械传动装置包括主轴、传动带、主轴箱等；主轴电气驱动装置包括主轴电动机和主轴驱动器等。数控系统对输入的 M03、M04、M05 和 S 指令进行数据处理后，输出控制信号给主轴驱动器，主轴驱动器即对主轴电动机实现起动、停止及变频调速等控制。在多功能的数控车床中，主轴除了转速控制外，还有主轴定向、定位等控制。

（2）进给运动 进给运动的机械传动装置包括 X 轴和 Z 轴滚珠丝杠副、导轨、滑板等；进给电气驱动装置包括 X 轴和 Z 轴伺服电动机和伺服驱动器。数控系统对输入的 G01、G02、G03、G00 指令，X、Z 坐标值和进给速度 F 指令进行数据处理后，输出控制信号给伺服驱动器，伺服驱动器驱动伺服电动机带动滚珠丝杠，使滑板沿 X 轴和 Z 轴实现进给运动，最终使刀具相对于工件按加工程序规定的运动轨迹和速度运动。

（3）辅助功能 数控车床基本的辅助功能包括切削液开关控制、润滑控制、刀架换刀控制，以及主轴箱齿轮换档控制等。对于多功能数控车床，辅助功能还包括液压尾座控制和液压卡盘控制等。辅助功能由数控系统 PLC 及电气控制柜中的 I/O 模块、继电器、接触器，以及机床侧的各类检测开关和气液压电磁阀等根据控制逻辑执行完成。

2. 加工中心

图 1-3 所示为立式加工中心的机械结构和电气控制柜。

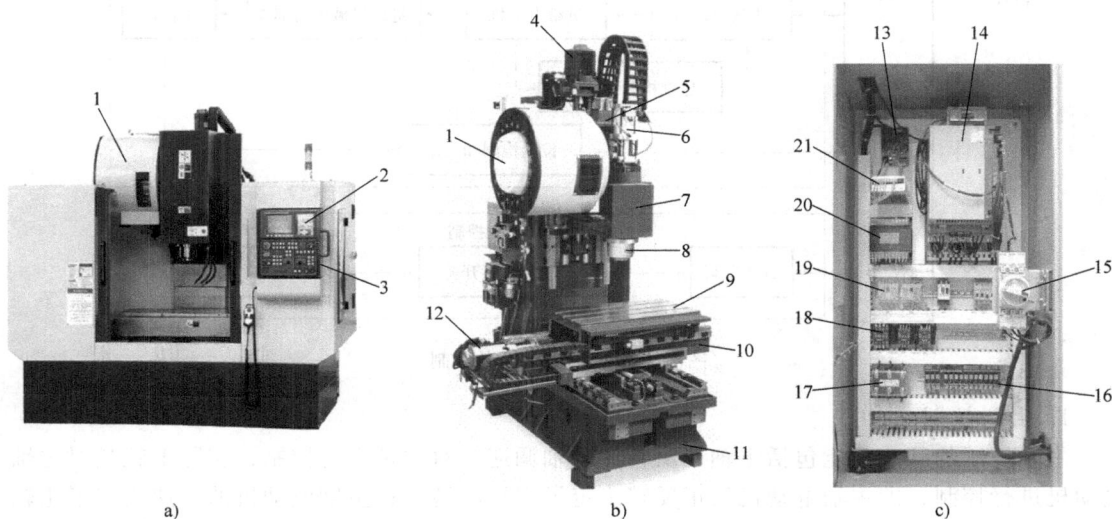

图 1-3 立式加工中心的机械结构和电气控制柜
a）外观 b）机械结构 c）电气控制柜
1—回转式刀库 2—数控系统 3—机床操作面板 4—Z 轴伺服电动机 5—主轴电动机
6—松紧刀气缸 7—主轴箱 8—主轴 9—工作台 10—床鞍 11—床身 12—X 轴伺服电动机
13—I/O 模块 14—主轴-伺服一体式驱动器 15—电源开关 16—继电器 17—机床变压器
18—接触器 19—断路器 20—电源变压器 21—开关电源

主轴部件安装在主轴箱中，由主轴电动机通过传动带带动；主轴驱动器接收数控系统发出的控制信号，驱动主轴电动机实现变频调速，以及起动、停止及准停等控制。

X 轴、Y 轴和 Z 轴伺服电动机带动各自的滚珠丝杠实现工作台的左右运动、床鞍的前后运动及主轴箱的上下运动；伺服驱动器接收数控系统发出的控制信号，驱动 X 轴、Y 轴和 Z 轴伺服电动机。

加工中心除了润滑、冷却等基本辅助功能外，还有两个重要辅助功能：一是主轴中刀柄的松、紧刀控制；二是刀库选刀及机械手换刀控制。

二、数控机床基本控制

尽管数控机床有车床、铣床和加工中心等不同类型，控制有简单和复杂之分，但数控机床基本控制均包括主轴控制、进给控制和辅助功能控制，如图 1-4 所示。

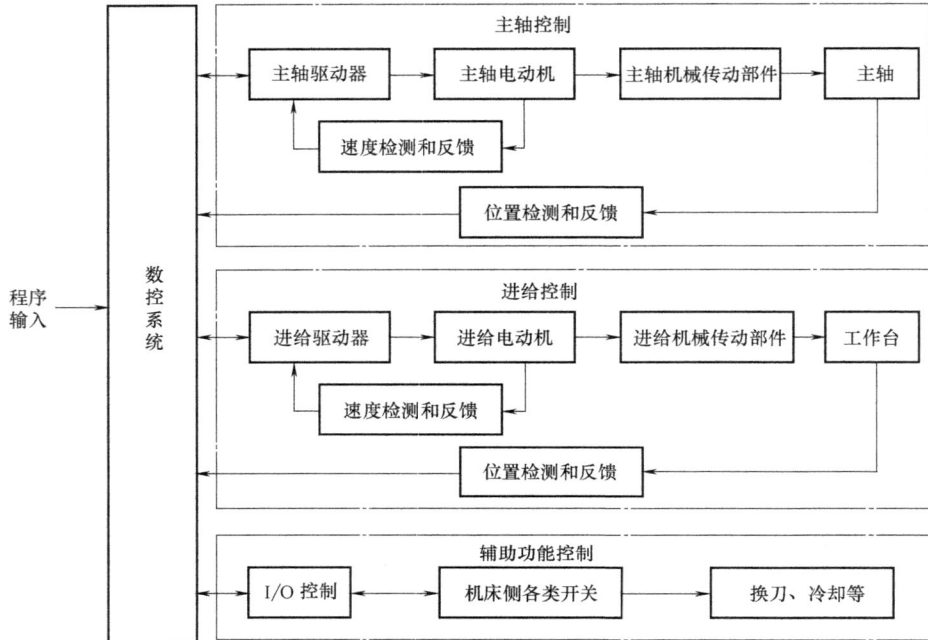

图 1-4　数控机床基本控制

1. 主轴控制

主轴控制的基本功能包括主轴正反转和主轴调速。对主轴进行控制，实际上就是对主轴电动机进行控制，即主轴电动机的正反转决定了主轴的转向；主轴电动机的转速决定了主轴的转速。主轴电动机的驱动是通过主轴驱动器来实现的。主轴控制的基本要求就是要保持主轴转速稳定，为此，在主轴电动机或主轴上安装有编码器，用于进行速度检测并反馈。

主轴控制的特殊功能包括主轴定向和定位控制、主轴齿轮换档时的摆动控制、螺纹车削及刚性攻螺纹同步控制等。为了保证位置控制的准确性，通常在主轴上安装编码器进行主轴位置检测并反馈。随着数控机床的发展，有些数控机床采用了电主轴技术。

主轴控制涉及的机电技术包括主轴结构及主轴机械传动，主轴电动机及驱动，以及主轴速度和位置检测等。

2. 进给控制

进给控制包括点位控制和轨迹控制（又称轮廓控制），如图 1-5 所示。

（1）点位控制　加工中心钻孔、扩孔、铰孔、攻螺纹及镗孔等均为点位控制。点位控制中，刀具从当前位置快速移动到下一位置的过程中不进行切削，移动路径可人为设置，但

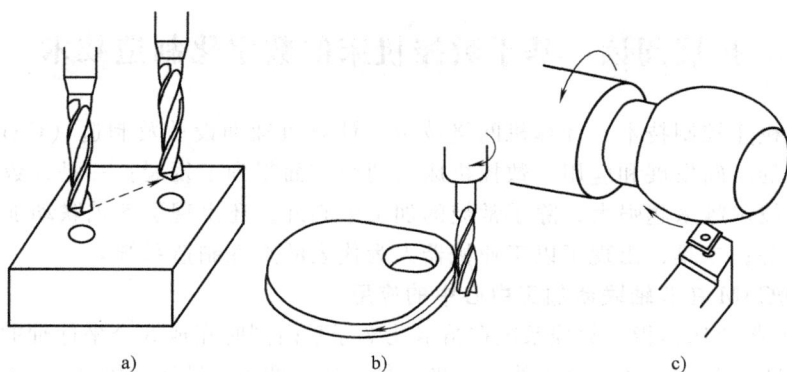

图 1-5 进给控制

a）点位控制 b）铣削轨迹控制 c）车削轨迹控制

要保证点与点之间的位置精度。

（2）轨迹控制 数控铣床、加工中心、数控车床和数控磨床进行轮廓加工时均为轨迹控制。轨迹控制中，刀具按规定的路径切削工件，既要保证位置精度，又要保证刀具运动速度的稳定。

进给运动的控制目标就是位置控制和速度控制，并保证位置控制的准确性、进给速度的稳定性和指令响应的快速性。为实现这一目标，数控机床的进给运动控制有位置检测和速度检测，如光栅和编码器。伺服系统中所采取的一切措施，都是为了保证进给运动的稳定性和位置精度，如对机械传动装置进行预紧、反向间隙调整及补偿、丝杠螺距累积误差补偿，采用高精度的位置检测装置，以及伺服调整等。随着数控机床的发展，有些数控机床进给采用了直线电动机驱动，省去了滚珠丝杠，缩短了进给机械传动链，提高了机械传动的刚度和精度，以及伺服系统的快速响应速度。

进给控制涉及的机电技术包括进给机械传动机构、进给电动机及驱动、位置和速度检测装置、伺服系统性能及调整等。

3. 辅助功能控制

辅助功能由 M 指令和 T 指令通过数控系统的 PLC 控制完成，涉及机床侧输入、输出开关，如按钮、按键、行程开关、接近开关、继电器、接触器和电磁阀等，以及 PLC 梯形图。其中，主轴正反转及停止、润滑和冷却是所有数控机床所具备的辅助功能，其他还包括刀库选刀、加工中心换刀、加工中心主轴松紧刀，以及回转工作台和托盘交换等辅助控制。

三、本课程学习任务

本课程通过对数控机床主运动、进给运动和辅助功能三个方面的阐述，解决数控机床是如何"动"的问题，既可以较全面地了解数控机床的组成、控制等方面的知识，也为进一步学习数控编程、数控机床故障诊断及维修，以及机电一体化等课程做好铺垫。本课程涉及的知识面广，综合性强，在学习过程中，除了教材和课件提供的文字、图片等信息外，还可以到数控机床现场，观察数控机床的机械结构特点；结合机床的电气线路图，了解各电气设备间的接线和信号流程；还可以把数控系统中的 PLC 程序下载到计算机上，阅读和分析机床 PLC 梯形图，从整体上把握数控机床机电一体化控制的特点。

拓展阅读 基于数控机床的数字化制造技术

随着数控机床控制技术、计算机网络技术、计算机辅助设计及制造（CAD/CAM）软件及工业机器人的不断发展和应用，数控机床从两个方面得到了发展：一是，数控机床单机加工能力和控制技术越来越强大，除了常规的加工中心外，还出现了5轴联动加工中心、车铣复合加工中心等；二是，出现了以工业机器人为代表的柔性制造系统。

一、CAD/CAM 在5轴联动加工中心中的应用

5轴联动数控机床是指，数控系统在笛卡儿坐标系内同时完成5个坐标轴的运动和插补的机床，除必须具有 X、Y、Z 三个直线运动坐标外，还有两个回转运动轴坐标。5轴联动数控机床通常应用于加工中心，用于加工复杂空间曲面的零件及复杂结构件的高效率加工，如加工叶片、整体叶轮、模具型面，以及发动机缸体、缸盖等带有孔系的多面体零件。应用5轴联动加工，可避免多次装夹定位、测量等方面的障碍，有效缩短生产周期，降低生产成本，提高加工效率。相对于2轴联动数控系统，5轴联动数控系统在坐标变换及插补、速度平滑及刀具补偿等方面有独特的控制方法。例如，在图1-6所示的5轴联动加工中心加工增压涡轮的数字化制造过程中，计算机中安装有 CAD/CAM 软件，如 NX、Pro/E、CATIA、SolidWorks、MasterCAM、CAXA 等，设计人员应用 CAD/CAM 软件对要加工的零件进行的模型、毛坯，刀具及切削参数、刀具路径规划，直到刀具轨迹仿真和干涉检查等，最后经后置处理生成符合数控系统要求的加工程序，都在计算机上完成的。加工程序通过3个途径传输到数控系统中：一是，通过 USB 或 CF 存储卡转存到数控系统中；二是，通过 RS232 串行数据线传送到数控系统中；三是，通过网络传送到数控系统中。数控系统运行输入的加工程序，控制机床运动，最终加工出零件。从设计到加工的整个过程中，数据处理、生成、传输和控制都是数字化的。

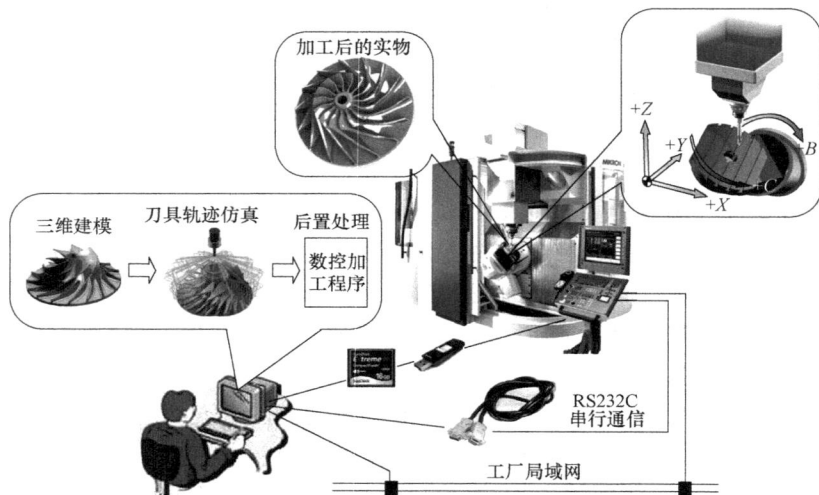

图 1-6 数字化加工过程

图1-6所示的5轴联动加工中心中，回转轴为 B 轴和 C 轴，即工件在工作台上实现双摆动。其他类型的回转轴还有摇篮式（A 轴和 C 轴）、工件转动（C 轴）+主轴摆动（A 轴）、主轴双摆动（A 轴和 C 轴，或 B 轴和 C 轴）等。

二、工业机器人在数控加工生产线中的应用

在汽车零件（如轴、盘、盖等）加工领域，存在零件批量大、零件复杂且加工工位多的特点，需要多台数控机床协同加工。传统加工过程中，工件的装卸、搬运均需要人工完成，存在生产效率低的问题。将数控机床与工业机器人整合起来，组成数控加工生产线，具有自动化程度高、生产节拍短、高柔性的特点。图1-7所示为常见的工业机器人在数控加工生产线中的应用形式。

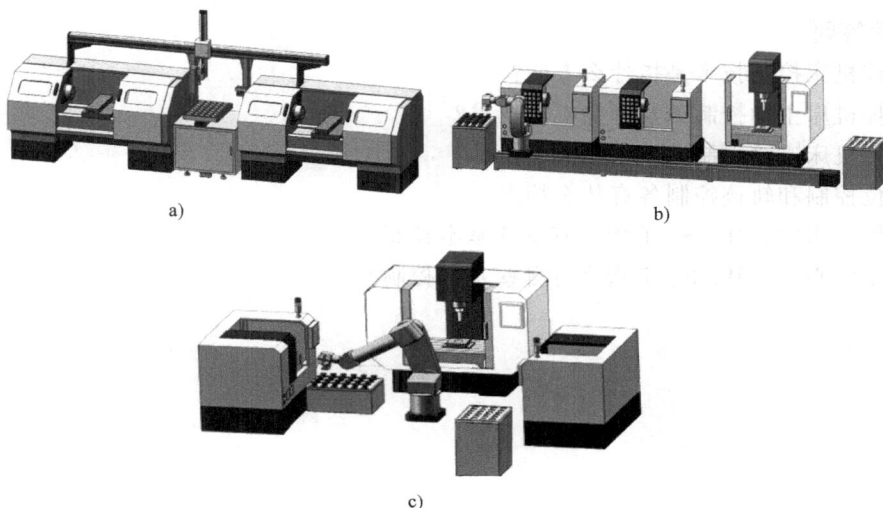

图 1-7 工业机器人在数控加工生产线中的应用
a）桁架式搬运机器人 b）导轨式移动搬运机器人 c）固定式回转搬运机器人

图1-7a中，桁架式搬运机器人特别适用于由数控车床组成的自动化生产线中。机床排列在桁架下，机器人在桁架上移动。机器人末端关节和机床上安装有气动或液压夹具，根据加工工序，机器人沿桁架在各机床之间移动，从机床上方进行工件搬运及上、下料的操作，机器人配合机床的运行，实现工件从毛坯到成品的自动化加工。

导轨式移动搬运机器人和固定式回转搬运机器人适用于由加工中心或加工中心和数控车床混合组成的自动化生产线中，图1-7b中，机床排列在机器人移动导轨一侧，机器人沿导轨在各机床之间移动，从机床前方进行工件的搬运及上、下料的操作；图1-7c中，机器人位置固定，机床围绕在机器人周围，机器人在各机床之间回转，从机床前方进行工件的搬运及上、下料的操作。

数控机床与机器人之间的联系通过总线或网络与上位计算机进行数据交换与识别。例如，数控机床只有在防护门打开、主轴停止、夹具张开以及机床准备就绪（无急停、无报警）的情况下，机器人才能进入机床进行工件的装卸动作；相应地，机器人只有在装卸完成的信号发出后，机床才能进行下一步的加工。若上位机进一步与车间级或厂级主计算机连接起来，可实现监控、调度等生产管理。

思考题与习题

一、填空题

1. 数控系统的控制对象是_____、_____和_____。

2. 主运动的基本控制是 _____ 和 _____；相应的数控指令有_____。

3. 实现进给运动的要素有 _____、_____ 和 _____，相应的数控指令有_____。

4. 辅助功能指令有 _____ 和 _____，主要完成 _____ 和 _____ 等控制。

二、简答题

1. 数控机床控制技术是指什么方面？

2. 数控机床主轴控制涉及哪些机电技术？

3. 数控机床进给控制涉及哪些机电技术？

4. 点位控制和轨迹控制各有什么特点？

5. 数控车床中，M、S、T 指令有哪些基本控制？

6. 加工中心中，M、S、T 指令有哪些基本控制？

模块二

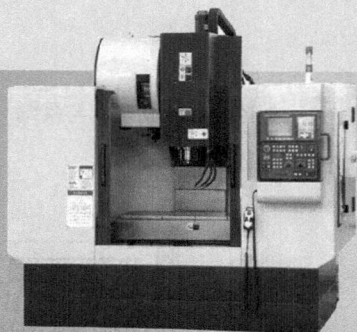

数控机床机械传动

项目一　进给机械传动

任务一　滚珠丝杠副

一、滚珠丝杠副的作用

滚珠丝杠副是数控机床进给机械传动的重要部件，是一种将旋转运动转换成直线运动的传动部件。图 2-1 所示为滚珠丝杠副在数控机床进给传动中的应用。

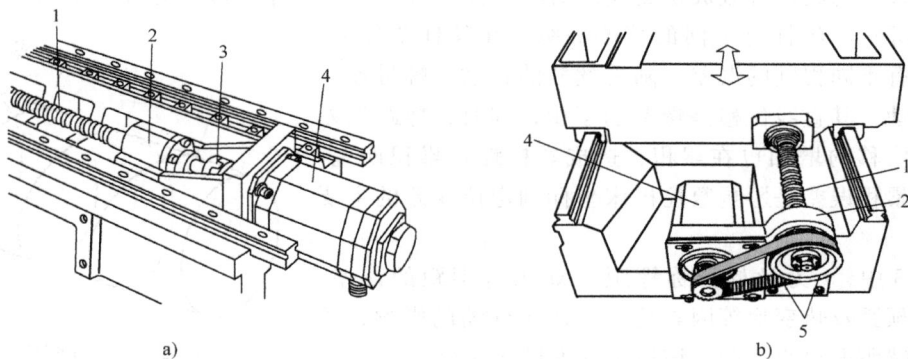

图 2-1　滚珠丝杠副在数控机床进给传动中的应用

a）滚珠丝杠与伺服电动机直连　b）滚珠丝杠通过同步带与伺服电动机连接

1—丝杠　2—轴承座　3—联轴器　4—伺服电动机　5—同步带及带轮

滚珠丝杠两端由轴承支承，其中有一端与伺服电动机连接，随伺服电动机转动；螺母与工作台等移动部件连接，丝杠转动时，工作台随螺母沿导轨做直线运动。伺服电动机转速的高低决定了工作台进给速度的快慢，伺服电动机的正反转决定了工作台的进给方向，伺服电动机转动的角度决定了工作台的移动距离。

二、滚珠丝杠副的特点

1. 循环方式

滚珠丝杠副由丝杠、螺母及滚珠组成，丝杠外表面和螺母内表面上有截面为弧形的螺旋滚道，丝杠转动时，滚珠在螺母中循环滚动。滚珠在螺母中的循环有内循环和外循环两种形式，如图 2-2 所示。

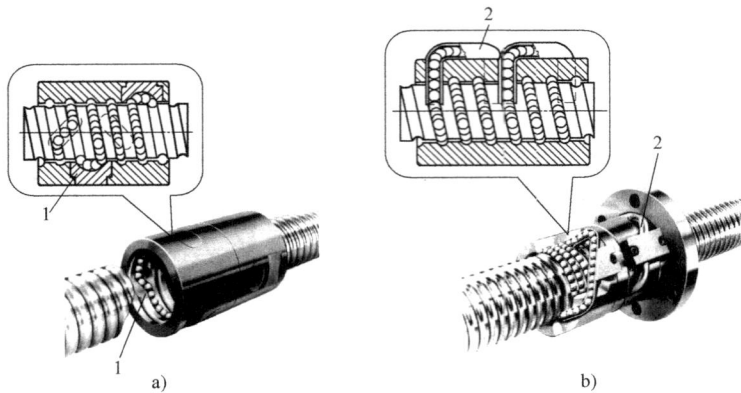

图 2-2 滚珠的循环方式

a）内循环 b）外循环

1—反向器 2—导向管

内循环方式中，滚珠通过设置在螺母内的反向器变换滚道，达到循环的目的；外循环中，滚珠通过螺母上的导向管变换滚道，达到循环的目的。

2. 丝杠螺距及累积误差

将丝杠上的滚道等效成螺旋线，则丝杠转一圈（360°）螺母移动的直线距离称为螺距，如图 2-3 所示。丝杠有不同的精度等级，在丝杠全程上，每个螺距有不同程度的误差，随着丝杠的转动，螺母连续做直线运动，其直线位移是螺距的累积，同时，螺距误差随着直线位移的增加也在累积，造成丝杠螺距累积误差。丝杠螺距累积误差是影响数控机床坐标轴定位误差的主要因素。

图 2-3 中，t 为丝杠公称螺距，Δt 为各螺距的误差。考虑丝杠预紧及热变形等因素使丝杠产生伸缩的影响，预先将公称螺距做得小一些，该螺距称为目标螺距。

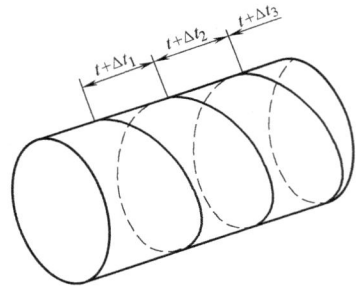

图 2-3 丝杠螺距

例 2-1 某滚珠丝杠在全行程上测得的丝杠螺距累积误差数据见表 2-1。

表 2-1 丝杠螺距累积误差数据

指令位置/mm	0	50	100	150	200	250	300	350	400	450	500
实际移动距离/mm	0	49.998	100.001	149.996	199.995	249.993	299.989	349.985	399.983	449.981	499.984
螺距累积误差/μm	0	−2	+1	−4	−5	−7	−11	−15	−17	−19	−16

由表 2-1 得到丝杠螺距累积误差曲线，如图 2-4 所示。

图 2-4 中，公称行程=公称螺距×丝杠螺纹圈数，目标行程＝目标螺距×丝杠螺纹圈数；实际平均行程是用最小二乘法拟合实际行程的直线。目标行程偏差是目标行程与公称行程之差，本例为 9μm；实际平均行程偏差是实际平均行程与目标行程之差，本例为 7μm；累积误差公差带是最大实际平均行程与最小实际平均行程之差，本例为 8.8μm。

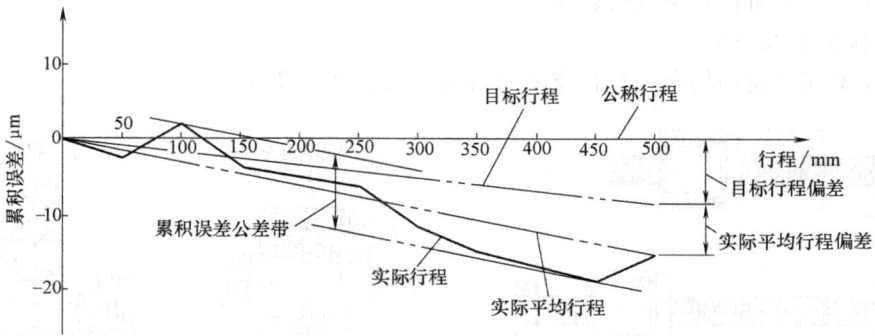

图 2-4 丝杠螺距累积误差曲线

在现代数控系统中，一方面，利用激光干涉仪等精密测量仪器对数控机床移动轴的定位误差进行测量；另一方面，数控系统有螺距累积误差补偿功能，通过对测量所得的定位误差进行软件补偿，以减小定位误差，提高位置控制精度。

3. 丝杠螺母预紧

丝杠滚珠和螺母之间存在轴向间隙，当丝杠转向瞬间改变时，螺母并不瞬间改变移动方向，而是在消除轴向间隙后才移动，从而产生了位置误差，该轴向间隙又称为反向间隙。为避免反向间隙的影响，可采用双螺母垫片预紧、单螺母错位预紧的方式，如图 2-5 所示。

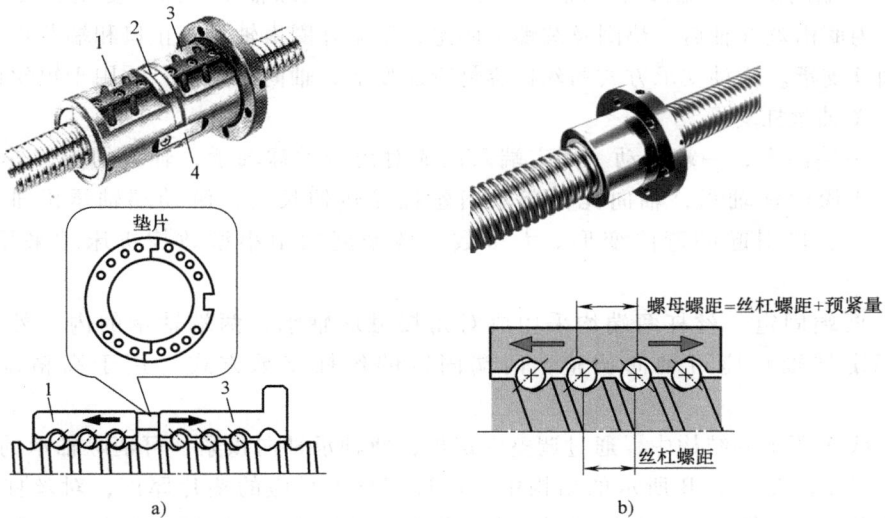

图 2-5 丝杠螺母预紧

a）双螺母垫片预紧 b）单螺母错位预紧

1—螺母 A 2—垫片 3—螺母 B 4—压紧键

图 2-5a 中，调整垫片厚度，可调节两个螺母间的预紧量；图 2-5b 中，螺母中间的螺距有相对偏移量，该偏移量即为预紧量。丝杠螺母预紧除了克服反向间隙外，还能提高传动的刚度，增强传动的稳定性。

反向间隙除了用机械手段调整外，现代数控系统还有反向间隙补偿功能，通过软件补偿，消除反向间隙对位置精度的影响。

4. 丝杠支承及预紧

为适应不同的使用场合，丝杠支承有各种方式，如图2-6所示。

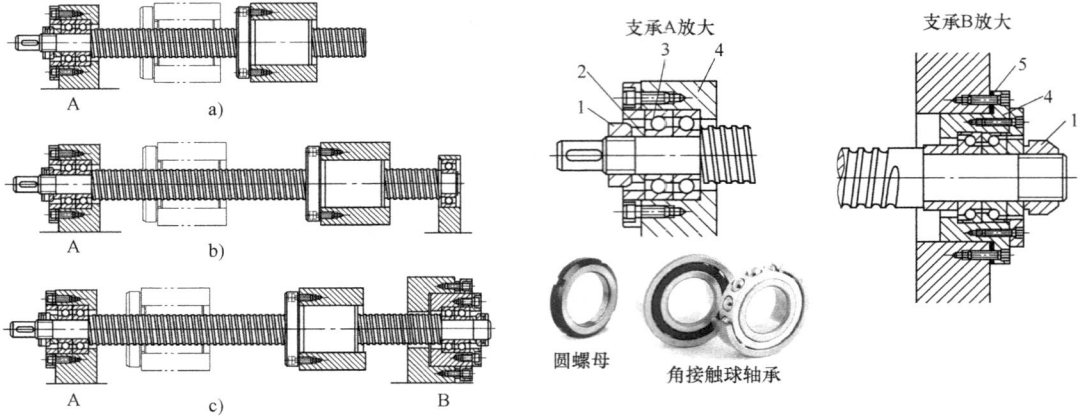

图2-6 丝杠支承
a）一端固定，一端自由 b）一端固定，一端游动 c）两端固定
1—圆螺母 2—套筒 3—角接触球轴承 4—轴承座 5—调整垫片

（1）一端固定，一端自由 固定端采用成对角接触球轴承，以承受正、反向的轴向载荷，轴承内圈由丝杠轴肩、垫圈及圆螺母固定，轴承外圈由轴承座止口和端盖止口固定；自由端无轴承支承。这种支承方式的丝杠容易弯曲变形，轴向刚度低，适用于短丝杠，常用于数控车床 X 轴丝杠支承。

（2）一端固定，一端游动 固定端采用成对角接触球轴承，轴承的内、外圈均固定；游动端采用深沟球轴承，轴向无固定。当丝杠受热伸长时，游动端轴承沿轴向可移动，以消除丝杠受热引起的弯曲变形。大多数一般精度的中小型数控机床常采用这种支承方式。

（3）两端固定 丝杠两端均采用成对角接触球轴承，两端轴承的内、外圈均固定，其中一固定端轴承座可轴向调整。两端固定的丝杠支承方式适用于高精度进给机械传动。

在支承 A 所示的结构中，通过调整圆螺母，使轴承轴向预紧，可消除轴承的轴向间隙，提高传动刚度；在支承 B 所示的结构中，通过调整轴承座的垫片厚度，对丝杠进行预紧，使其在轴向产生微伸长量。丝杠预紧一方面能提高丝杠传动的刚度，有利于进给传动的稳定性；另一方面还能抵消丝杠传动时的热变形。

5. 垂直轴防下滑及平衡

（1）主轴箱防下滑 数控铣床及加工中心主轴箱的上下运动（立式为 Z 轴，卧式为 Y 轴）是由垂直安装的滚珠丝杠传动来实现的，称为垂直轴。由于滚珠丝杠无自锁的特性，为防止伺服电动机失电时主轴箱因无保持转矩而出现下滑的现象，与垂直丝杠连接的伺服电动机中有电磁抱闸。伺服电动机通过丝杠带动主轴箱时，电磁抱闸得电松开；伺服电动机失电时，电磁抱闸失电锁住伺服电动机转子，从而锁住垂直丝杠，防止主轴箱下滑，如图2-7

所示。

斜床身数控车床 X 轴伺服电动机通常也带有电磁抱闸，以防止 X 轴伺服电动机失电时刀架溜刀。

（2）主轴箱平衡　为克服主轴箱重力的影响，保持主轴箱上下运动时伺服电动机转矩基本稳定，主轴箱要采用平衡装置。简单的采用平衡块（由铁块组成，又称平衡锤），通过链条与主轴箱连接，随主轴箱一起上下移动，如图 2-7a 所示；高精度的数控铣床或加工中心采用液压缸平衡的方式，如图 2-7b 所示，平衡液压缸固定在立柱上，活塞杆与主轴箱连接，主轴箱上下运动时，液压缸平衡压力由液压系统自动调节。

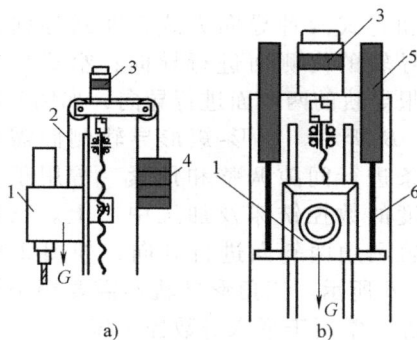

图 2-7　主轴箱平衡及防下滑

a）主轴箱平衡块平衡　b）主轴箱液压缸平衡

1—主轴箱　2—链条　3—伺服电动机中的电磁抱闸　4—平衡块　5—平衡液压缸　6—活塞杆

任务二　导轨

导轨是数控机床进给传动机构的重要部件之一，对工作台等移动部件起支承和导向作用。数控机床常用的导轨有滑动导轨和滚动导轨等。

一、滑动导轨

数控机床滑动导轨通常采用矩形-矩形、三角形-矩形组合形式，如图 2-8 所示。

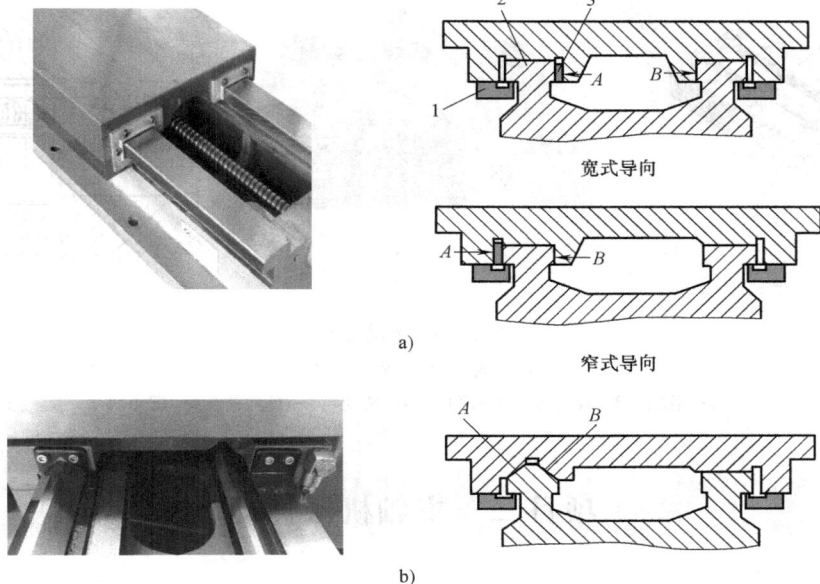

宽式导向

窄式导向

a)

b)

图 2-8　滑动导轨

a）矩形-矩形组合　b）三角形-矩形组合

1—压板　2—导轨　3—镶条

矩形-矩形导轨靠侧面进行导向，有窄式和宽式两种导向方式，宽式导向以两根导轨的内侧面进行导向；窄式导向以一根导轨的两侧面进行导向，如图2-8a中 A、B 所示。矩形-矩形导轨侧面需要用镶条进行间隙调整和预紧，常用于普通精度的数控铣床及加工中心上。三角形导轨利用两斜面进行导向，如图 2-8b 中 A、B 所示。三角形导轨不需要镶条调整间隙，常用于平床身数控车床上。

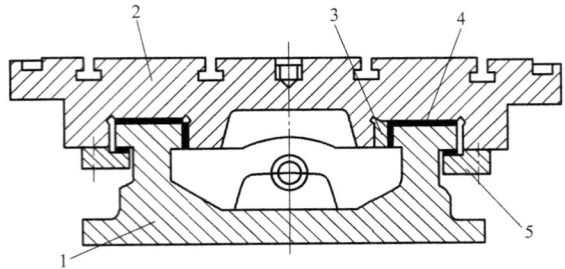

金属对金属的滑动导轨由于摩擦特性的原因，存在低速爬行的现象。为了改善摩擦特性，提高耐磨性及定位精度，数控机床滑动导轨常采用塑料导轨。塑料导轨是一种由高分子材料制成的薄板（也称抗磨软带），用黏结剂粘贴在打磨后的金属导轨面上，如图2-9所示。

图 2-9　塑料导轨

1—床身　2—工作台　3—镶条　4—导轨软带　5—压板

二、滚动导轨

滚动导轨由专业工厂生产，已形成标准化系列产品。滚动导轨由滑轨和滑块组成，滑块内有循环的滚动体（如滚珠或滚柱），如图 2-10a 所示。当滑块与导轨做相对运动时，滚动体沿着导轨上的滚道滚动，在滑块端部滚动体通过反向器再进入滚道，由此循环运动。反向器两端装有防尘密封端盖，可有效防止灰尘进入滑块中。滑块中的滚动体采用脂润滑或通过油嘴进行油润滑。滑块与滑轨之间为滚动摩擦，摩擦阻力小，无爬行现象，长时间使用后精度损失小。滑轨固定在机床床身上，滑块固定在工作台等移动部件上，滑轨和滑块通过楔形块等方式进行定位，如图 2-10b、c 所示。

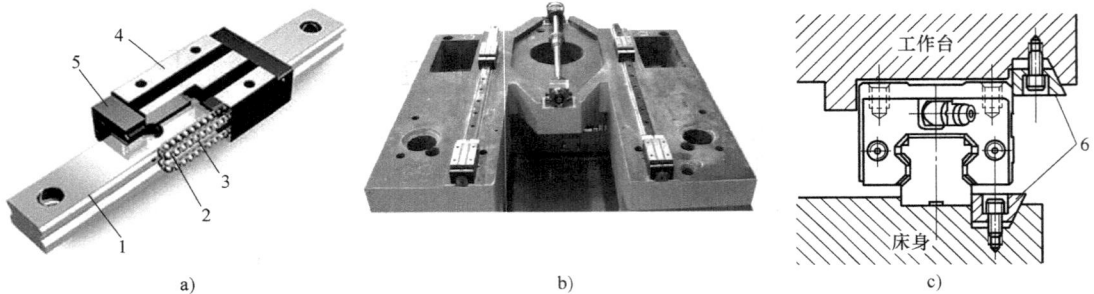

a)

b)

c)

图 2-10　滚动导轨

a）组成　b）安装　c）定位

1—滑轨　2—保持架　3—滚珠　4—滑块　5—反向器　6—楔形块

项目二　主轴机械传动

任务一　数控机床主轴传动方式

一、带传动

带传动示意图如图 2-11 所示。

在主轴电动机采用变频专用三相交流异步电动机及矢量变频调速的情况下，因为主轴电动机有很宽的恒转矩和恒功率调速范围，所以主轴电动机可以通过传动带与主轴连接，通过对主轴电动机的控制实现对主轴转速和转向控制，简化了主轴传动机构。带传动多用于数控车床和中、小型加工中心的主轴传动。

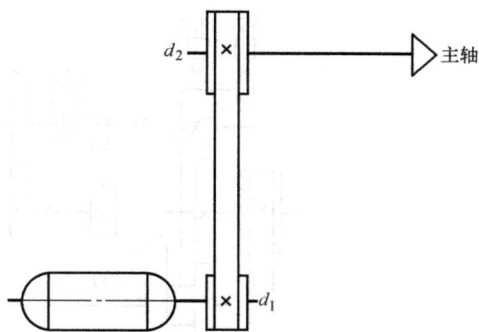

图 2-11 带传动

二、齿轮换档传动

在主轴电动机采用普通三相交流异步电动机及变频调速的情况下，为了获得主轴低速大转矩，并扩大恒功率调速范围，有些数控机床主轴采用齿轮换档变速。齿轮换档机构有液压拨叉和电磁离合器两种形式，图 2-12 所示为液压拨叉换档变速示意图。

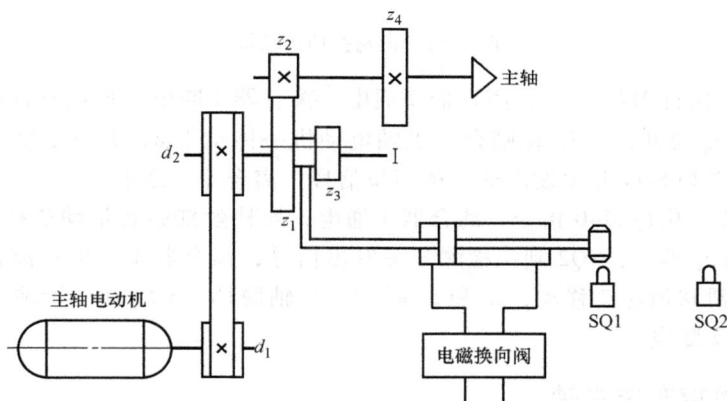

图 2-12 主轴齿轮液压拨叉换档变速示意图

图 2-12 中，齿轮换档采用液压缸和拨叉进行高、低两档切换。高速档（图中所示位置）时，电磁换向阀动作，液压缸活塞伸出，通过拨叉使滑移齿轮移动，z_1 和 z_2 啮合，z_3 和 z_4 脱开，高速档到位检测开关 SQ1 发出信号，传动路径：主轴电动机→传动带 d_1/d_2→Ⅰ轴→z_1/z_2→主轴；低速档时，电磁换向阀动作，液压缸活塞缩回，通过拨叉使滑移齿轮移动，z_3 和 z_4 啮合，z_1 和 z_2 脱开，低速档到位检测开关 SQ2 发出信号，传动路径：主轴电动机→传动带 d_1/d_2→Ⅰ轴→z_3/z_4→主轴。齿轮换档有手动和自动（M 指令）两种操作方式，电磁换向阀的动作及换档到位检测由数控系统的 PLC 控制。

例 2-2 某数控车床主轴采用电磁离合器进行齿轮换档，其传动链如图 2-13 所示。

1）高速档（图中当前位置）：执行 M43 指令，离合器 1 和 2 不通电，主轴电动机→传动带 d_1/d_2→Ⅰ轴→z_1/z_2→Ⅱ轴→z_5/z_6→主轴，SQ1 和 SQ3 开关发出高速档到位信号。

2）中速档：执行 M42 指令，离合器 1 通电，离合器 2 断电，换档丝杠旋转带动滑移齿轮 1 移动，z_1 和 z_2 脱开，z_3 和 z_4 啮合。主轴电动机→传动带 d_1/d_2→Ⅰ轴→z_3/z_4→Ⅱ轴→z_5/z_6→主轴，SQ2 和 SQ3 开关发出中速档到位信号，离合器 1 断电。

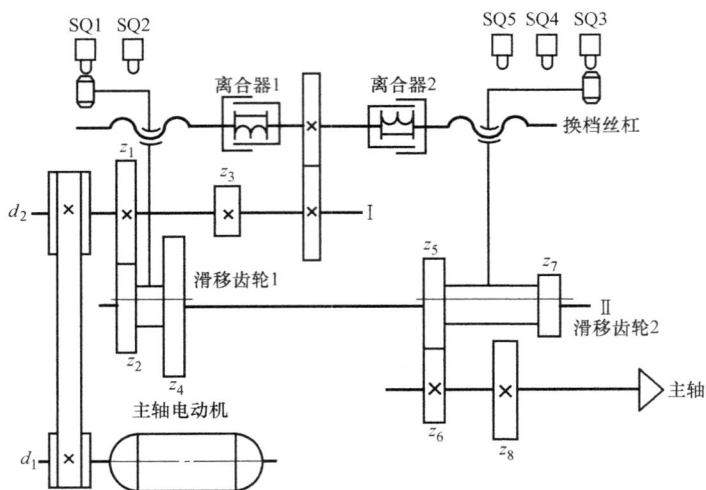

图 2-13 齿轮换档传动链

3）低速档：执行 M41 指令，离合器 2 通电，离合器 1 断电，换档丝杠旋转带动滑移齿轮 2 移动，z_5 和 z_6 脱开，z_7 和 z_8 啮合。主轴电动机→传动带 d_1/d_2→Ⅰ轴→z_3/z_4→Ⅱ轴→z_7/z_8→主轴，SQ2 和 SQ4 开关发出低速档到位信号，离合器 2 断电。

4）主轴空转：执行 M40 指令，离合器 1 通电，换档丝杠旋转带动滑移齿轮 1 移动，z_1 和 z_2 脱开，z_3 和 z_4 啮合，SQ2 到位检测开关发出信号，离合器 1 断电；离合器 2 通电，换档丝杠旋转带动滑移齿轮 2 移动，z_5 和 z_6 脱开，主轴脱档，SQ5 到位检测开关发出主轴空档信号，离合器 2 断电。

任务二　数控车床主轴

一、主轴部件

图 2-14 所示为数控车床主轴部件及内部结构。

在图 2-14b 所示的数控车床主轴结构中，主轴前支承采用三个超精密级角接触球轴承组合方式，后支承采用两个角接触球轴承，轴承采用隔套和圆螺母进行轴向调隙调整和预紧；主轴后端安装带轮，通过传动带与主轴电动机连接。

二、主轴辅助装置

1. 主轴编码器

数控车床主轴的一个重要特征就是，在主轴上安装有编码器（称为主轴编码器），主轴与编码器之间通过传动比为 1∶1 的同步带连接。主轴编码器用于检测主轴的实际转速和角位移。

2. 主轴液压卡盘

有些数控车床的主轴上可选装液压卡盘，以进一步提高加工的自动化程度和加工效率，如图 2-15 所示。

液压卡盘是一套组件，由回转液压缸、拉杆和液压卡盘组成。回转液压缸固定在主轴末端，液压缸活塞与拉杆连接，拉杆通过主轴通孔与卡盘连接，液压缸活塞带动拉杆伸出或缩

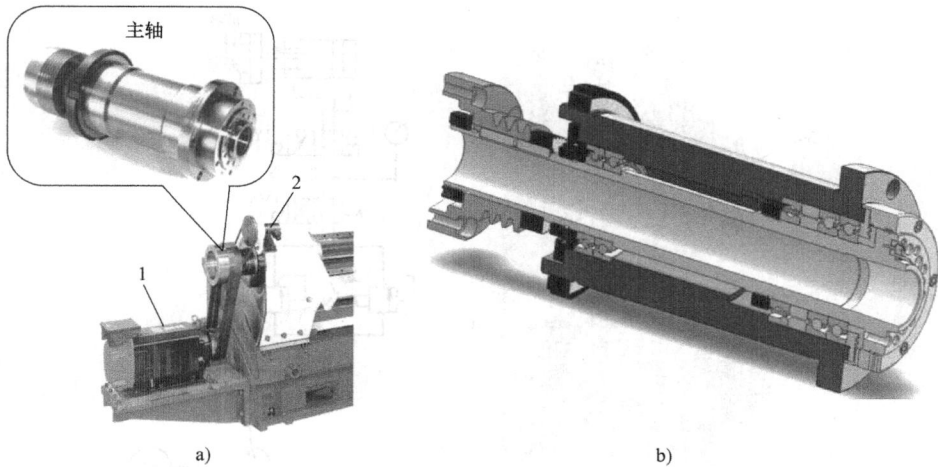

图 2-14　数控车床主轴部件及内部结构

a）主轴部件　b）内部结构

1—主轴电动机　2—主轴编码器

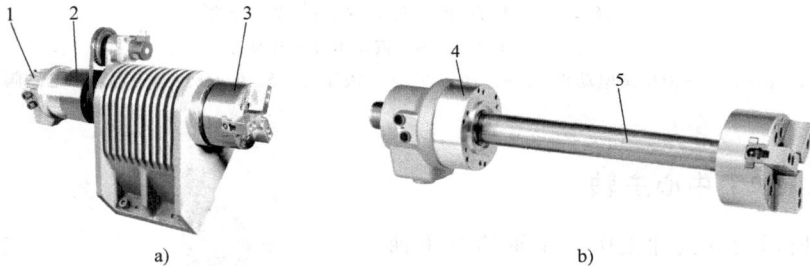

图 2-15　主轴液压卡盘

a）安装部位　b）液压卡盘组件

1—回转液压缸　2—主轴　3—液压卡盘　4—连接盘　5—拉杆

回，使卡盘上的卡爪夹紧或松开。图 2-16 所示为数控车床液压卡盘的液压系统。表 2-2 为电磁阀线圈通、断电状态（正卡）。

表 2-2　电磁阀线圈通断、电状态（正卡）

电磁阀	高　压		低　压	
	夹紧	松开	夹紧	松开
1YA	-	-	+	+
2YA	-	+	-	+
3YA	+	-	+	-

注：+表示通电，-表示断电。

　　卡盘有高压夹紧和低压夹紧两种状态。图 2-16 中，减压阀 5 调定压力为高压，减压阀 6 调定压力为低压，电磁阀 7 用于高压和低压切换，电磁阀 8 用于夹紧和松开切换。液压卡盘的夹紧和松开由数控系统的 PLC 控制。

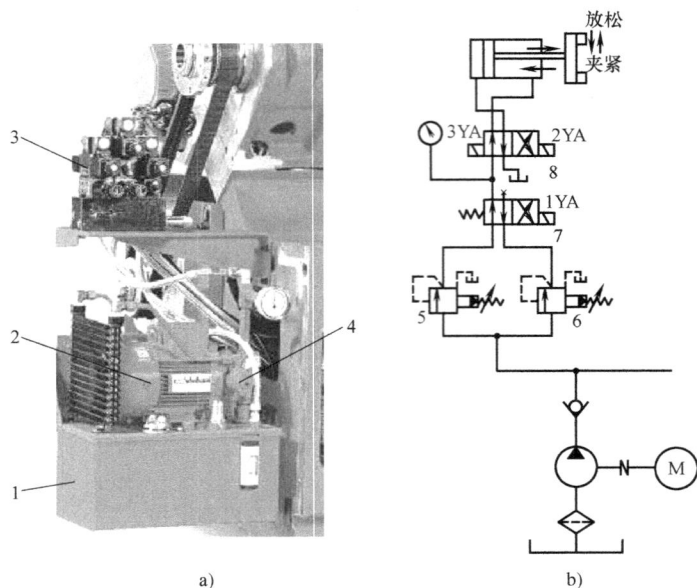

a)   b)

图 2-16 数控车床液压卡盘的液压系统

a）液压工作站 b）液压卡盘液压回路

1—油箱 2—液压泵电动机 3—液压元件 4—液压泵 5、6—减压阀 7、8—电磁阀

任务三 加工中心主轴

图 2-17 所示为立式加工中心主轴箱及主轴部件外观。

加工中心主轴部件和主轴电动机均安装在主轴箱上，主轴电动机通过传动带带动主轴。主轴采用 7：24 锥孔，与 7：24 锥柄配合；刀柄上的键槽与主轴端面键配合，实现周向定位；刀柄后端上的拉钉与主轴中的弹性卡爪配合，实现刀柄的夹紧或松开。加工中心为了实现自动换刀功能，其主轴最明显的特征就是具有松、紧刀功能。图 2-18 所示为加工中心主轴部件内部结构及组成。

主轴通孔中有拉杆组件，由拉杆、碟形弹簧和弹性卡爪组成。松刀时，气缸上腔进气，气缸活塞下移，并通过增压器使液压缸活塞下移，液压缸活塞上的通孔螺钉推动拉杆向下移动，同时，碟形弹簧被压缩；当弹性卡爪随拉杆向下移动一段距离后，卡爪在弹性力的作用

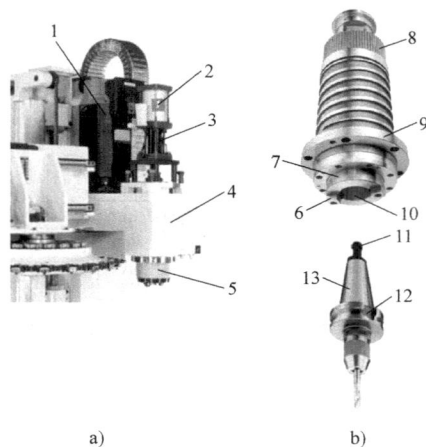

a)   b)

图 2-17 加工中心主轴

a）主轴传动组成 b）主轴部件及刀柄

1—主轴电动机 2—松紧刀气缸（打刀气缸） 3—增压器 4—主轴箱 5—主轴 6—主轴端面键 7—主轴 8—同步带轮 9—法兰 10—主轴 7：24 锥孔 11—拉钉 12—刀柄键槽 13—7：24 锥柄

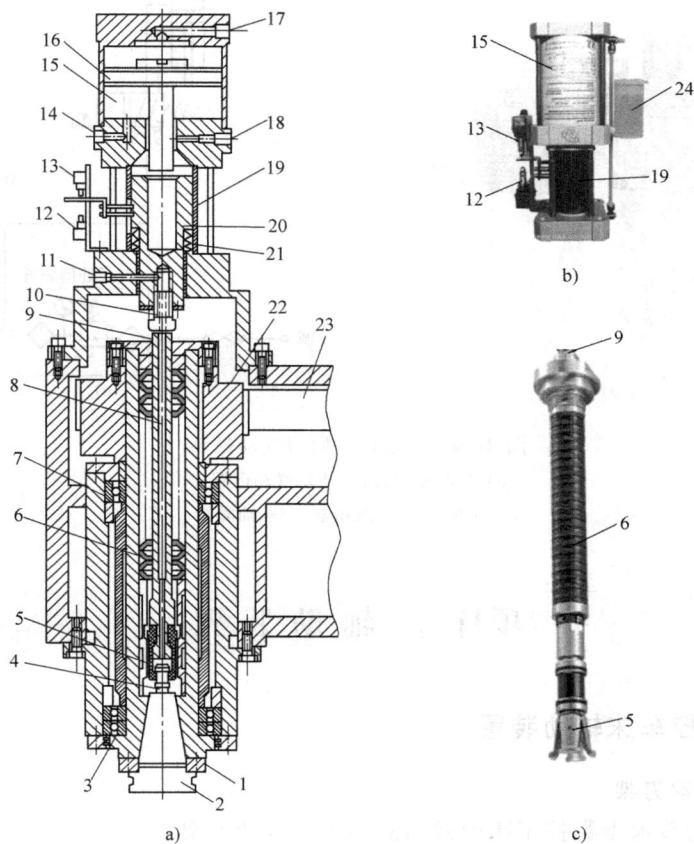

图 2-18 加工中心主轴部件内部结构及组成

a) 内部结构 b) 松紧刀气缸 c) 拉杆组件

1—主轴端面键 2—刀柄 3—前端轴承 4—刀柄拉钉 5—弹性卡爪 6—碟形弹簧
7—后端轴承 8—喷气孔 9—拉杆 10—通孔螺钉 11—主轴吹气孔 12—刀具松开
检测开关 13—刀具夹紧检测开关 14—气缸气孔 A 15—气缸 16—气缸活塞
17—气缸气孔 B 18—液压缸加油孔（接油杯）19—增压器 20—液压缸活塞
21—复位弹簧 22—主轴带轮 23—同步带 24—油杯

　　下自动松开拉钉；当刀具松开检测开关接通后，机械手就可以将刀具取出进行换刀；与此同时，压缩空气从进气孔进入至拉杆末端气孔喷出，吹掉主轴锥孔内的脏物。当新刀柄装入主轴锥孔后，气缸下腔进气，气缸活塞和液压缸活塞复位；拉杆在碟形弹簧的作用下复位，弹性卡爪也随拉杆复位，并将刀柄上的拉钉夹紧；当刀具夹紧检测开关接通时，完成刀柄夹紧控制。图 2-19 所示为主轴松、紧刀气动控制。

　　松、紧刀气缸由二位五通单电控电磁阀控制。松刀时，电磁阀线圈得电，压缩空气进入气缸上腔；紧刀时，电磁阀线圈失电，电磁阀复位，压缩空气进入气缸下腔。

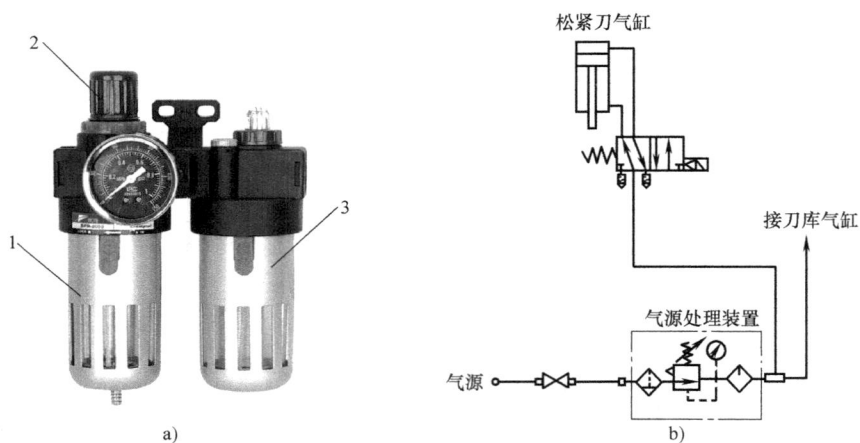

图 2-19 主轴松、紧刀气动控制
a）气源处理装置 b）气动回路
1—过滤器 2—减压器 3—油雾器

项目三 辅 助 装 置

任务一 数控车床辅助装置

一、四工位电动刀架

图 2-20 所示为普通型数控车床中常用的四工位电动刀架。

该电动刀架采用蜗杆传动、上下齿盘啮合、螺杆夹紧的工作原理，同时用霍尔开关检测换刀刀位。其工作过程包括刀架抬起、刀架转位、刀架定位和夹紧。

（1）刀架抬起 当数控系统发出换刀 T 指令后，刀架电动机正转起动，通过联轴器使蜗杆转动。蜗轮与螺杆为整体结构（蜗轮螺杆），蜗轮螺杆绕空心主轴旋转；螺杆与刀架体中的内螺纹联接，当蜗轮螺杆转动时，由于刀架底座和刀架体上两端面齿还处在啮合状态，且螺杆轴向固定，所以此时刀架体抬起，从而完成刀架抬起动作。

（2）刀架转位 当刀架体抬起一定距离后，端面齿脱开。转位套用销钉与螺杆连接，随螺杆一起转动。当端面齿完全脱开时，球头销（离合销）在弹簧的作用进入转位套的凹槽中。随着螺杆和转位套继续转动，转位套通过球头销带动刀架体转位，同时定位销（反靠销）从定位盘上的凹槽内起出。刀架体转位的同时也带动磁铁同步转位，与发信盘上的霍尔开关配合进行刀位检测。有关霍尔开关的内容见模块八。

（3）刀架定位和夹紧 当霍尔开关检测到的实际刀位与指令刀位相一致时，表示刀架已转到位，此时电动机立即停止并开始反转，反转时间由数控系统 PLC 的定时器设定。螺杆带动转位套反转，球头销从转位套的凹槽中被挤出，同时定位销在弹簧的作用下进入定位盘的凹槽中，由于定位销的限制，刀架体不能转动，只能在当前位置下降，刀架体和刀座上的端面齿啮合实现精确定位。电动机继续反转，刀架体继续下降开始夹紧。反转定时时间

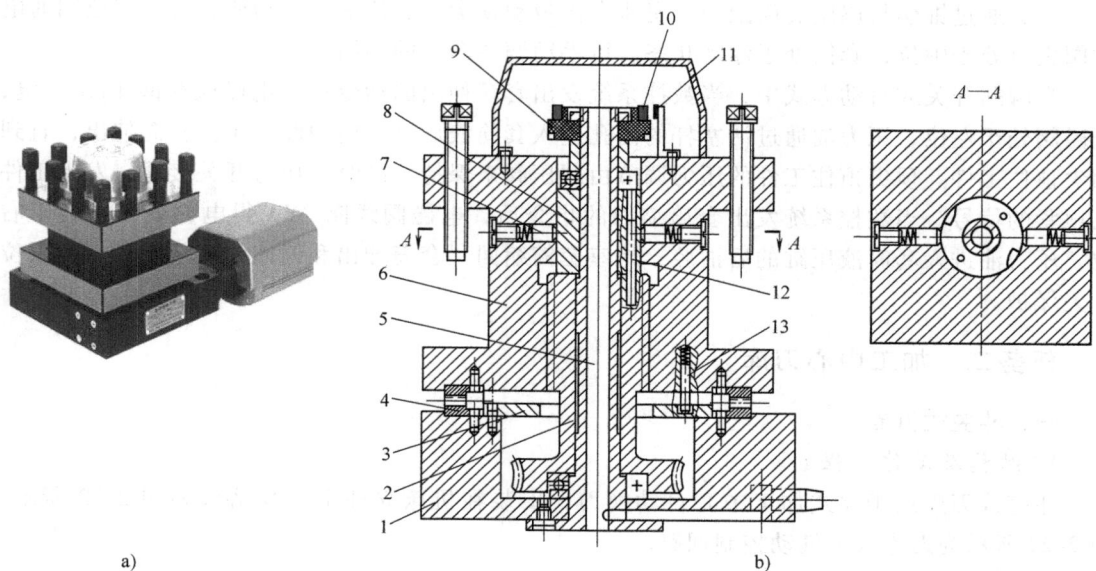

图 2-20　四工位电动刀架

a）外观　b）内部结构

1—刀架底座　2—蜗轮螺杆　3—定位盘　4—端面齿盘　5—空心主轴　6—刀架体　7—球头销

8—转位套　9—发信盘　10—霍尔开关　11—磁钢　12—圆柱销　13—定位销

到，电动机停止，刀架体和刀架底座上两个端面齿保持一定的夹紧力，从而夹紧刀架。

二、车床液压尾座

数控车床液压尾座如图 2-21 所示。

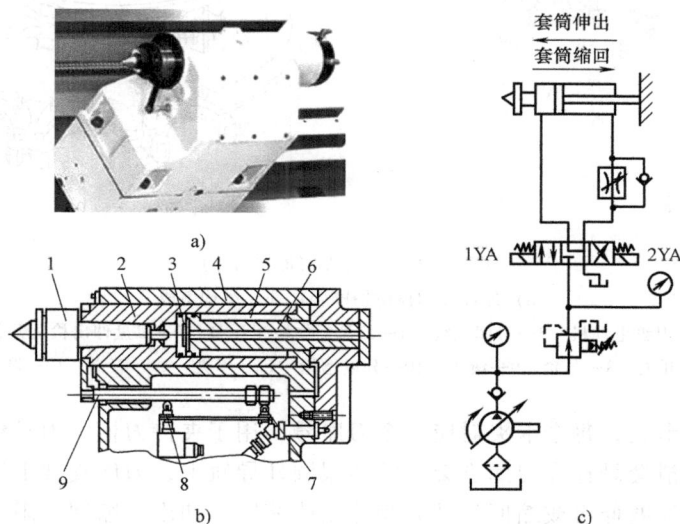

图 2-21　数控车床液压尾座

a）外观　b）内部结构　c）液压系统

1—顶尖　2—套筒　3—前油腔　4—尾座　5—后油腔　6—活塞杆

7—套筒缩回限位开关　8—套筒伸出限位开关　9—行程杆

顶尖通过锥柄与尾座套筒配合，尾座套筒带动顶尖一起伸缩。手动调整时，三位四通电磁阀失电处于中位，套筒处于浮动状态，可手动调整套筒的伸缩。

在脚踏开关或自动方式中，当数控系统发出套筒伸出的指令后，电磁阀线圈 1YA 得电，电磁阀处于左位，压力油通过活塞杆的内孔进入套筒液压缸的前油腔，尾座套筒伸出，直到顶尖顶住工件。顶尖顶住工件的压力调节由减压阀来保持。同时，压力开关接通，发出工件已顶紧的信号。当数控系统发出套筒缩回的指令后，电磁阀线圈 2YA 得电，电磁阀处于右位，压力油进入套筒液压缸的后油腔，尾座套筒缩回。套筒伸出和缩回的限位由各自的限位开关保护。

任务二 加工中心刀库

一、斗笠式刀库

1. 结构及动作过程

斗笠式刀库用于立式加工中心自动换刀，安装在机床立柱上，其结构如图 2-22 所示。图 2-23 所示为刀库气缸气动控制回路。

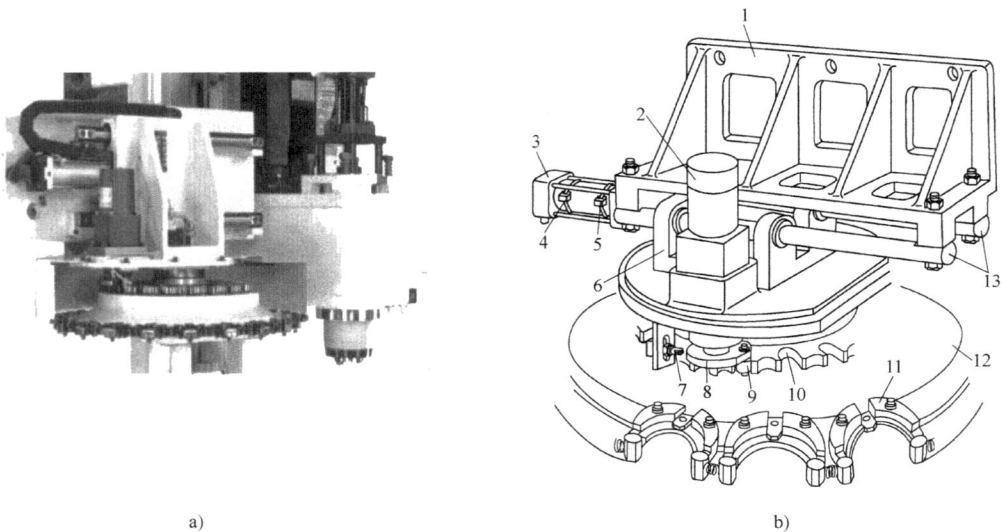

a)   b)

图 2-22 斗笠式刀库的结构
a）外观（卸掉防护罩后） b）结构组成
1—支架 2—刀盘电动机 3—刀库气缸 4—刀盘复位检测开关 5—刀盘伸出检测开关 6—滑座
7—计数开关 8—凸轮 9—滚子 10—分度槽轮 11—卡夹 12—刀盘 13—圆柱导轨

刀盘上均布有卡夹，每个卡夹对应一个刀座号，用于夹持刀柄，刀具编号与刀座号相对应；整个刀盘通过滑套悬挂在刀库支架上的两根圆柱导轨上，刀库支架上安装有气缸，气缸活塞与刀盘连接，活塞伸出或缩回带动刀盘伸出或缩回，伸出或缩回的限位由安装在气缸上的磁敏开关（有些刀库在支架上安装有行程开关或接近开关）控制；刀盘上部连体安装有分度槽轮，刀盘电动机带动凸轮转动，并使滚子绕电动机轴线回转，滚子与分度槽轮配合，凸轮每转过一周，分度槽轮即带动刀盘转过一个刀座（刀盘分度除了槽轮机构外，另一种形式是凸轮间歇运动机构），同时计数开关通断一次，数控系统 PLC 对输入的计数开关信号进行计数，经 PLC 控制，判断指令刀具对应的刀座是否已转到换刀位置。

2．换刀过程

斗笠式换刀是一种绝对式换刀，即每次换刀后，刀具号和刀座号是一一对应的。斗笠式刀库无须机械手交换刀具，通过和主轴箱及主轴松紧刀机构的联动实现换刀，其换刀动作过程为：

1）数控系统得到换刀指令后，主轴自动返回到换刀点，同时主轴实现准停控制。

2）刀盘旋转，将与当前主轴上刀具号（设为旧刀具）对应的刀座号转到换刀点。

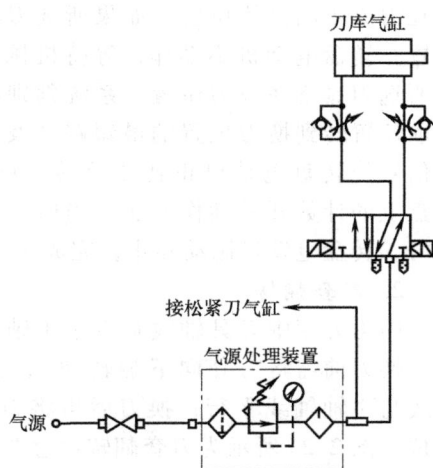

图 2-23　刀库气缸气动控制回路

3）刀盘从原位由气缸活塞推出，当卡夹抓住主轴上旧刀具时，抓刀到位开关接通，表示抓刀完成。

4）主轴松紧刀气缸动作，旧刀具松刀，且对主轴锥孔吹气，当主轴松刀到位开关接通时，表示松刀完成。

5）主轴上移，主轴中旧刀具留在刀夹上，拔刀完成。

6）刀库再次旋转，将指令刀具（设为新刀具）对应的刀座号转到换刀点，选刀完成。

7）主轴再次下移至换刀点，新刀具插入主轴锥孔中，换刀完成。

8）主轴松紧刀气缸动作，新刀具在主轴中紧刀，当主轴紧刀到位开关接通时，表示紧刀完成。

9）刀盘气缸活塞缩回，当刀库复位开关接通时，换刀过程结束。

二、**圆盘式刀库及换刀机械手**

圆盘式刀库换刀过程由刀盘选刀、刀套翻转、换刀机械手和主轴松紧刀等动作联动实现，整个换刀过程由数控系统的 PLC 控制。圆盘式刀库换刀是一种随机式换刀，即每次换刀后，刀具号和刀座号不一定相同。换刀过程中，机械手可同时从刀库和主轴中进行抓刀、拔刀和插刀，换刀效率高。图 2-24 所示为圆盘式刀库及刀盘机械传动结构。

圆盘式刀库由刀盘电动机、回转刀盘、分度机构、刀套及翻转机构等组成，刀盘电动机通过分度机构带动回转刀盘转动，刀套通过支架固定在回转刀盘上，随刀盘一起转动。

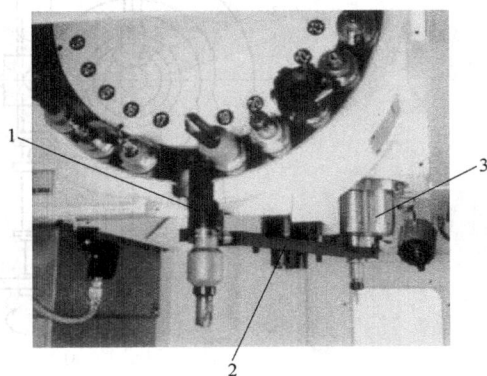

图 2-24　圆盘式刀库及刀盘机械传动结构
1—刀套　2—机械手　3—主轴

1．选刀

执行 T 指令时，系统首先判断刀库里有无该刀具。若没有，系统则发出 T 代码错误报警。另外，还要判别所选刀具是否在主轴上，若已在主轴上，则完成换刀控制。然后判别所选刀具在刀库中的具体位置，如果所选刀具就在当前换刀位置，转盘电动机不动作，等待机械手交换刀具；如果所选刀具不在换刀位置，系统判别所选刀具所在的当前位置转到换刀位置的最短路径及步距数，输出控制信号使转盘电动机正转或反转，每转过一个刀套，转盘上的计数开关动作一次。当所选刀具转到换刀位置时，转盘电动机制动停止，完成 T 代码的选刀控制。

2. 刀套翻转

因为刀库中刀具轴线垂直于主轴中刀具轴线，因此，换刀前需将刀套向下翻转 90°，使刀套中的刀具轴线与主轴轴线平行；换刀后再将刀套向上翻转 90° 复位。图 2-25 所示为刀套翻转示意图。

当所选刀具所在刀套转到换刀位置时，刀套后部的滚子进入到拨叉内，气缸前腔进气，活塞上移并带动拨叉使刀套绕销轴向下翻转 90°，刀套向下翻转检测开关发出信号；气缸后腔进气时，活塞下移并带动拨叉使刀套向上翻转 90°，刀套复位检测开关发出信号。

3. 凸轮式换刀机械手

凸轮式换刀机械手和主轴松紧刀配合能连续实现抓刀、拔刀、交换和插刀的动作，其结构示意图如图 2-26 所示。

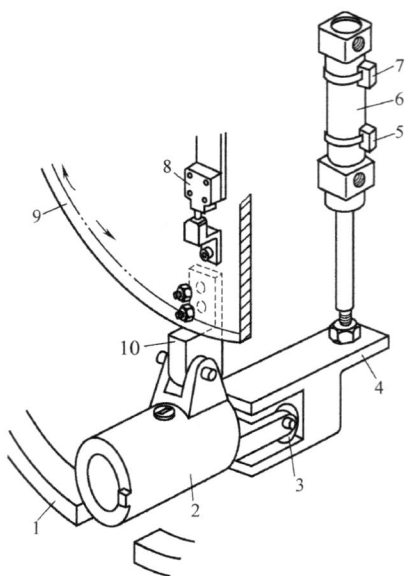

图 2-25 刀套翻转

1—滚道　2—刀套　3—滚轮　4—拨叉
5—刀套复位检测开关　6—气缸
7—刀套向下翻转检测开关　8—计
数开关　9—转盘　10—支架

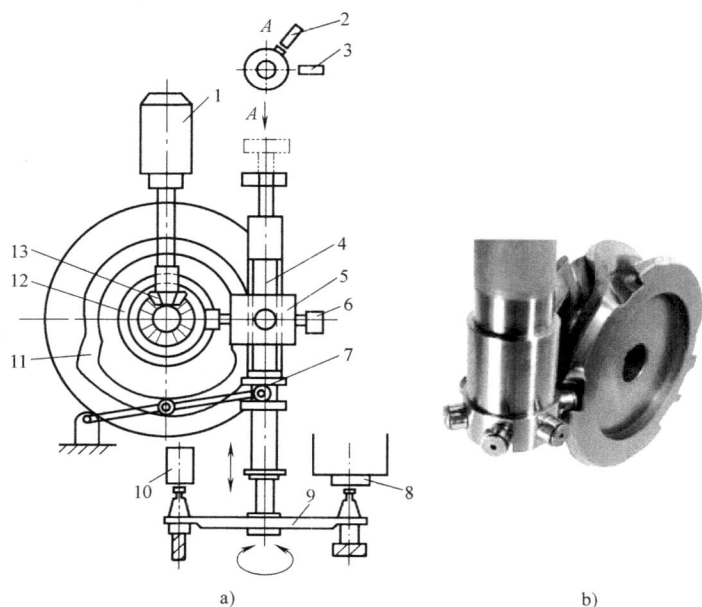

a)　　　　　　　　　　　　　　　b)

图 2-26 凸轮式换刀机械手

a）传动机构　b）圆柱凸轮及凸轮滚子

1—机械手电动机　2—抓刀到位开关　3—机械手原位开关　4—机械手轴
（花键轴）　5—花键轴套　6—凸轮滚子　7—摇臂　8—主轴
9—机械手　10—刀套　11—端面凸轮　12—圆柱凸轮　13—锥齿轮

1）抓刀。机械手电动机第一次起动，电动机通过锥齿轮同时带动端面凸轮和圆柱凸轮旋转，圆柱凸轮带动凸轮滚子使花键轴套旋转，花键轴套再带动机械手轴由原位逆时针方向旋转65°或75°，进行机械手抓刀动作。当机械手抓刀到位开关接通时，机械手电动机立即制动停止，完成机械手抓刀控制。在此期间，机械手轴向不动。

2）主轴松紧刀机构动作，卡爪松开主轴中的刀柄，并发出主轴松开到位信号。

3）机械手电动机第二次起动，通过锥齿轮同时带动端面凸轮和圆柱凸轮旋转，机械手轴顺序完成拔刀、交换和插刀3个动作：①端面凸轮控制摇臂摆动，使机械手轴向下运动，实现拔刀动作，在此期间，凸轮滚子不转动，故机械手也不转动；②拔刀结束，圆柱凸轮通过凸轮滚子带动花键轴套转动，再由花键轴套带动机械手轴旋转180°，实现刀具交换动作，在此期间，摇臂不摆动，机械手轴向不动；③端面凸轮再次控制摇臂摆动，使机械手轴向上运动，实现插刀动作，在此期间，凸轮滚子不转动，故机械手也不转动。当抓刀到位开关再次接通后，机械手电动机立即制动停止。

4）主轴松紧刀机构动作，卡爪夹紧主轴中的刀柄，并发出主轴夹紧到位信号。

5）机械手电动机第三次起动，圆柱凸轮带动凸轮滚子使花键轴套旋转，花键轴套再带动机械手轴顺时针方向旋转65°或75°，实现复位动作。当机械手回到原位后，原位开关接通，机械手电动机立即制动停止。

凸轮式换刀机械手通过凸轮等机械传动机构，配合机械手电动机的3次起停，实现了原位→抓刀→拔刀（主轴松刀）→交换→插刀（主轴紧刀）→复位的动作过程。

拓展阅读　激光干涉仪定位误差测量

定位误差是指令位置与实际位置的差值。数控机床进给轴由于丝杠螺距累积误差的影响，在全行程上存在着定位误差。

激光干涉仪是一种自动化的、高精度的定位误差测量仪器，通过运行测量程序，对被测轴的实际位移进行测量，经软件处理可快速获得定位误差曲线及位置精度数据。图2-27所示为激光干涉仪定位误差测量示意图。

干涉镜固定在主轴端，并保持主轴位置固定。激光器与干涉镜的距离固定。反射镜固定在工作台上，随工作台移动。激光器发射光A经干涉镜

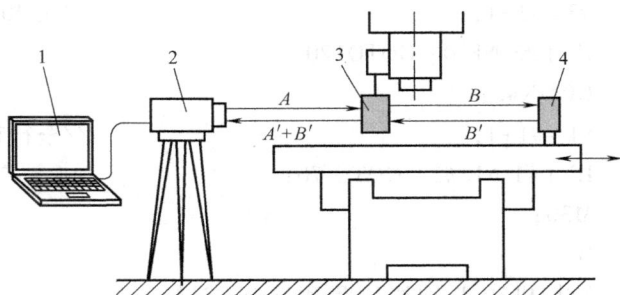

图2-27　激光干涉仪定位误差测量
1—安装有测量软件的计算机　2—激光器　3—干涉镜　4—反光镜

中的半反半透镜和反光镜后分为两路，一路为反射光A′，另一路为透射光B。透射光B经工作台上的反射镜产生反射光B′，由于工作台的移动，造成反射光B′路程的变化，则光A′和光B′在干涉镜处发生光的干涉现象，产生明暗相间的条纹。激光器内部处理电路对条纹进行计数，从而获得工作台实际移动的距离，测量精度可达0.1μm。激光干涉仪通过数据线与计算机连接，通过运行测量软件，获得定位误差曲线及位置误差数据。

定位误差测量就是在空载状态下，将被测进给轴视机床规格分为 20mm、50mm 或 100mm 等间距，在全行程内正向和反向快速移动定位，在每个位置上测出实际指令位置值与实际位置值之差，经多次测量和数据统计处理，获得定位误差曲线。根据图 2-28 所示的测量循环，数控系统执行测量程序。

图 2-28 中，P_1，P_2，…，P_n 为等间距的测量定位点，一次测量循环中，分别以正向定位和反向定位进行测量。以某数控铣床 X 轴线性测量循环为例，测量程序如下：

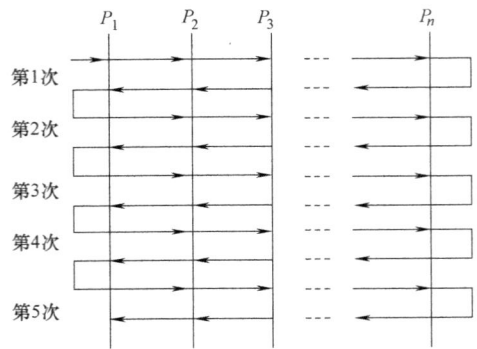

图 2-28　测量循环

```
O0001;
N0020 G54 G01 X0 F1000;              //定位到第 1 测量点
#1 = 0;
#2 = 5;                              //5 次全行程循环
#3 = 0;
#4 = 20;                             //一次行程 21 个测量点
N70 G04 X4.;
N80 G91 G01 X20.;                    //正向每次测量间隔 20mm
G04 X4.;
#3 = #3+1;                           //从 0 到 20 正向计数共 21 次
IF［#3NE#4］GOTO80;
N120 G04 X4.;
G91 G01 X-20.;                       //反向每次测量间隔 20mm
#3 = #3-1;                           //从 20 到 0 第反向计数共 21 次
IF［#3 NE 0］GOTO120;
G04 X4.;
#1 = #1+1;                           //全行程正、反向循环 5 次
IF［#1 NE #2］GOTO 70;
M30;
%
```

数控机床 X 轴按测量程序运行过程中，激光干涉仪不断地测量每个定位点的实际位移，运行结束后，计算机对激光干涉仪采集到的数据进行分析和处理，输出定位误差曲线及位置精度等数据。数控系统都有丝杠螺距累积误差补偿功能，机床调试人员可根据位置误差曲线确定要补偿的值，并输入到数控系统相关的参数中。图 2-29 所示为丝杠

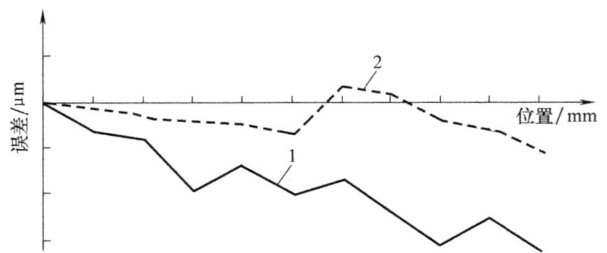

图 2-29　丝杠螺距误差补偿前后的定位误差曲线
1—补偿前　2—补偿后

螺距误差补偿前后的定位误差曲线。

经过丝杠螺距累积误差补偿，减小了轴的定位误差，提高了轴的位置精度。

思考题与习题

一、填空题

1. 滚珠丝杠副是一种_____的传动部件，由_____和_____等组成。其中，_____由伺服电动机带动，实现旋转运动，_____与工作台等部件连接，实现直线运动。

2. 滚珠丝杠螺距是指_____，丝杠螺距累积误差会影响_____精度。

3. 滚珠丝杠采用双螺母的目的是_____及_____，常用的消除方法有_____和_____等。

4. 滚珠丝杠支承的方式有_____、_____和_____，对丝杠轴承进行预紧能提高传动_____及传动的_____。

5. 滚珠丝杠垂直安装时，为防止失电时主轴箱、刀架等的自由下落，通常在与其连接的伺服电动机中安装_____，该装置_____时松开，_____时锁紧。

6. 导轨的作用是_____和_____。数控机床导轨的主要类型有_____和_____等。前者为克服爬行现象，常采用_____，其侧面间隙和预紧由_____进行调整；后者由_____、_____和_____等组成。

7. 数控机床主运动的形式有_____、_____和_____。数控车床主轴上除了安装普通卡盘外，还可选装_____。另外，主轴通过传动比为1：1的同步带连接_____，用于主轴_____和_____的测量；加工中心主轴中有松紧刀机构，该机构由_____、_____、_____和_____等组成。

8. _____和_____是所有数控机床必须具备的辅助功能。数控车床其他辅助装置有_____、_____和_____等；加工中心其他辅助装置有_____和_____等。辅助装置的动作由数控系统的_____进行控制。

二、简答题

1. 滚珠丝杠与伺服电动机的连接方式有哪些？

2. 怎样判别滚珠丝杠螺母是内循环还是外循环？

3. 丝杠螺距累积误差是怎样产生的？对丝杠螺距累积误差进行补偿的目的是什么？

4. 查资料，说明滑动导轨低速爬行现象。

5. 数控机床主轴采用齿轮换档的目的是什么？齿轮换档有哪些方式？

6. 根据加工中心主轴松紧刀机构，用流程图说明主轴松紧刀的过程。

7. 针对图2-21所示液压回路中的三位四通电磁阀，查资料，说明该电磁阀的特点。

8. 斗笠式刀库换刀过程中，主轴中刀柄的抓刀是怎样实现的？拔刀和插刀又是怎样实现的？

9. 圆盘刀库换刀过程中，抓刀是怎样实现的？拔刀和插刀又是怎样实现的？

三、计算分析题

1. 某滚珠丝杠螺距为 12mm，与伺服电动机通过传动比为 1：2 的同步带连接。当伺服电动机转过 10 圈时，丝杠螺母移动的距离为多少？

2. 某数控机床 X 轴在运行过程中出现振动的现象。维修工程师根据"先机后电"的诊断原则，在 X 轴丝杠末端轴承座处，用扳手旋紧圆螺母，重新运行 X 轴，振动现象消除。问：

1）从机械传动角度分析产生振动的原因。

2）旋紧圆螺母的目的是什么？

模块三

主轴电动机及驱动

数控机床的主轴是通过主轴电动机来带动的，数控系统通过对主轴电动机的控制来实现对主轴的控制。当前，数控机床主轴电动机普遍使用三相交流异步电动机及变频驱动。主轴电动机驱动有两种配置形式：一是，普通三相交流异步电动机和变频器；二是，数控系统配套的专用主轴电动机和主轴驱动器。前者常用于普通数控车床中，实现变频调速，正、反转起动和停止等基本控制；后者用于多功能数控机床中，除了主轴基本控制外，还可实现定向、定位及主轴伺服等控制。

项目一　交流主轴电动机及变频器

任务一　三相交流异步电动机

一、结构组成

普通三相交流异步电动机由定子和转子组成，如图 3-1 所示。

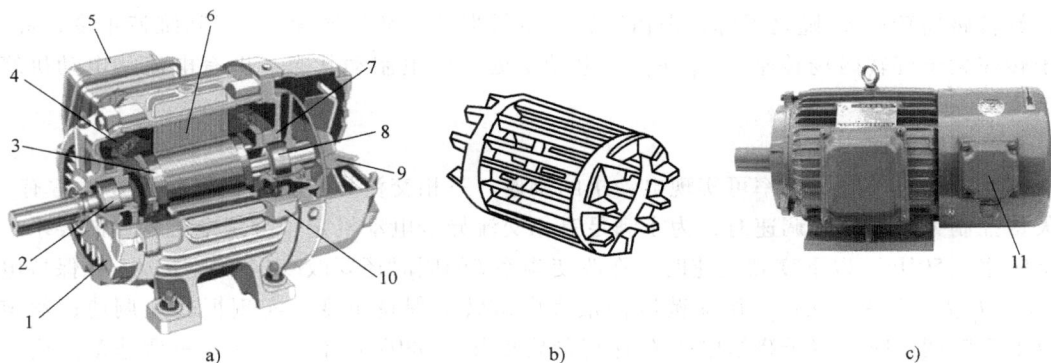

图 3-1　三相交流异步电动机

a）内部结构及组成　b）笼型转子导条　c）变频专用异步电动机

1—前端盖　2—前轴承　3—转子　4—定子绕组　5—电源接线盒　6—定子铁心
7—后端盖　8—后轴承　9—冷却风扇　10—机座　11—风扇电动机电源接线盒

定子包括机座、定子铁心和定子三相绕组。定子铁心由硅钢片叠装而成，内圆周均布有线圈槽，线圈槽内嵌有三相对称绕组，绕组端子引入机座上的接线盒内，可接成三角形绕组或星形绕组；转子也由硅钢片叠装而成，外圆周均布有线圈槽，线圈槽内浇铸有铝导条。图3-1b所示为去掉转子铁心后的笼形转子导条。普通异步电动机的转子上还安装有散热风扇，当普通三相交流异步电动机用变频器进行调速，且转子转速较低时，则散热风扇的风量不足以对电动机进行冷却，电动机容易发热，严重时会损坏定子绕组绝缘，造成短路。为适应变频调速的需要，发展了一种变频专用异步电动机，如图3-1c所示。变频专用异步电动机有专门的散热风扇电动机，对电动机本体进行强制冷却，风扇电动机单独供电，风扇风量与电动机转速无关。另外，变频专用异步电动机还提高了定子绕组的绝缘性能，有些变频专用异步电动机定子绕组中还埋设有热敏电阻，用于电动机的温度检测。

二、运行原理

三相交流异步电动机的运行原理如图3-2所示。

三相交流异步电动机定子绕组通入三相交流电后产生旋转磁场，其转速 n_o 称为同步转速。$n_o = 60f/p$，p 为定子绕组极对数，f 为定子绕组电源频率，改变 f 即改变 n_o。旋转磁场切割转子铁心中的导条，并在导条中产生感应电流。这样，有感应电流的转子导条与旋转磁场相互作用产生电磁转矩，转子在电磁转矩的作用下跟随旋转磁场以转速 n_M 旋转。因为在电动机运行状态时转子转速只能小于同步转速（$n_M < n_o$），故称为异步电动机；又因为转子导条中的电流由旋转磁场感应而来，所以又称为感应电动机。当电源频率 f 下降

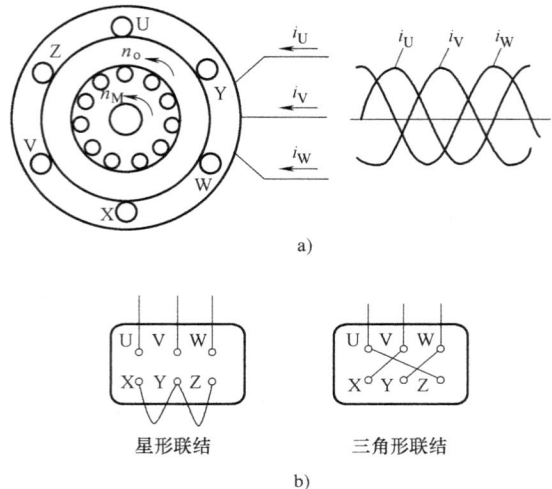

图 3-2 三相交流异步电动机的运行原理
a) 磁场转速和转子转速 b) 电源接线盒接线

时，旋转磁场转速 n_o 随之下降，但由于转子机械惯性，转子转速 n_M 瞬间维持不变，此时，转子转速大于旋转磁场转速（$n_M > n_o$），电动机处于发电制动状态，即有电流从电动机绕组中流出。

三、变频调速

改变电动机的电源频率可实现电动机的调速。三相交流异步电动机变频调速通常有 U/f 和矢量控制方式。变频调速时，为了满足三相交流异步电动机定子绕组电磁特性的要求，在额定频率（50Hz）以下变频调速时，在改变频率 f 的同时还要改变定子电压 U，并保持电压/频率（U/f）不变，在这一调速范围内最大电磁转矩保持不变，实现恒转矩调速；额定频率以上变频调速时，定子绕组电压 U 保持额定电压（380V）不变，在这一调速范围内，电磁转矩随着频率上升而下降，且电磁功率不变，实现恒功率调速，如图3-3所示。

任务二 变频器

一、概述

变频器本质上是一种电源变换装置，数控机床中所用的变频器通常为电压型"交-直-交"变频器。变频器根据频率给定控制信号（如0～+10V电压），将输入的正弦波交流电（如三相380V/50Hz）经内部控制电路和功率开关，输出电压和频率可变的、与正弦波等效的三相方波电压，从而实现对电动机的变频调速，如图3-4所示。

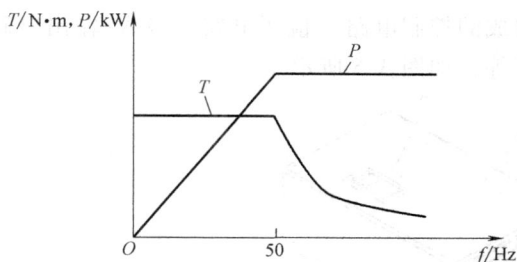

图 3-3　变频调速时转矩、功率与频率的关系

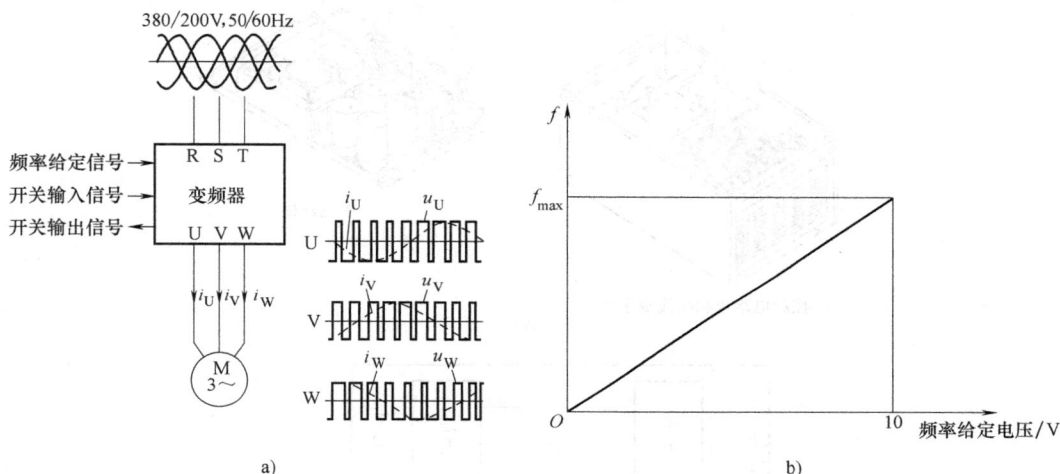

图 3-4　变频调速

a）变频器控制信号及输出电压和电流　b）频率给定电压

频率给定有各种信号形式，如电压、电流模拟量频率给定、开关数字量固定频率给定，以及总线和网络频率给定等。其中，电压 0 ~ +10V 与变频器输出电源频率成线性关系，改变给定电压的大小即可改变输出频率的高低，从而实现变频调速。例如，设给定电压 10V 对应输出频率 50Hz，若变频器接 4 极（极对数 $p = 2$）三相异步电动机，则电动机转速为 1470r/min；若给定电压为 5V，则变频器输出电源频率为 25Hz，此时，电动机转速约为 735r/min。数控机床模拟主轴控制中，数控系统通过执行 S 指令，经运算处理输出 0 ~ +10V 频率给定电压给变频器。

变频器中的输入开关信号包括变频器运行的控制信号，如正转、反转、停止，以及升、降速开关频率给定和开关数字量固定频率给定等信号；输出开关信号包括变频器报警、运行状态等信号。数控机床中，变频器的开关信号由数控系统的 PLC 进行控制，数控系统通过执行 M03、M04 及 M05 等指令，经 PLC 程序对变频器的输入、输出开关信号进行控制。

数控机床专用主轴电动机的变频器是总线形式的数字信号，如 FANUCαi 及 βi 系列主轴驱动器的主轴串行总线、西门子 611Ue 驱动器的 PROFIBUS 总线，以及西门子 S120 驱动器 DRIVE-CLiQ 驱动总线等。

二、变频器基本组成

变频器主要由主电路板和控制电路板组成，主电路板上有功率模块、驱动电路等；控制电路板包括由微处理器组成的控制电路、检测电路、输入/输出电路等，其他还包括辅助电源、操作面板和显示单元等，如图3-5所示。

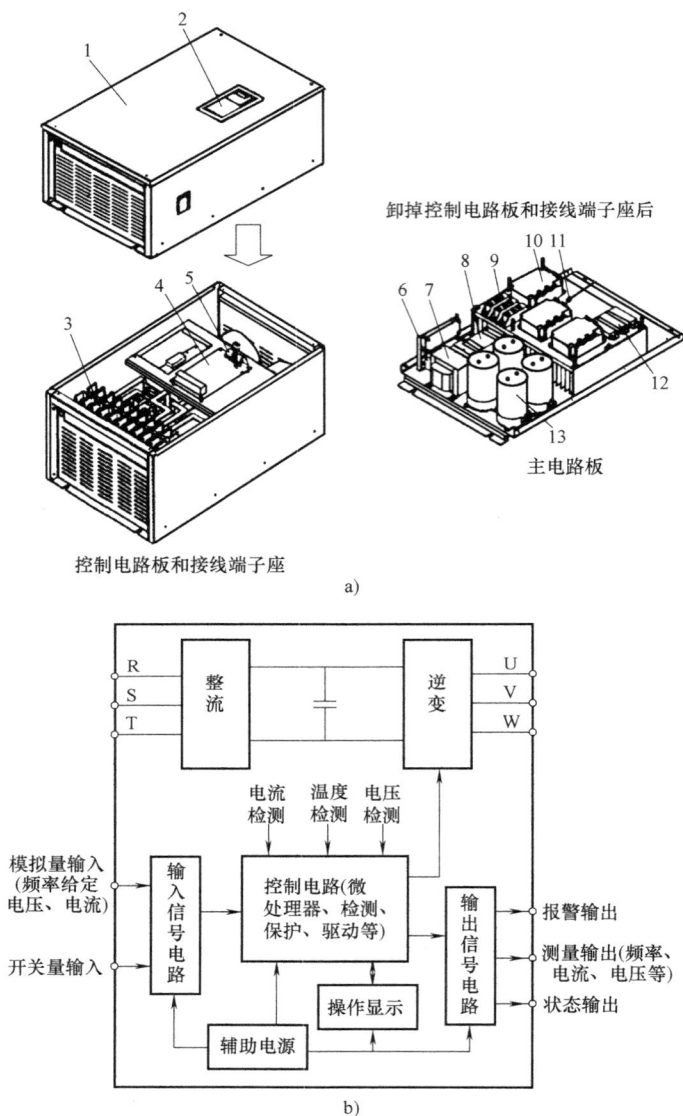

图 3-5 变频器组成

a) 内部结构 b) 组成框图

1—外壳 2—操作及显示面板 3—接线端子座 4—控制电路板 5—散热风扇
6—限流电阻 7—工频变压器 8—接触器 9—整流模块 10—逆变模块
11—热敏电阻 12—制动电阻 13—滤波电容

1. 主电路

变频器主电路为电压型"交-直-交"电路，由大功率晶体管和大容量电容等组成，根据电动机制动方式的不同，有能耗制动方式的主电路和回馈制动方式的主电路，如图3-6所示。

（1）整流和滤波 整流和滤波电路通常由二极管整流模块和大容量电解电容等组成，如图3-7所示，其作用就是把输入的正弦波交流电转换成直流电源，如输入电压为380V时，

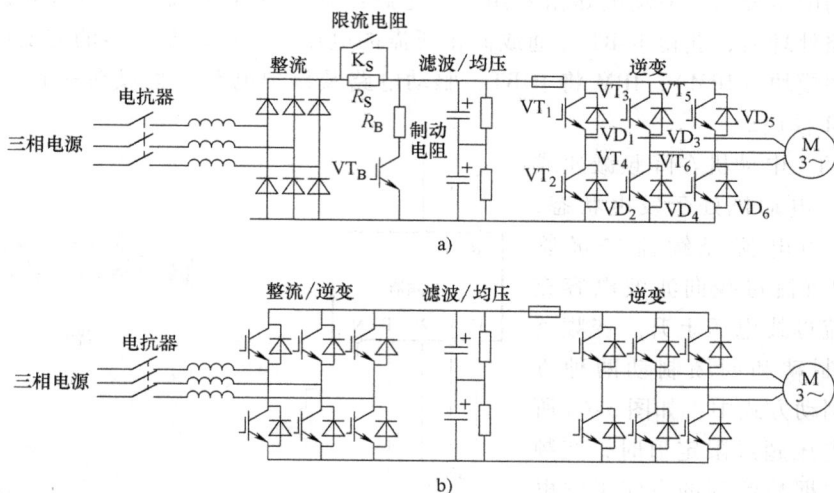

图 3-6　电压型交-直-交变频器主电路

a）具有能耗制动的主电路　b）具有回馈制动的主电路

整流滤波后的平均直流电压为 530V，该直流电压称为直流母线电压 U_{PN}。

为了抑制整流产生的电流高次谐波对电网的影响，提高功率因数，变频器输入端要安装电抗器，小容量变频器内置有电抗器，大容量变频器需外置电抗器。必要时还可选装输入滤波器。

（2）逆变及驱动电路　逆变电路是基于 SPWM（正弦波脉冲宽度调制）技术，通过对 $VT_1 \sim VT_6$ 绝缘栅双极晶体管（IGBT）大功率晶体开关的导通和截止控制，将直流母线电压变换为电压和频率均可变的、与三相正弦波等效的三相方波电

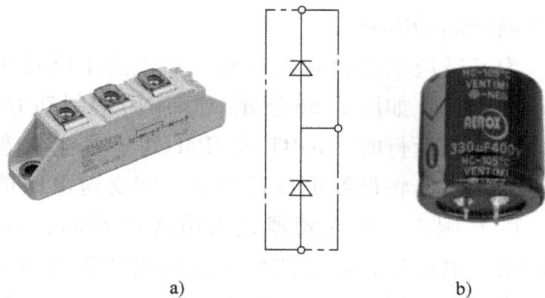

图 3-7　整流模块和电解电容

a）单桥二极管整流模块　b）滤波电解电容

压输出。图 3-8a 所示为单桥 IGBT 模块。IGBT 是一种压控功率开关，其导通或截止的触发

图 3-8　逆变模块

a）单桥 IGBT 模块　b）单桥 IPM 模块

脉冲有一定的电压要求。驱动电路由专用集成电路组成，其作用就是将 SPWM 调制后的信号经驱动电路处理后，获得 IGBT 导通或截止所需的电压。当前，变频器的逆变电路还采用集成智能功率模块（IPM），IPM 将 IGBT、驱动电路及保护电路等集成在一起。图 3-8b 所示为单桥 IPM 模块。

（3）制动　电动机在降频减速或制动过程中，电动机处于发电状态，电动机输出的电流经续流二极管 $VD_1 \sim VD_6$ 和直流母线向滤波电容充电，引起直流母线电压上升。变频器制动有能耗制动和回馈制动两种方式。在能耗制动方式中，如图 3-6a 所示，当母线电压超过限定值时，变频器控制电路根据检测到的直流母线电压，输出控制信号使制动单元 VT_B 导通，母线电压向能耗制动电阻 R_B 释放能量，电动机进行能耗制动。正常运行时，制动单元截止。图 3-9 所示为变频器制动电阻。

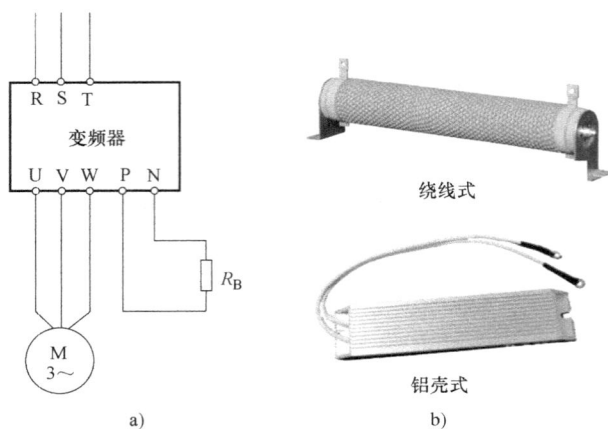

图 3-9　变频器制动电阻
a）变频器外接制动电阻　b）制动电阻

为了适应电动机频繁起动、停止及正反转切换的需要，有些大功率变频器采用电网回馈制动的方式，如图 3-6b 所示。采用回馈制动方式的变频器，其整流部分由 IGBT 或 IPM 组成，电动机运行时，IGBT 或 IPM 处于整流状态；电动机降频减速或制动时，IGBT 或 IPM 为逆变状态，将母线电压逆变为三相交流电回馈给电网，实现回馈制动。

（4）限流　在变频器接入电源的瞬间，有一个很大的冲击电流经整流桥向电容充电，为限制充电电流，在整流桥前或后设置限流电阻 R_S。当变频器上电且直流母线电压上升到一定值时，控制电路使接触器触点 K_S 闭合，将限流电阻 R_S 短接，以避免因限流电阻长期接入而降低直流母线电压。

2. 控制电路

（1）正弦波脉冲宽度调制（SPWM）　控制电路由 DSP（数字信号处理器）芯片和存储器等组成，存储器中有变频器控制软件及变频器运行参数等。控制电路根据频率给定信号，通过控制软件进行 U/f 或矢量运算，获得三相控制电压，再经 SPWM 和驱动电路，得到控制主电路 6 个 IGBT 通、断的触发脉冲，经功率放大输出与正弦波等效的、既变频又变压的高频方波电压。SPWM 的调制过程如图 3-10 所示。

图 3-10 中，载波信号由控制电路中的载波发生器产生，控制电压是根据变频器的速度给定信号由 U/f 或矢量控制运算获得。以 U 相为例，载波信号与控制电压进行调制，调制结果是，当控制电压大于载波时，逆变电路中 U 相上桥臂 IGBT 导通，U 相电压为 $+U_{PN}/2$；当控制电压小于载波时，逆变电路中 U 相下桥臂 IGBT 导通，U 相电压为 $-U_{PN}/2$，最终获得 U 相高频方波电压。

（2）U/f 控制　变频器 U/f 控制方式中，通过控制定子电压实现转矩控制，从而实现变频调速。U/f 控制方式的变频调速通常无须在电动机轴端安装编码器，即速度开环控制，能

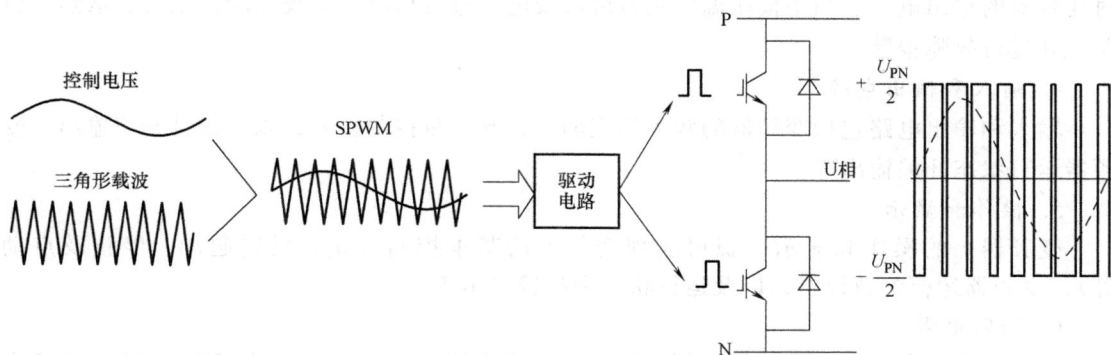

图 3-10　SPWM 的调制过程

满足一般的速度控制要求，但在低频运行时有电动机转矩下降的现象，可通过变频器的电压补偿（又称转矩提升）功能来改善。另外，为克服低频时普通异步电动机靠自身风扇散热困难的问题，可采用变频专用电动机。U/f 控制方式的变频器通常用于普通数控车床的主轴控制中，为扩大主轴的恒功率调速范围，提高低速大转矩，主轴通常采用齿轮换档传动。

（3）矢量控制　直流电动机通过分别控制励磁电流和转矩电流实现转矩控制，使直流电动机具有优良的调速性能。三相交流异步电动机只在定子绕组中通入定子电流，基于"等效"的概念，将三相交流异步电动机的定子电流经矢量变换运算后等效为产生磁场的电流分量（励磁电流）I_d 和产生转矩的电流分量（转矩）I_q，如图 3-11 所示。矢量控制时，通过逆变换，由等效的励磁电流和转矩电流来控制三相电动机定子绕组的三相

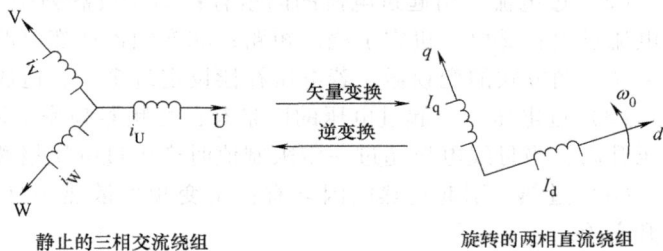

图 3-11　矢量变换

电流，从而实现转矩控制，使三相交流异步电动机的变频调速具有与直流电动机相同的调速性能，如图 3-12 所示。

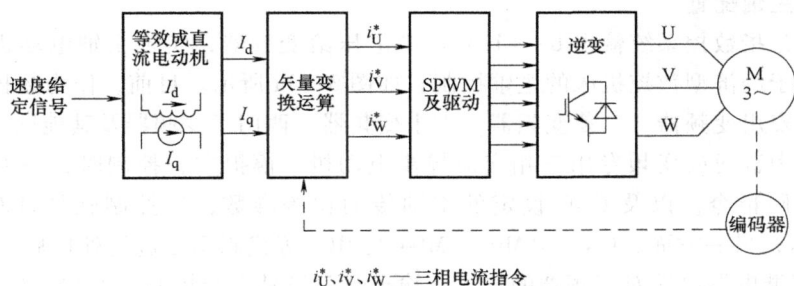

i_U^*、i_V^*、i_W^*—三相电流指令

图 3-12　矢量控制变频调速控制

3. 检测电路

检测电路由运算集成电路等组成，检测电路通过电流传感器、温度传感器及电压传感器

对变频器的输出电流、功率模块温度及直流母线电压进行检测，实现制动、限流、散热等控制，并进行故障报警。

4．输入和输出电路

输入和输出电路包括变频器的频率给定输入、开关量控制输入，以及报警开关输出、变频器运行状态开关输出等。

5．操作和显示

变频器上的操作和显示面板可实现变频器的基本控制（正、反转起动，停止及点动等），变频器运行参数设置，以及运行状态和报警显示等。

6．辅助电源

变频器内置有辅助电源，将变频器输入电源或直流母线电压转换成+5V、+15V 和+24V 电源，供变频器中控制电路、检测电路、驱动电路、输入/输出电路及显示等使用。辅助电源是变频器能正常运行的重要保证。

7．保护和报警

变频器有完善的保护和报警功能，如过载、过电流、过电压、过热及欠电压等保护。

（1）过载 引起过载的因素有：负载增大使变频器输出电流增大，若电流达到 1.5 倍变频器额定电流且超过 1min 时，变频器会产生过载报警，严重的话会使变频器跳闸断电。

（2）过电流 引起过电流的因素有：①变频器频率上升时间（加速时间）过短引起加速电流过大；②电动机定子绕组短路；③变频器逆变电路上下桥臂 IGBT 或 IPM 短路等；④对 U/f 控制方式的变频器，若电压补偿设定过多，会造成轻载过电流。

（3）过电压 引起过电压的因素有：变频器频率下降时间（减速时间）过短引起母线电压升高，当母线电压超过一定限制值时产生过电压报警，严重的话会使变频器跳闸断电。

（4）过热 引起过热的因素有：①变频器散热不良；②负载过大，电流增加，引起温度升高等。

（5）欠电压 引起欠电压的因素有：①三相进线电压低或缺相，造成母线电压降低；②整流桥故障引起整流后的母线电压降低等。

任务三 由变频器组成的模拟主轴

一、模拟主轴配置

模拟主轴是指数控系统输出 0～+10V 模拟电压给变频器，实现主轴电动机的变频调速控制，通常用于经济型数控机床的主轴控制，如图 3-13a 所示。目前，作为数控机床主轴驱动的变频器有安川变频器、三菱变频器、富士变频器、西门子变频器及其他国产变频器。主轴电动机通常为普通或变频专用三相交流异步电动机。模拟主轴控制时，一方面，CNC 根据输入的 S 代码指令，以及 CNC 设定的主轴传动比等参数，经控制软件计算后输出 0～+10V模拟电压；另一方面，CNC 对 M03、M04 及 M05 等代码指令进行处理后，通过 CNC 中的 PLC 和外部继电器电路对变频器的输入、输出开关信号进行控制，实现主轴电动机的正、反转和停止等控制。使用模拟主轴控制时，电动机的加、减速等参数需要在变频器上进行设置和调整。图 3-13b 所示为某数控车床采用安川变频器主轴驱动的接线示意图。

二、数控系统与变频器间的控制信号

以图 3-13b 所示的变频器接线为例，数控系统与变频器间的控制信号说明如下。

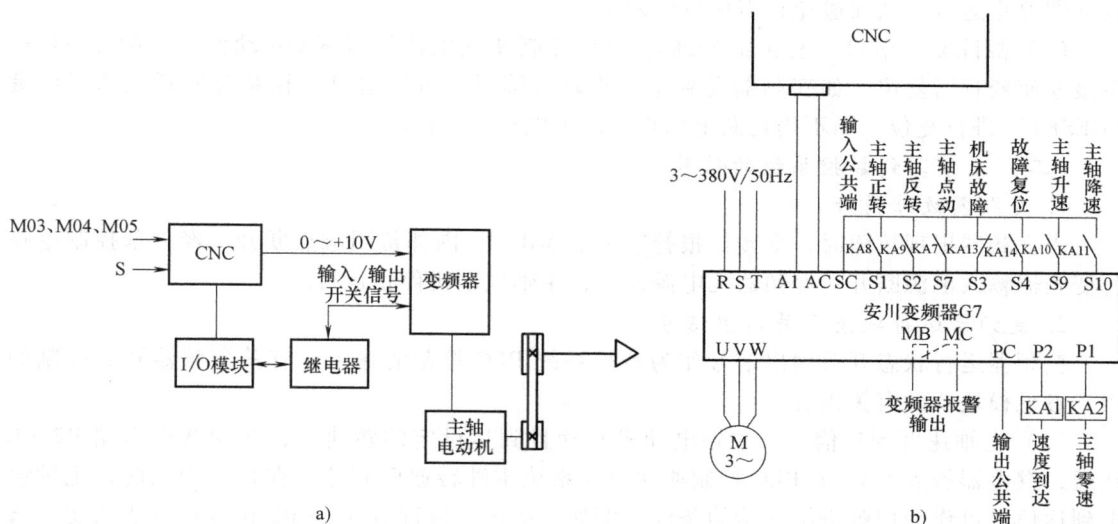

图 3-13 模拟主轴

a）组成 b）变频器接线

（一）数控系统到变频器的信号

1. 变频器频率给定电压

数控系统根据主轴倍率以及主轴齿轮档位传动比的设定值，将程序中的主轴转速指令（S 指令）转换成相应的模拟电压（0～+10V），经数控系统模拟输出接口传送到变频器 A1-AC 模拟量电压频率给定端，从而实现对主轴三相交流异步电动机的变频调速控制。

2. 变频器运行开关输入信号

变频器运行开关输入信号来自数控系统 PLC 控制的输出，有关变频器开关控制的 PLC 参见模块八的有关内容。

（1）主轴正、反转信号 在手动操作（JOG）或自动操作（AUTO）方式时实现主轴正转、反转及停止控制。在 JOG 方式下，通过机床操作面板上的正转或反转按钮，经数控系统 PLC 输出控制信号，分别由继电器触点 KA8 或 KA9 接通变频器 S1-SC 端或 S2-SC 端，实现主轴的正、反转起动；按下操作面板上的停止按钮，则 S1-SC 或 S2-SC 断开，电动机减速停车。在 AUTO 方式下，执行 M03 或 M04 指令及 M05 指令，经 PLC 对继电器触点 KA8 或 KA9 进行通、断控制，实现主轴正、反转起动及停止控制。

（2）主轴点动信号 系统在 JOG 方式下，通过机床操作面板上的主轴点动按钮，经 PLC 控制使继电器触点 KA7 动作，变频器 S7-SC 端接通，主轴电动机以点动的速度转动，点动频率由变频器参数设定。

（3）主轴升、降速信号 变频器 S9-SC 端和 S10-SC 端通过变频器参数分别设定为频率上升和下降控制端。在 JOG 方式下，通过机床操作面板上的主轴升速或降速按钮，使继电器触点 KA10 或 KA11 动作，变频器输出频率增加或减小，以实现主轴的升速或降速。

（4）机床故障信号 当数控机床出现故障时，故障信号通过 PLC 控制使继电器触点 KA13 动作，变频器 S3-SC 端断开使变频器和主轴电动机停止运行。如在自动加工时，进给驱动突然出现故障使进给停止时，进给故障信号经数控系统 PLC 控制使变频器和主轴电动机立即停止运行，从而避免打刀事故的发生。

（5）故障复位信号　复位信号通过 PLC 控制使继电器触点 KA14 动作，变频器 S4-SC 端接通使变频器复位。如变频器受到干扰出现故障时，可以通过数控系统面板上的复位键（RESET）进行复位，而不用切断电源再重新上电进行复位。

（二）变频器到数控系统的信号

1. 变频器故障信号

当变频器出现故障时，变频器报警输出端 MB-MC 内部常闭触点断开，经外部控制电路将变频器输入电源断开，变频器无电源输出，主轴电动机停止运行。

2. 变频器运行状态开关输出信号

变频器运行状态开关输出信号作为数控系统 PLC 控制的输入，有关变频器开关控制的 PLC 参见模块八的有关内容。

（1）主轴速度到达信号　主轴电动机起动且到达设定的转速时，变频器输出端 P2-PC 接通，继电器触点 KA1 经 PLC 控制通知数控系统主轴转速已到达。在自动加工时，主轴速度到达信号可作为切削进给开始的条件，例如，系统在执行 G01、G02 和 G03 等进给切削指令前，要进行主轴速度到达信号的检测，数控系统只有检测到该信号，切削进给才能开始，否则，系统进给指令处于待机状态。

（2）主轴零速信号　主轴电动机停止且频率为零时，变频器输出端 P1-PC 接通，继电器触点 KA2 经 PLC 控制通知数控系统主轴已零速停止。主轴零速信号通常作为机床某些动作开始的条件，例如，当数控车床采用液压卡盘时，数控系统检测到主轴转速为零时才能对卡盘进行卡紧或松开的控制；再如，机床主轴采用液压齿轮换档时，则在换档前，主轴必须先停止，系统在接收到主轴零速信号后，才能进行换档液压缸的控制。

三、变频器主要参数设定

1. 控制方式选择

功能码为 A1-02，设定"0"为无编码器 U/f 控制；"1"为有编码器的 U/f 控制；"2"为无编码器矢量控制 1；"3"为有编码器矢量控制；"4"为无编码器矢量控制 2。变频器用于数控机床主轴控制通常设定为 U/f 控制方式或无编码器矢量控制方式。

2. 频率给定方式选择

功能码为 B1-01，设定"0"为面板给定，即通过变频器操作面板上的 ∧（增加键）或 ∨（减少键）来给定频率；"1"为外部端子给定，即由模拟量电压给定频率；"2"为总线通信给定。本案例设定为"1"，变频器的输出频率由输入端 A1-AC（0~+10V）调整。

3. 加、减速时间设定

加速时间（功能码 C1-01）表示变频器从 0Hz 到最高运行频率所需的

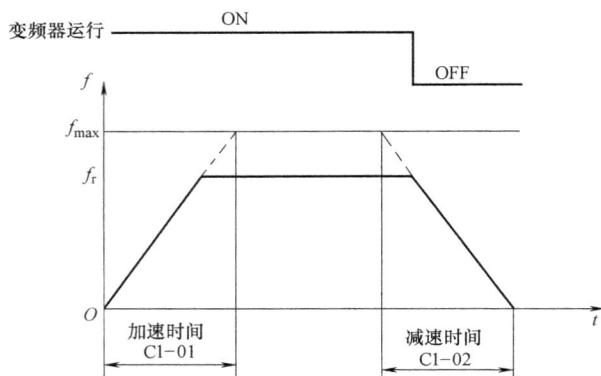

图 3-14　变频器加减速时间

时间，设定过短会引起过电流报警；减速时间（功能码为 C1-02）表示变频器从最高运行频率到 0Hz 所需的时间，设定过短会引起直流母线过电压报警，如图 3-14 所示。

4. 停止方式选择

变频器的停止方式有减速停止、自由停止、直流制动停止等。本案例为减速停止，功能码为 B1-03，设定 "0"，即变频器接收到停止指令后，输出频率按减速设定时间降至 0Hz 为止。

5. 电动机热保护动作时间

功能码为 L1-02，设定超过电动机额定电流 1.5 倍的动作时间，设定范围 1～5min。本案例设定为 1min。即电动机过载 1.5 倍保持时间为 1min，若在 1min 内过载未降低，则变频器产生过载报警并跳闸保护。

项目二　FANUC 主轴电动机及主轴驱动器

任务一　FANUC 主轴电动机

FANUC 交流主轴电动机有 αi 系列和 βi 系列。前者为高性能主轴电动机，与 αi 系列驱动器配套；后者为普通主轴电动机，与 $\beta iSVSP$ 系列驱动器配套。FANUC 交流主轴电动机是一种变频专用电动机，图 3-15 所示是 FANUC $\alpha i/\beta i$ 交流主轴电动机的外观及组成。

FANUC αi 交流主轴电动机定子没有机壳，定子铁心外形呈多边形，铁心边缘上有轴向通风孔，电动机后端部有独立电源供电的冷却风扇，对主轴电动机进行强制冷却，定子铁心在空气中直接散热；转子与普通三相交流电动机相同，为铸铝转子。另外，定子绕组中还安装有热敏电阻，当电动机由于过载或绕组短路引起绕组温度升高到一定值时，热敏电阻阻值发生变化，主轴放大器中的温度检测电路监测到电阻值的变化，经串行总线反馈给数控系统，数控系统经判别和处理立即停止有关主轴的控制信号，并发出主轴电动机过热或过载的报警。

散热风扇及电动机

磁电式传感器(Mi/MZi)

图 3-15　FANUC αi 交流主轴电动机的外观及组成

FANUC αi 主轴电动机中的磁电传感器用于转子测速和角位移测量，有 128 脉冲/转、256 脉冲/转、512 脉冲/转三种规格，不带零位置信号（又称一转信号）的为 Mi 系列，带零位置信号的为 MZi 系列。

任务二　FANUC αi 系列驱动器

FANUC αi 系列驱动器由电源模块（PSM）、主轴模块（SPM）和伺服模块（SVM）组成，与 αi 系列主轴电动机和伺服电动机配套，通常应用于 FANUC 16i/18i/21i/0iC/0iD 等数控系统。其中，主轴模块因为与数控系统进行串行通信，所以又称串行主轴放大器，由此构成的主轴驱动称为串行主轴。图 3-16 所示为 FANUC αi 系列驱动器的外观和组成；图 3-17 所示为 FANUC αi 系列驱动器中的电源模块和主轴模块接口。

αi 系列驱动器是一种直流共母线、矢量控制的变频器，从主电路角度看，电源模块包含有整流和滤波部分，将输入的三相交流电转换成直流母线电压，主轴模块和伺服模块各包含逆变部分，共用直流母线电压，经逆变生成主轴电动机和伺服电动机驱动电源。

一、电源模块

1. 电源模块类型

电源模块由主电路板和控制电路板组成，控制电路板可以从主电路板中拔出和插入。主电路板包括整流、滤波电路，以生成直流母线电压；控制电路除了对直流母线进行监控外，还进行急停控制等。另外，

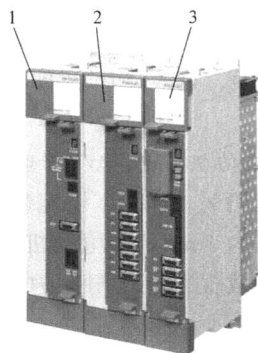

图 3-16　FANUC αi 系列驱动器的外观和组成

1—电源模块（PSM）　2—主轴模块（SPM）　3—伺服模块（SVM）

电源模块中还有辅助电源，生成+5V、+15V 及+24V 控制电源，供内部控制电路用。电源模块有三种类型：①PSM 电源模块，该模块输入电源为三相交流 200～240V，直流母线电压为 300V，电网回馈制动方式；②PSMR 电源模块，该模块输入电源为三相交流 200～240V，直流母线电压为 300V，能耗制动电阻制动方式；③PSM-HV 电源模块，该模块输入电源为三相交流 400～480V，直流母线电压为 600V，电网回馈制动方式。

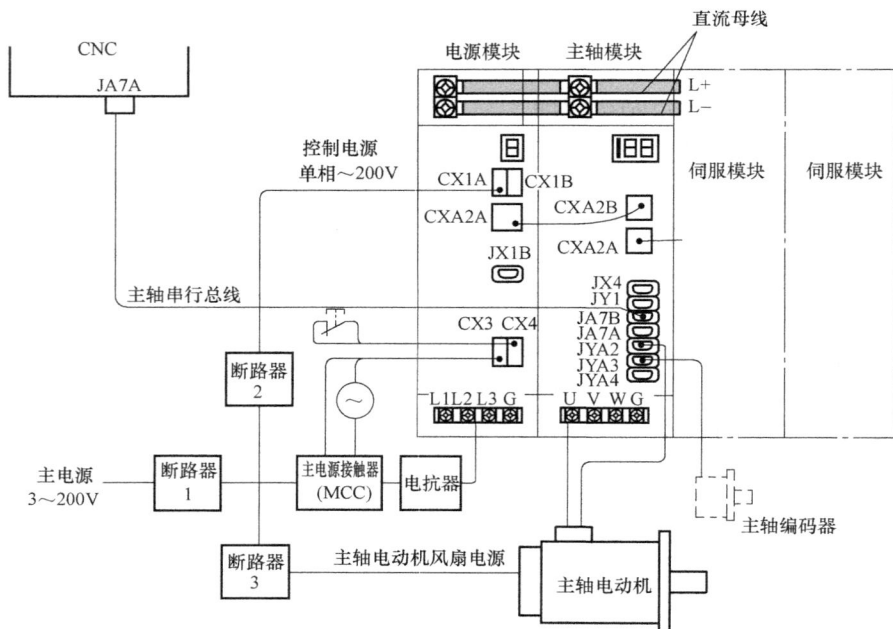

图 3-17　FANUC αi 系列驱动器中的电源模块和主轴模块接口

2. 电源模块接口

L1、L2、L3、G：电源模块三相交流电源进线端。

L+、L−：直流母线电压"+""−"端。

CX1A：单相交流 200V 输入，经内部辅助开关电源得到 +5V、+15V 及 +24V 控制电源，其中，+5V、+15V 供电源模块内部电路使用，+24V 除了为电源模块内置冷却风扇提供电源外，另由 CXA2A 口输出。

CX1B：单相交流 200V 输出，为大容量的电源模块、主轴模块配置的散热器冷却风扇提供电源。

CXA2A：除了为主轴模块和伺服模块提供 +24V 电源外，还有模块之间串行信息和急停信号传递。

JX1B：该接口功能封闭。

CX3：电源模块三相交流主电源接触器（MCC）控制信号接口。

CX4：急停信号接口。

电源模块上有一个状态显示窗口，显示"-"表示电源模块启动未就绪；显示"0"表示电源模块已准备好；显示代码，表示电源模块有故障。

3. 急停控制

αi 系列驱动器在正常工作情况下，其电源模块上的 CX3 端内部触点闭合，主电源接触器（MCC）线圈得电，MCC 触点闭合，主电源线路接通。急停控制如图 3-18 所示。

当 CX4 端有急停信号（＊ESP）输入时，如急停按钮、工作台限位开关等，内部控制电路使 CX3 内部触点断开，主电源接触器（MCC）失电，主电源线路断开，电源模块断电，主轴电动机和伺服电动机均停止。

二、主轴模块

主轴模块由主电路板和控制电路板组成，控制电路板可从主电路板中拔出和插入。主电路板包括 IPM 逆变电路；控制电路板通过与数控系统的串行通信，以及主轴电动机上的磁电传感器或主轴编码器的反馈信号，经矢量变换运算，最后控制 IPM 的导通或截止，生成三相交流电，供主轴电动机实现变频调速。另外，控制电路板还有温度、电流及电压等检测电路，用于状态监控和报警。

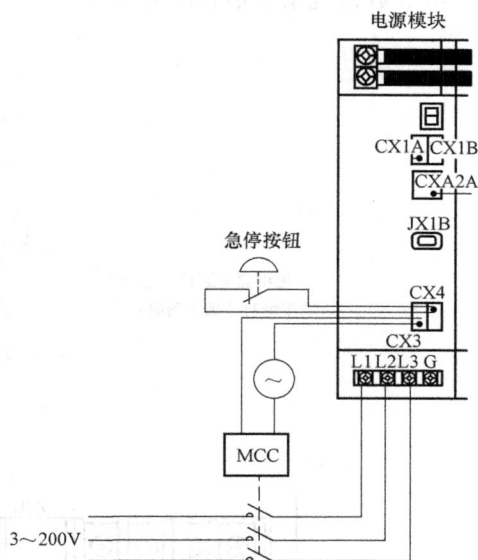

图 3-18　急停控制

接口说明：

U、V、W、G：主轴电动机动力线连接端。

CXA2B：除接受电源提供的 +24V 电源外，还有模块之间串行信息和急停信号传递。

CXA2A：除为后续模块提供 +24V 电源外，还有模块之间串行信息和急停信号传递。

JX4：主轴伺服信号检测板接口。通过主轴模块状态检测板可获取主轴电动机磁电传感器和主轴编码器的信号。

JX1：外接主轴负载表接口和速度表接口。

JA7B：串行主轴输入信号接口，与 CNC 系统的 JA7A 接口连接。

JA7A：连接第 2 串行主轴信号输出接口。

JYA2：连接主轴电动机内置磁电传感器和温度传感器信号接口。

JYA3：主轴一转位置信号或主轴独立编码器连接接口。

JYA4：主轴 C_S 轴传感器信号接口（选择配置）。

主轴功率模块上有状态显示窗口，指示主轴的运行状态和报警。LED 显示"——"且闪烁时，表示等待 CNC 串行通信以及参数装载；显示"——"时，表示参数装载完成，但主轴电动机尚未激活；显示"00"时，表示主轴驱动已准备好，主轴电动机已激活，可以进行正常运行；若显示报警代码，表示主轴故障或错误信息。

任务三　FANUC βi SVSP 驱动器

FANUC βi SVSP 驱动器相当于将 αi 系列驱动器中的电源模块、主轴模块及伺服模块集成在一起，是一种主轴-伺服一体化的驱动器。其面板上的接口定义和功能与 αi 系列驱动器基本一致。βi SVSP 驱动器内置的整流和滤波电路生成的直流母线电压同时供主轴驱动逆变和伺服驱动逆变，主轴和伺服均采用矢量控制，主轴及伺服电动机采用回馈制动方式。

βi SVSP 驱动器与 βiS 系列主轴电动机和伺服电动机配套使用，一个 βi SVSP 驱动器可配置一个主轴和两个伺服轴，组成数控车床主轴和进给驱动；或者配置一个主轴和三个伺服轴，组成数控铣床主轴和进给驱动。图 3-19 所示为 FANUC βi SVSP 驱动器的外观及接口。

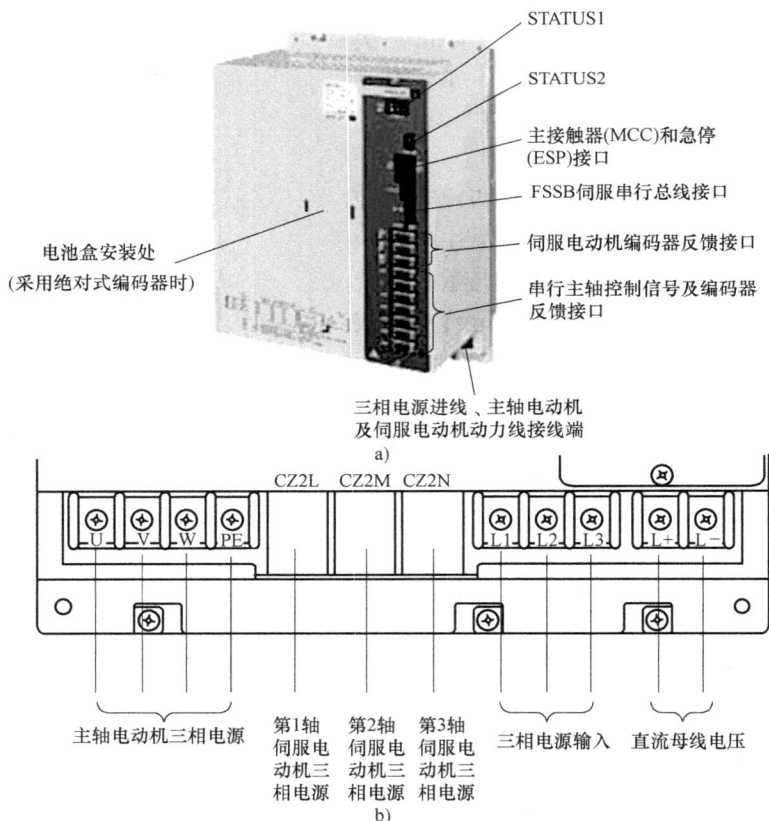

图 3-19　FANUC βi 系列 SVSP 驱动器的外观及接口

a）外观　b）电源端子

βi SVSP 驱动器与数控系统有两条控制总线：一是主轴串行总线，用于主轴电动机控制；二是伺服串行总线（FSSB），用于伺服电动机控制。βi SVSP 驱动器有三路反馈信号：一是伺服电动机编码器及温度反馈信号；二是主轴电动机编码器及温度反馈信号；三是主轴编码器或一转接近开关反馈信号。有关伺服电动机及伺服驱动器的内容见模块四。

βi SVSP 驱动器上有两个 LED 数码指示窗口，其中，STATUS1 是有关电源和主轴的运行状态和报警指示，STATUS2 是有关伺服驱动的运行状态和报警指示。

任务四 FANUC 串行主轴配置

FANUC 数控系统与 αi 系列放大器或 βi SVSP 驱动器组成主轴控制时，两者之间通过主轴串行总线进行通信，CNC 与驱动器之间传送数字信号，包括 M、S 代码指令信号及位置和速度等反馈等信号；主轴驱动有关参数的设置和调整在 CNC 上进行，主轴正、反转及停止等控制由 CNC 与 PMC 内部接口信号进行控制。串行主轴用于高性能数控机床的主轴控制，除了常规的速度和正、反转控制外，还可进行主轴准停、定位、刚性攻螺纹及 C_S 轴等控制。根据主轴实现的功能不同，FANUC 主轴电动机与主轴放大器有不同的配置方式。

一、主轴电动机内装磁传感器

利用主轴电动机内装的 MZi 磁电式传感器（带一转信号）发出的主轴速度、主轴位置及主轴一转信号实现主轴准停、刚性攻螺纹、车螺纹及 C_S 轴控制等。这种方式适用于主轴电动机与主轴直联或传动比为 1：1 的传动场合，如图 3-20 所示。

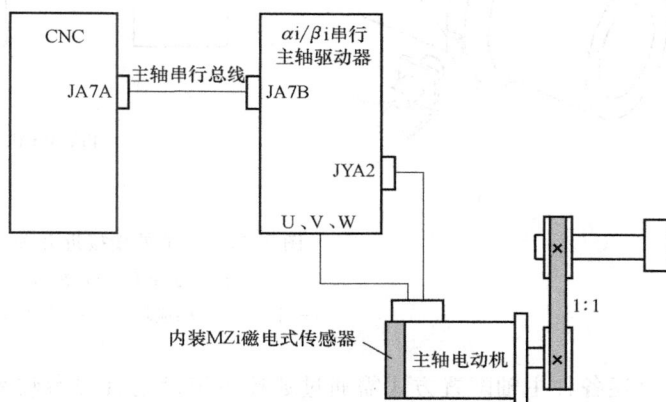

图 3-20 主轴电动机内装磁电式传感器（MZi）的配置

二、主轴外接独立编码器

主轴编码器通常用同步带与主轴按传动比为 1：1 连接，主轴编码器为带一转信号的增量式编码器，主轴电动机内装 Mi 磁电式传感器（不带一转信号），利用主轴编码器发出的主轴速度、主轴位置及主轴一转信号实现主轴准停、刚性攻螺纹、车螺纹及 C_S 轴轮廓控制等。这种方式适用于主轴电动机与主轴之间有机械传动（传动带或齿轮）的场合，如图 3-21 所示。

三、主轴外接接近开关

主轴上有感应盘，与接近开关相对应，主轴电动机内装 Mi 磁电式传感器（不带一转信号），利用接近开关发出的一转信号和主轴电动机内装 Mi 磁电式传感器发出的主轴速度信号和位置信号实现主轴准停、刚性攻螺纹控制等。这种方式适用于主轴电动机与主轴之间有机械传动（传动带或齿轮）的场合，如图 3-22 所示。

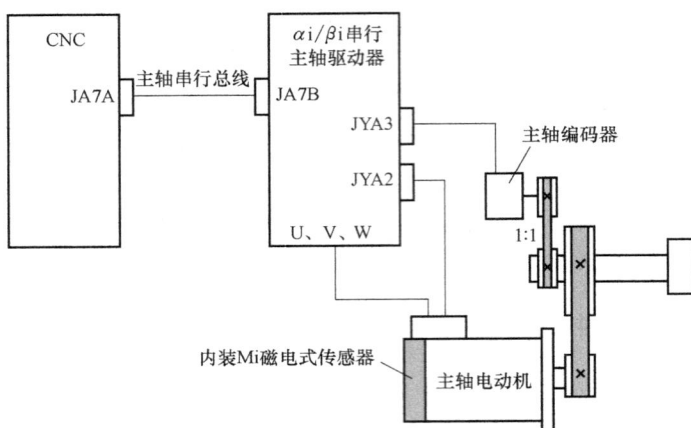

图 3-21　主轴外接独立编码器

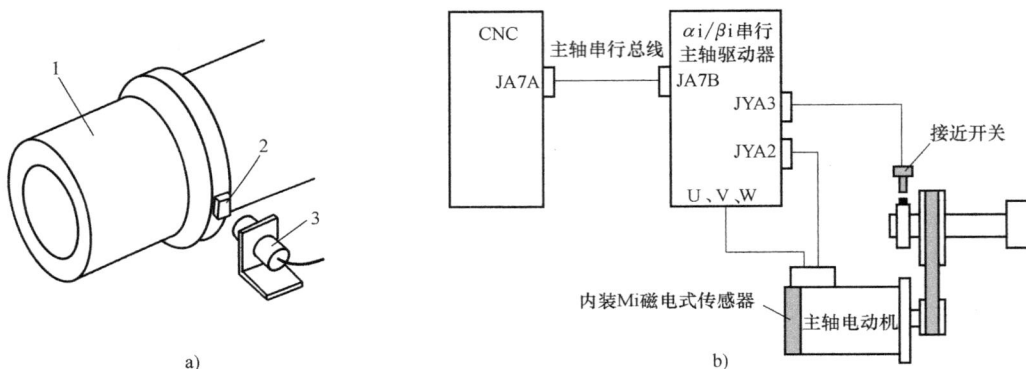

a)

b)

图 3-22　主轴外接接近开关

a）主轴接近开关　b）配置

1—主轴　2—感应块　3—接近开关

　　上述各种主轴配置方式需通过数控系统设定有关参数来确定，请读者参考 FANUC 系统说明书中的相关内容。

项目三　西门子主轴电动机及主轴驱动器

任务一　西门子交流主轴电动机

　　图 3-23 所示为西门子 1PH7 交流主轴电动机的外观及组成。

　　1PH7 交流主轴电动机是一种强制风冷型异步电动机，通过一个独立安装的风扇进行散热；定子绕组中埋设有热敏电阻，用于检测电动机的温度；转子轴端连接一个编码器，用于检测转子速度和角位移。编码器通过电缆插头或 DRIVE-CLiQ 接口与外部设备连接，编码器可选择增量式编码器或绝对式编码器。有关编码器的内容见模块五。

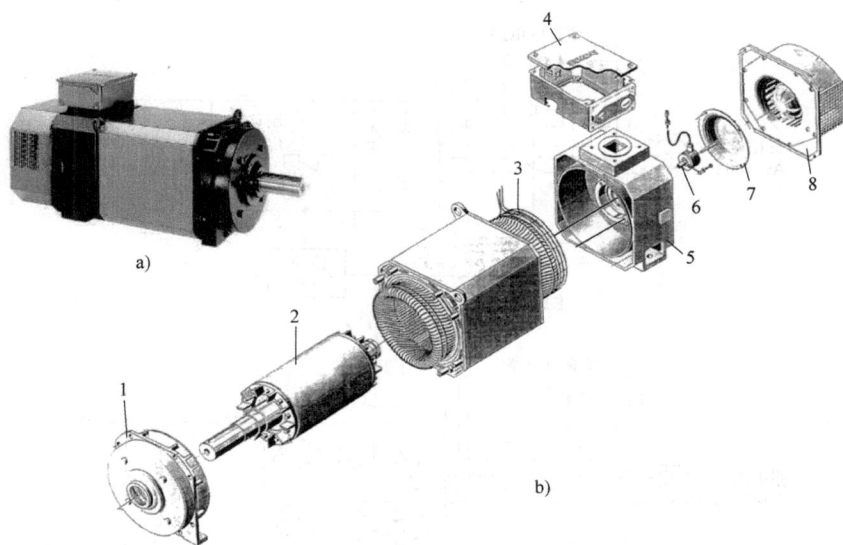

图 3-23 西门子 1PH7 交流主轴电动机的外观及组成

a）外观 b）内部结构及组成

1—前端盖 2—笼型转子 3—定子三相绕组 4—接线盒 5—后端盖
6—编码器 7—编码器端盖 8—风扇及风扇电动机

任务二 西门子 611Ue 驱动器

一、组成

西门子 611Ue 驱动器是一种直流共母线的变频器，由电源模块和功率模块组成。611Ue 驱动器与西门子 SI-NUMERIK 802D 数控系统配套使用，实现主轴和伺服驱动。611Ue 驱动器的外观及组成如图 3-24 所示。

二、电源模块

电源模块由整流模块、滤波电容和控制电路等组成，通过对输入的三相交流电整流、滤波，为功率模块提供直流母线电压，同时，电源模块还提供+5V、+15V 以及+24V 控制电源，通过设备总线供电源模块和功率模块内部控制电路用；控制电路除了对直流母线进行监控外，还进行温度和运行监控，以及使能控制。电源模块有两种形式，一是非受控电源模块（又称馈入电源模块）；二是再生回馈电源模块（又称馈入/再生反馈电源模块）。图 3-25 所示为电源模块电路。

非受控电源模块采用二极管不可控整流电路。上电时，三相电源通过预充电电路及整流电路向电容充电，建立起直流母线电压，当母线电压上升到一定值时，经监控电路使电源模块中内置的主接触器接通，三相电源

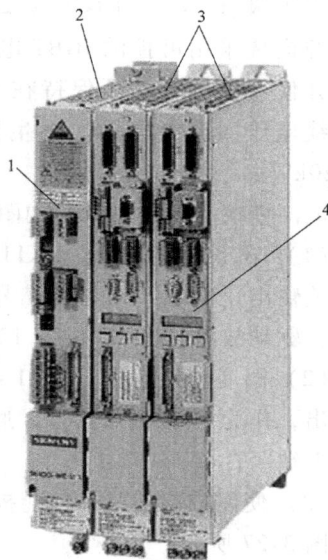

图 3-24 611Ue 驱动器的外观及组成

1—电源模块控制电路面板 2—电源模块
3—功率模块 4—功率模块控制电路面板

· 45 ·

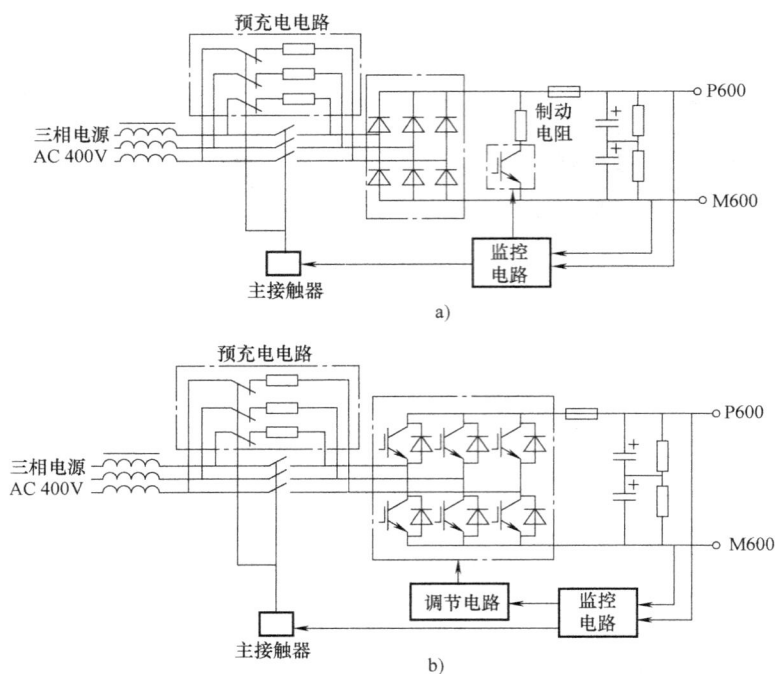

图 3-25　电源模块电路

a）非受控电源模块电路　b）再生回馈电源模块电路

接入电源模块。电动机运行时直流母线电压在 490~644V 范围内波动，平均电压为 570V；电动机制动时通过制动电阻释放升高的直流母线电压，进行能耗制动。非受控电源模块的功率等级有 5kW、10kW 及 28kW，当达到 28kW 时，需采用外接的制动电阻。再生回馈电源模块采用可控的 IGBT 电路，电动机运行时，由调节电路使 IGBT 处于可控整流状态，并使直流母线电压保持在 600V；制动时通过调节电路使 IGBT 处于逆变状态，将直流母线电压回馈给电网。再生回馈电源模块的功率等级有 16kW、36kW、55kW、80kW 和 120kW。

电源模块上的控制端子如图 3-26 所示。

（1）驱动准备好信号　X111 端 74 和 73.2 常闭触点、72 和 73.1 常开触点为驱动准备好开关输出，作为 PLC 输入信号，通常使用 72 和 73.1 端子。驱动运行正常时，72 和 73.1 接通；驱动故障时，72 和 73.1 端断开。

（2）温度监控信号　X121 端 5.2 和 5.1 常开触点、5.3 和 5.1 常闭触点为过热报警开关输出，作为 PLC 输入信号，通常使用 5.2 和 5.1 端子。当模块过热或电动机过热时，5.2 和 5.1 端闭合。

（3）使能控制信号　使能控制端为 48、63 和 64，使能动作时序与电源模块上、下电关系如图 3-27 所示。

1）X141 端 48 和 9 端子：电源模块主接触器使能输入，信号来自 PLC 输出。48 和 9 端子闭合时，电源模块中的主接触器触点闭合，主电源接入；48 和 9 端子断开时，电源模块中的主接触器触点断开，电源模块主电源切断，所有电动机自由停止。

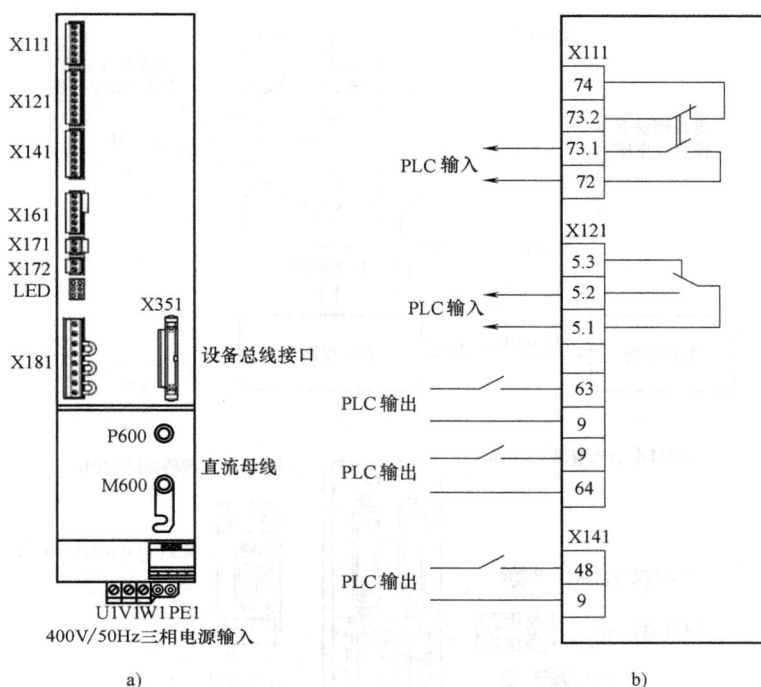

图 3-26 电源模块上的控制端子

a) 端子布置及编号 b) 端子接线

2) X121 端 63 和 9 端子：脉冲使能输入，信号来自 PLC 输出。该使能信号同时对所有连接的模块有效，63 和 9 端子闭合时，驱动器各轴控制电路开始工作；63 和 9 端子断开时，功率模块无电源输出，所有电动机自由停止。

3) X121 端 64 和 9 端子：驱动使能输入，信号来自 PLC 输出。该使能信号同时对

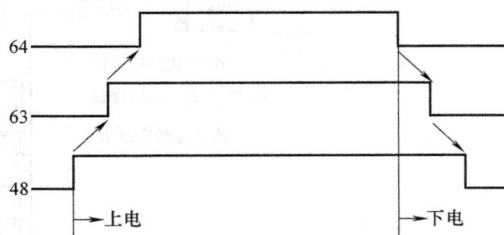

图 3-27 电源模块使能时序

所有连接的模块有效，64 和 9 端子闭合时，驱动器各轴的调节器开始工作，输出控制信号使电动机起动运行；64 和 9 端子断开时，控制信号为零，所有电动机以最大加速度减速停止。

三、功率模块

功率模块有单轴模块和双轴模块，可以驱动 1PH7 主轴电动机，也可以驱动 1FK6 等系列的伺服电动机。功率模块由逆变电路和控制电路组成，控制电路通过与数控系统 PROFIBUS-DP 总线通信，经矢量变换运算和 SPWM 控制，由逆变电路生成三相交流电作为主轴电动机和伺服电动机的电源。另外，通过功率模块控制面板上的模拟量和数字量输出端子，可以与第三方的变频器连接，组成模拟主轴。图 3-28 所示为功率模块中的逆变电路及控制电路面板。

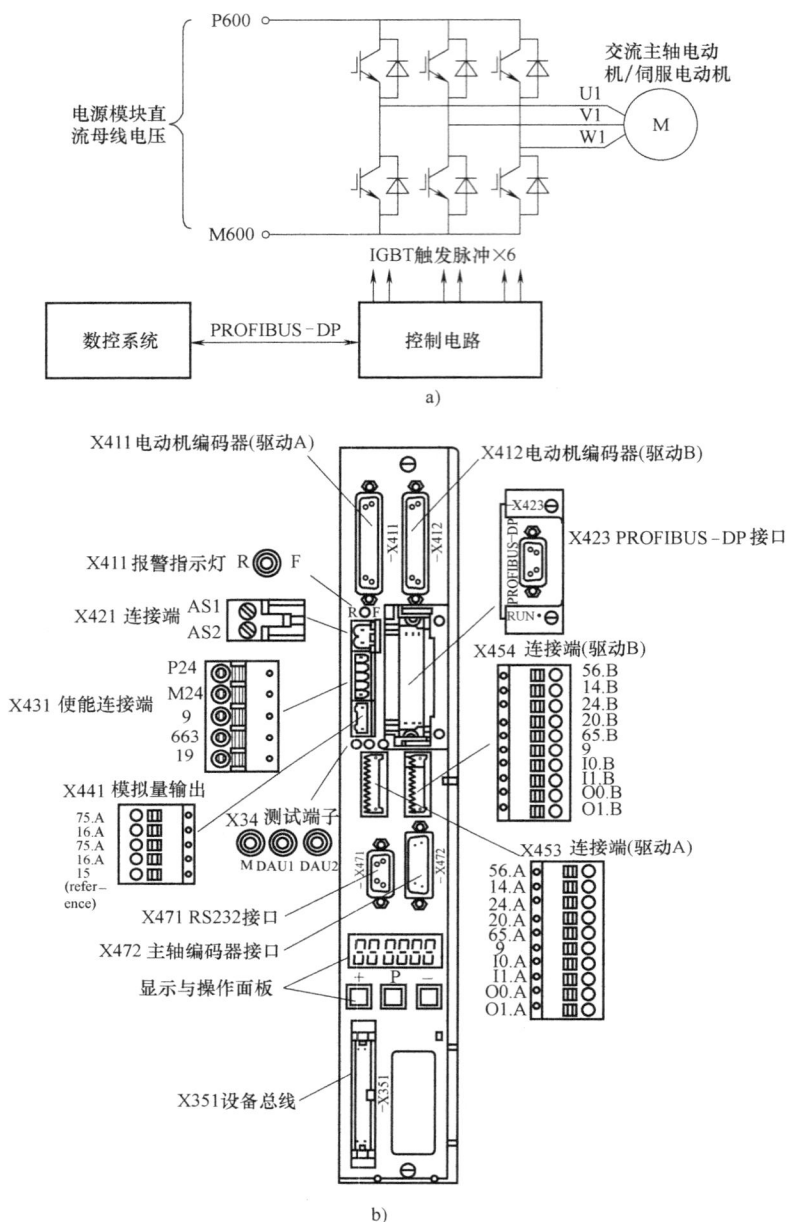

图 3-28　功率模块中的逆变电路及控制电路面板

a）逆变电路　b）控制电路面板（双轴）

1）X423 PROFIBUS-DP 总线接口插座。通过总线电缆与西门子 SINUMERIK 802D 数控系统连接，实现功率模块与数控系统之间的数字通信。

2）X411/X412 主轴电动机和伺服电动机编码器反馈信号连接插座。

3）X421 "起动禁止" 连接端。AS1 和 AS2 端子为常闭触点输出，用于外部安全电路，作为 "互锁" 信号使用。

4）X431 "脉冲使能" 连接端。当 663 和 9 端子闭合时，驱动模块各坐标轴的控制电路开始工作。P24 和 M24 端子为外部直流 24V 电源输入，19 端子为参考电位 0V。

5）X441 模拟量输出连接端。当主轴采用外接变频器驱动时，75.A 和 15 端用作主轴模拟量输出。

6）X453/X454 速度给定"使能信号"连接端。65.A 和 9 端子、65.B 和 9 端子为速度控制使能信号，当采用 PROFIBUS 总线控制时，65.A 和 9 端子、65.B 和 9 端子直接短接；若主轴采用外接变频器驱动时，Q0.A 与 Q1.A 常被用作主轴的正、反转输出开关信号。

7）X472 主轴编码器反馈信号连接插座。

8）X471 RS232/RS485 插座。该插座与外部计算机的 RS232C 接口进行连接，并可以通过 SimoComU 软件对驱动器进行调试与优化。

9）X351 设备总线连接插座。设备总线来自电源模块，包括+15V、+5V 电子电源和使能信号。

10）P600/M600 直流母线连接端，直流母线电压来自电源模块。

11）U1、V1、W1 主轴电动机和伺服电动机三相电源。

任务三 主轴配置

一、PROFIBUS 主轴数字控制

通过对数控系统有关主轴数字控制的参数设定，PROFIBUS 主轴数字控制的配置如图 3-29 所示。

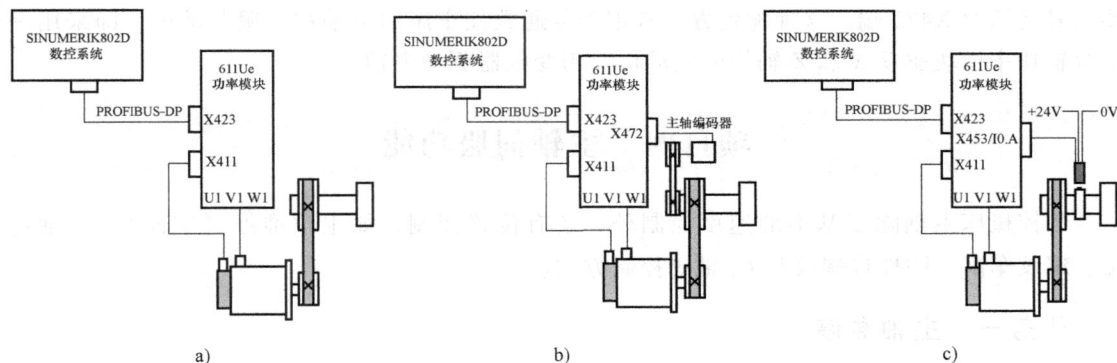

图 3-29 PROFIBUS 主轴数字控制的配置
a）主轴电动机编码器 b）主轴编码器 c）主轴一转接近开关

如图 3-29a 所示，利用主轴电动机内装编码器进行电动机速度检测并反馈，实现矢量控制；同时间接测量主轴的实际转速和角位移，并利用编码器一转信号，实现主轴准停、刚性攻螺纹、车螺纹及主轴伺服等控制。

如图 3-29b 所示，利用安装在主轴上的编码器直接测量主轴的转速和角位移，并利用编码器一转信号，实现主轴准停、刚性攻螺纹、车螺纹及主轴伺服等控制。

如图 3-29c 所示，主轴上有感应盘，与接近开关相对应，利用接近开关发出的一转信号和主轴电动机内装编码器发出的主轴速度信号和位置信号实现主轴准停、刚性攻螺纹控制等。

二、模拟主轴

利用功率模块控制面板上的模拟量和数字量输出端子，连接第三方变频器，实现模拟主轴控制，如图3-30所示。

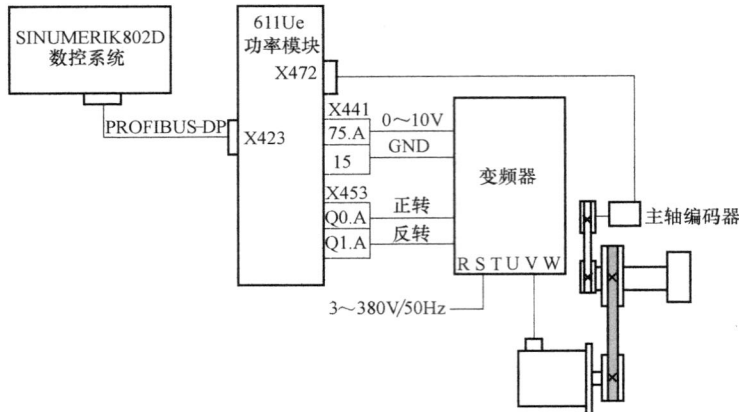

图3-30 模拟主轴

X441端中的75.A和15端子输出0~+10V模拟电压作为变频器的频率给定电压，X453端中的Q0.A和Q1.A输出正转起动和反转起动开关信号给变频器；主轴侧连接的主轴编码器信号反馈给X472端。这种配置方式常用于普通数控车床的主轴和伺服驱动中，即采用一个双轴功率模块驱动X和Z轴伺服电动机，用变频器驱动主轴。

项目四 主轴伺服功能

数控机床主轴除了基本的速度控制外，还有位置控制，如主轴准停（定向）、主轴定位、螺纹车削、刚性攻螺纹及C_s轴等控制方式。

任务一 主轴准停

主轴准停又称主轴定向，指令代码为M19。与一般的主轴停止（M05）不同，主轴准停时，主轴必须停在规定的位置，同时主轴电动机有保持转矩，以保持主轴在准停位置静止并抵御主轴外部负载的扰动。主轴准停用于以下场合：加工中心换刀时主轴定向，以便刀柄键槽插入主轴端面键，如图3-31a所示；精镗退刀时主轴先定向准停，经径向偏移一小段距离Δ后，再轴向退刀，以避免刀具划伤已加工好的表面，如图3-31b所示。

要实现主轴定向控制，须有一转信号支持。一转信号的获得根据主轴配置的不同有三种方式：一是主轴电动机安装有带一转信号的编码器；二是主轴编码器一转信号；三是主轴外部一转信号（接近开关）。在图3-31c所示的主轴准停控制中，当数控系统执行M19指令时，主轴减速至定向速度（数控系统参数设定），在系统接收到零标志信号后，主轴再转过一个偏差量（数控系统设定）后停止，停止位置即为主轴准停位置。调整定向偏差值，可修正主轴准停位置。

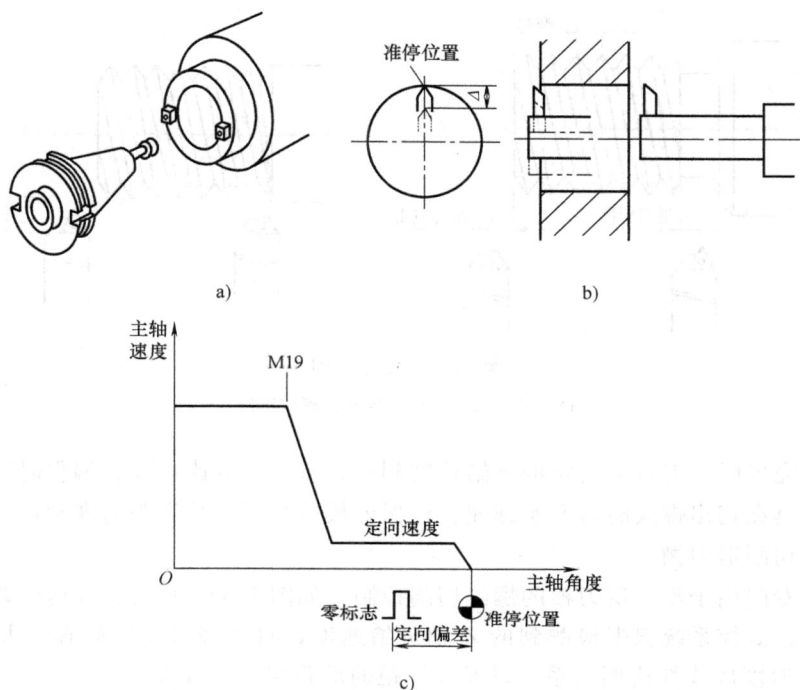

图 3-31　主轴准停
a）加工中心换刀　b）精镗退刀　c）主轴准停控制

任务二　主轴定位

在全功能数控车床中，主轴可实现定角度的定位，如 45°、90°和 135°，主轴定位功能配合动力刀架可实现零件的钻削和铣削等加工，如图 3-32 所示。

在图 3-32 所示的加工过程中，当工件外圆柱面切削完成后，刀架上的自驱刀头转到加工位置，同时主轴定位，自驱刀头进行钻孔。

任务三　螺纹车削

在螺纹车削加工程序中，F 指令设定值为螺纹螺距。在螺纹车削过程中，数控系统根据主轴速度 S 指令和螺距，计算出 Z 轴进给速度 f_Z，f_Z 必须满足

$$f_Z = 螺纹螺距 \times 主轴速度$$

在一般的螺纹车削中，因为刀具从起点沿 Z 向进刀时，刀具从静止到稳定的进给速度有一个加速过程，所以编程时要设定一段起刀距离用于加速，当刀具切入工件时，主轴转速和 Z 轴进给速度都保持了稳定，这样就保证了最初几牙螺纹螺距的准确性，如图 3-33a 所示。

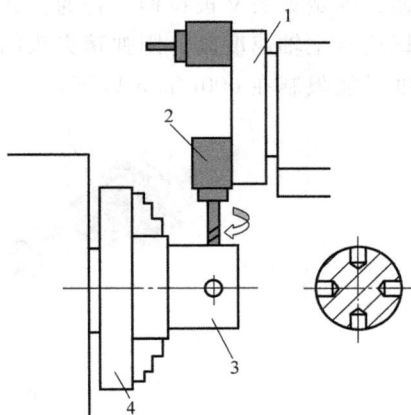

图 3-32　数控车床主轴定位
1—转塔刀架　2—自驱刀头　3—工件　4—卡盘

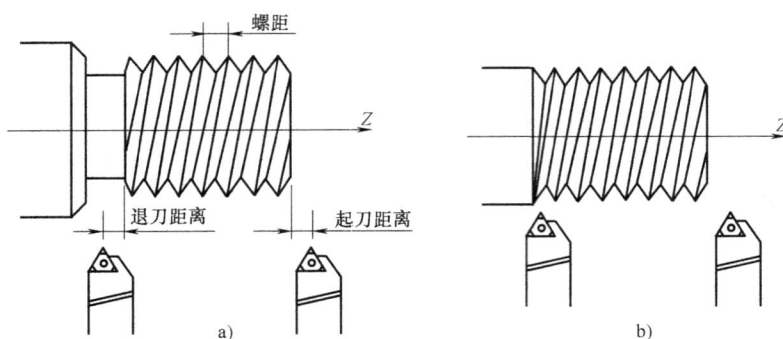

图 3-33　螺纹车削

a）一般螺纹车削　b）刚性螺纹车削

　　螺纹车削完成时，刀具从稳定的进给速度到停止有一个减速过程，编程时要设定一段退刀距离，使刀具在切出螺纹时再开始减速，以保证最后几牙螺纹螺距的准确性。通常，零件上设计有螺纹切削退刀槽。

　　还有一种专门用于没有退刀槽的螺纹切削控制，如图 3-33b 所示。刀具在 Z 向螺纹切削完成减速阶段，数控系统根据检测到的 Z 轴进给速度，自动降低主轴转速，并保持主轴转速与 Z 轴进给速度成线性比例关系，以保证螺距的准确性和一致性。

任务四　刚性攻螺纹

　　在加工中心攻螺纹加工中，主轴速度与 Z 轴进给速度 f_Z 必须满足

$$f_Z = 丝锥螺距 \times 主轴速度$$

　　以普通方式进行攻螺纹循环加工时，由于主轴和 Z 轴进给加减速特性不一致，攻螺纹时丝锥上必须配用弹簧夹头，以此来补偿 Z 轴进给与主轴不同步产生的螺距误差。带弹簧夹头的丝锥刀柄如图 3-34a 所示。用这种方式攻螺纹时，当丝锥旋转到底且 Z 轴停止时，主轴并没有立即停止，攻螺纹弹簧夹头被压缩一段距离；当丝锥沿 Z 轴反向旋转退出时，主轴加速，弹簧夹头又被拉伸。普通方式攻螺纹循环只能满足一般精度螺纹孔的加工。另外，若攻螺纹时主轴速度高，则弹簧夹头的伸缩范围也必须足够大，所以用这种方式攻螺纹时主轴速度只能限制在 600r/min 以下。

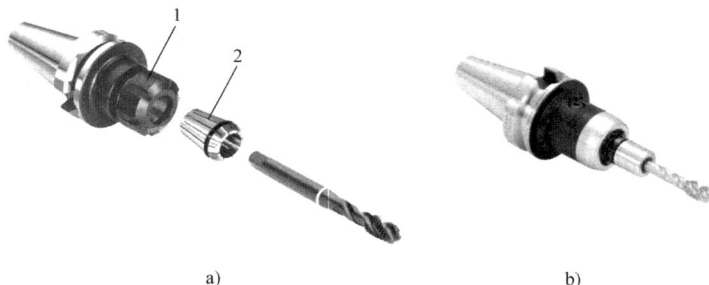

图 3-34　丝锥刀柄

a）带弹簧夹头的丝锥刀柄　b）刚性丝锥刀柄

1—夹头体　2—弹簧夹头

　　刚性攻螺纹又称同步进给攻螺纹。刚性攻螺纹不需要弹簧夹头，刚性丝锥刀柄如图 3-34b 所示。刚性攻螺纹时，主轴转速与 Z 轴进给速度建立起同步关系，这样就严格保证了主轴转速与 Z 轴进给速度成线性比例关系，如图 3-35 所示。

　　用刚性攻螺纹加工螺纹孔时，当 Z 轴攻螺纹到达指令位置时，主轴转动与 Z 轴进给同步减速并同时停止；主轴反转起动加速与 Z 轴反向进给起动加速同样也保持同步。另外，刚性攻螺纹在丝锥强度允许的情况下主轴转速可以很高，可达 4000r/min，加工效率显著提高，且螺纹精度得到保证。

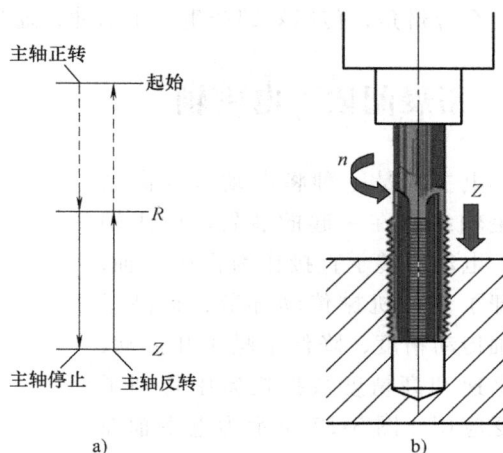

图 3-35　刚性攻螺纹
a) 攻螺纹固定循环　b) 主轴转速与 Z 轴进给速度同步

任务五　C_s 轴控制

　　C_s 轴控制是全功能数控车床主轴控制功能之一。在 C_s 轴控制方式中，主轴作为一根伺服轴（因绕 Z 轴回转，故定义为 C_s 轴）进行位置控制。一方面，主轴可以任意角度定位；另一方面，主轴可与 Z 轴或 X 轴一起联动插补，加工出轮廓曲线。图 3-36 所示为在数控车床上进行圆柱凸轮加工。

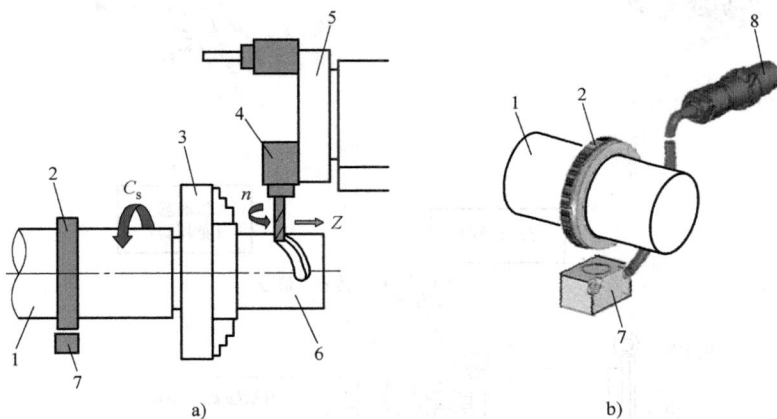

图 3-36　C_s 轴用于圆柱凸轮加工
a) 安装在主轴上的编码器　b) BZi/CZi 传感器
1—主轴　2—检测环　3—卡盘　4—自驱刀头　5—刀架　6—工件　7—传感器　8—电缆连接插座

　　以 FANUC 串行主轴为例，配置自驱刀头的刀架沿 Z 轴与 C_s 轴联动插补，由自驱刀头上的铣刀加工圆柱凸轮。要实现 C_s 轴控制，主轴上要安装编码器来进行位置检测，如 BZi/CZi 高分辨率编码器，其中，BZi 的精度为 $0.015° \sim 0.03°$，CZi 编码器的精度为 $0.005°$。如图 3-36b 所示，编码器检测环固定在主轴上，随主轴一起旋转，传感器固定在主轴箱上，检测环与传感器之间保持一定的间隙。检测环圆周上均布有齿，每转过一个齿，相当于主轴转过一个分辨角，传感器即产生一个脉冲，通过对脉冲进行计数，即可得到主轴转过的角度。

拓展阅读 电主轴

电主轴是一种将电动机与高精度主轴结合在一起的装置。电主轴中，电动机转子直接作为机床主轴，省却了主轴机械传动环节，提高了主轴传动精度，降低了噪声和振动，在高速和高精度数控机床中得到了广泛应用。图 3-37 所示为电主轴在 5 轴联动数控机床中的应用。

图 3-38 所示为电主轴的外观、内部结构及其与外部连接的线路和管路。

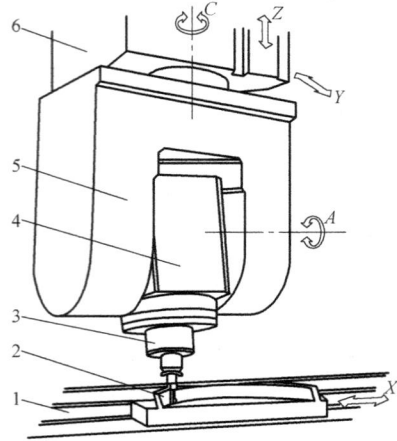

图 3-37 电主轴在 5 轴联动数控机床中的应用
1—工作台 2—工件 3—主轴 4—电主轴
5—支架 6—升降座

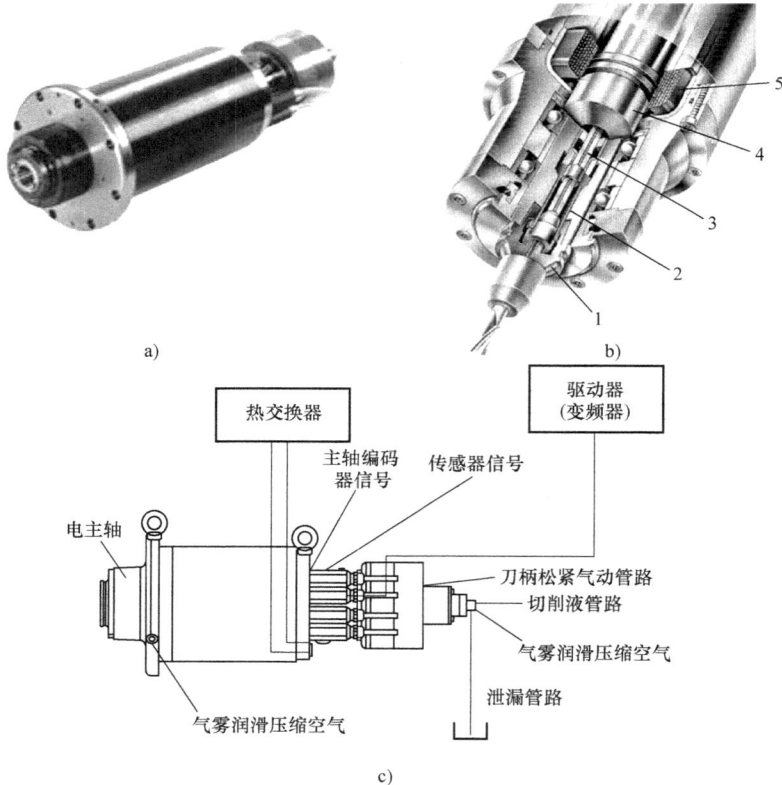

a)

b)

c)

图 3-38 电主轴
a）外观 b）内部结构 c）与外部连接的线路和管路
1—刀柄 2—卡爪 3—拉杆 4—电主轴转子 5—电主轴定子绕组

　　电主轴由变频器驱动，最高转速可达 100000r/min 以上；电主轴内部有冷却管道，通过外部的热交换器对电动机进行循环冷却；主轴轴承采用气雾润滑的方式，通过压缩空气将润滑油定时、定量地打到主轴轴承上；电主轴安装有编码器，用于主轴速度和位置检测；电主轴中还安装有温度传感器，对电动机温度进行检测，有的电主轴还安装有轴向位移传感器，对主轴热变形产生的轴向位移进行检测，由数控系统进行补偿；电主轴后端有松、紧刀气缸，通过拉杆、碟形弹簧和卡爪对刀柄进行夹紧和松开。

思考题与习题

一、填空题

1. 数控机床交流主轴电动机通常为＿＿＿＿＿＿＿＿＿＿＿＿，用＿＿＿＿＿＿＿＿进行调速。为改善低频时的散热问题，电动机末端安装有＿＿＿＿＿＿＿＿，并独立供电。

2. 电压型交-直-交变频器主电路由＿＿＿＿＿＿＿、＿＿＿＿＿＿＿和＿＿＿＿＿＿等组成。

3. 变频器 SPWM 的作用是＿＿＿＿＿＿＿＿＿＿＿＿＿，逆变功率模块通常为＿＿＿＿＿＿＿＿和＿＿＿＿＿＿＿＿。

4. 变频器的控制方式有＿＿＿＿＿＿＿＿和＿＿＿＿＿＿＿＿等，前者通常为速度开环，用于对速度控制要求不高的场合；后者为速度闭环，有＿＿＿＿＿＿＿＿和＿＿＿＿＿＿＿＿两种形式，用于对速度控制要求高的场合。

5. 主轴电动机在变频减速时，电动机处于＿＿＿＿＿＿＿＿状态，造成变频器＿＿＿＿＿＿＿＿电压上升。基于这一现象，变频器的制动有＿＿＿＿＿＿＿＿和＿＿＿＿＿＿＿＿两种方式，前者需配置＿＿＿＿＿＿＿＿＿＿；后者通过＿＿＿＿＿＿＿＿＿＿将＿＿＿＿＿＿＿＿回馈给电网。

6. FANUC αi 系列驱动器是一种＿＿＿＿＿＿＿＿＿＿变频器，由①＿＿＿＿＿＿＿＿＿＿、②＿＿＿＿＿＿＿＿和③＿＿＿＿＿＿＿＿＿＿组成。其中，①的作用是将三相 200V 交流电转换成＿＿＿＿＿＿＿＿＿＿母线电压，以及生成 +5V、+15V 和＿＿＿＿＿＿＿＿控制电源；②的作用是＿＿＿＿＿＿＿＿＿＿＿＿，其控制面板上的相关接口通过＿＿＿＿＿＿＿＿＿＿与 CNC 连接，进行数字通信，并接收主轴电动机中＿＿＿＿＿＿＿＿＿＿的反馈信号；③的作用是＿＿＿＿＿＿＿＿，其控制面板上的相关接口通过＿＿＿＿＿＿＿＿＿＿与 CNC 连接，进行数字通信，同时与伺服电动机中的串行编码器连接。

二、简答题

1. 说明三相交流异步电动机"异步"的概念。

2. 变频调速的本质是什么？

3. 说明 U/f 变频调速和矢量变频调速的特点。

4. 说明电压型交-直-交变频器"交-直-交"的含义。

5. 说明变频器能耗制动和回馈制动的区别。

6. 加减速时间设置长短对变频器运行有什么影响？

7. 以 FANUC 系统和 SINUMERIK 802D 系统为例，说明模拟主轴和数字主轴是怎样实现的。

8. 西门子 611Ue 驱动器电源模块上 48、63 和 64 使能端子的作用是什么？

9. 主轴刚性攻螺纹的特点是什么？

10. 数控机床伺服主轴有什么功能？

三、计算分析题

1. 图 3-39 所示为某数控机床主轴电动机功率图。问：

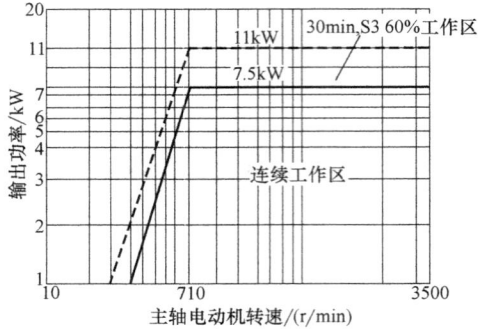

图 3-39　主轴电动机功率图

1）主轴连续运行时，额定转速和最高转速各为多少？

2）主轴连续运行时，额定功率和最小功率各为多少？

3）主轴连续运行时，计算在额定转速时的转矩。

4）主轴连续运行时，计算在最高转速时的转矩。

5）主轴连续运行时，计算电动机的最低转速。

6）计算主轴电动机转速为 500r/min 时的转矩和功率。

7）主轴电动机与主轴通过带传动，如图 2-11 所示，电动机带轮直径为 φ125mm，主轴带轮直径为 φ172mm。计算主轴电动机在额定转速时主轴的转速及转矩。

提示：功率公式 $P=\dfrac{Tn}{9550}$，其中，P 为功率（kW）；T 为转矩（N·m）；n 为转速（r/min）。

2. 交流主轴电动机的过载能力一般较强，对大多数的切削加工，某一刀具的实际加工时间往往不超过 30min，即主轴电动机的运行是断续的。根据电动机的温升特性，主轴电动机功率可以按照 30min 输出功率来选择，如图 3-39 中虚线所示。查资料，了解电动机连续工作制（S1）和断续工作制（S3）的特点。由此说明图 3-39 中"30min，S3 60%工作区"的含义。

模块四

进给电动机及驱动

在数控机床进给伺服系统中,进给电动机带动滚珠丝杠实现进给传动,与进给电动机配套的驱动器接收数控系统的控制信号,经功率放大为进给电动机提供电源,使进给电动机输出转矩、转速和角位移。目前,数控机床闭环或半闭环伺服系统采用的进给电动机及驱动通常为交流伺服电动机及伺服驱动器,开环伺服系统采用的进给电动机及驱动为步进电动机及步进驱动器。

项目一　交流伺服电动机及驱动器

任务一　交流伺服电动机

数控机床伺服电动机历经早期的直流伺服电动机、无刷直流电动机,发展到现在的三相交流正弦波永磁同步电动机,当前数控机床中广泛使用的交流伺服电动机通常是指三相交流正弦波永磁同步电动机(英文缩写为 PMSM)。图 4-1 所示为 FANUC 交流伺服电动机的外观及定、转子结构。

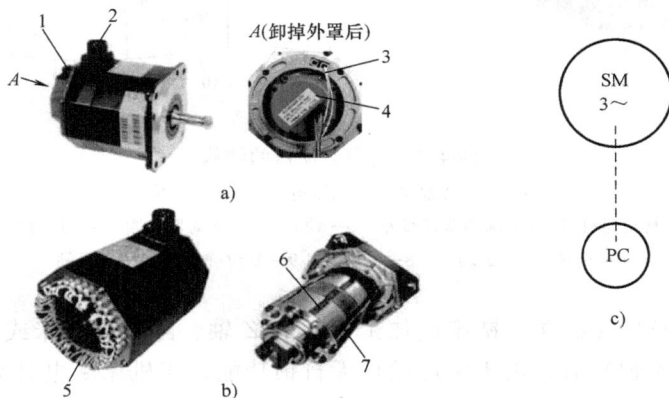

图 4-1　FANUC 交流伺服电动机

a) 外观　b) 定子和转子　c) 符号

1—编码器接线座(含热敏电阻接线)　2—动力线接线座　3—热敏电阻电缆　4—编码器
5—定子三相绕组　6—永久磁铁　7—转子铁心

一、结构及基本工作原理

交流伺服电动机定子无机座，定子铁心由硅钢片叠装而成，定子外形呈多边形；定子铁心线圈槽内嵌有三相对称绕组，通入三相交流电源；另外，定子绕组中埋设有热敏电阻，对电动机温度进行检测，实现过载和过电流保护。交流伺服电动机转子由转子铁心和永久磁铁组成，转子铁心由硅钢片叠装而成，永久磁铁为钕铁硼永磁材料，或敷设在转子铁心表面（表面式或凸装式），或嵌在转子铁心槽内（内置式）。另外，交流伺服电动机转子同轴联接编码器或旋转变压器（见模块五），用于检测伺服电动机的速度和角位移。

交流伺服电动机定子绕组通入三相交流电后，定子与转子间的气隙中产生旋转磁场，该旋转磁场与转子上的永久磁铁产生的磁场相互吸引，旋转磁场就带动转子旋转起来，转子转速与旋转磁场转速一致。因为，定子旋转磁场转速与供电电源的频率成正比，所以，在额定转矩范围内，不管负载怎样变动，只要电源频率不变，电动机转速也保持不变，且转子转速与电源频率成正比。另外，交流伺服电动机具有起动、停止响应快，调速范围宽，过载能力强等特点。交流伺服电动机根据速度、输出转矩、惯量及精度等指标有系列化产品，如 FANUC 交流伺服电动机的 αi 和 βi 系列，前者具有很好的加减速性能，最高转速可达 6000r/min，最大输出转矩可达 500N·m，用于高速、高精度数控机床的伺服进给驱动；后者的加减速及高、低速等性能不及 αi 系列，但性价比较高，用于经济性数控机床的伺服进给驱动。

二、伺服电动机中的电磁制动器

带动垂直滚珠丝杠的伺服电动机内装有电磁制动器，其结构如图 4-2 所示。

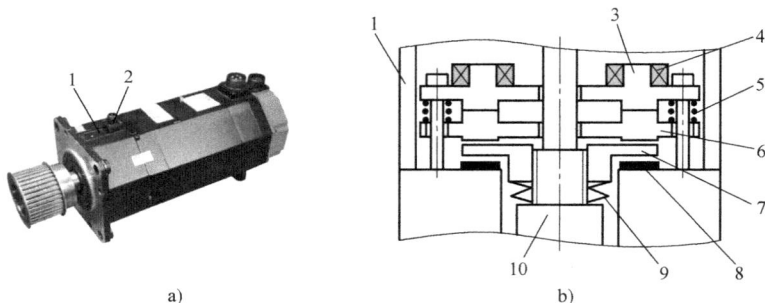

图 4-2 电磁制动器的结构

a）带电磁制动器的伺服电动机 b）结构

1—制动器机座 2—制动器接线座 3—铁心 4—制动器线圈 5—制动弹簧
6—衔铁 7—制动盘 8—摩擦片 9—复位弹簧 10—转子轴

滚珠丝杠垂直安装（如立式铣床或加工中心的 Z 轴、卧式铣镗床或加工中心的 Y 轴、斜床身数控车床的 X 轴）时，由于滚珠丝杠无自锁功能，当机床断电且无锁紧装置时，丝杠在主轴箱或刀架重力的作用下产生自旋，主轴箱或刀架会自行下落。为防止这一现象，在伺服电动机上安装电磁制动器，在伺服电动机断电时由电磁制动器锁紧电动机转子，使丝杠无法转动。

电磁制动器中，制动盘通过花键与转子轴连接，随转子一起转动，并可轴向移动。伺服电动机正常运行时，制动器线圈得电（+24V），衔铁在电磁力的作用下克服制动弹簧的作用力与铁心吸合，制动盘在复位弹簧的作用下松开，伺服电动机处于松开状态；制动时，制动器线圈失电，衔铁在制动弹簧的作用下快速轴向移动并推动制动盘，使制动盘紧压在机壳上，通过摩擦片产生的摩擦转矩将转子轴锁紧，从而达到制动的目的。

任务二　交流伺服驱动器

一、交流伺服电动机矢量控制

交流伺服电动机变频调速是一种自控变频同步电动机系统，表现为变频装置（伺服驱动器）输出电流（电压）的频率和相位受转子磁极位置的控制，是一种定子绕组电源频率和相位自动跟踪转子磁极位置的闭环控制方式。在矢量控制过程中，转子磁极位置为转子磁极轴线与定子 U 相绕组轴线的夹角 θ，随转子的旋转而变化。该角度可以由伺服电动机同轴连接的编码器或旋转变压器直接检测获得，如图 4-3a 所示。交流伺服驱动器本质上是一种用于驱动交流伺服电动机的变频器，交流伺服驱动通过针对交流伺服电动机的矢量控制策略，以及 SPWM 和逆变对交流伺服电动机进行控制，如图 4-3b 所示。交流伺服电动机采用矢量控制可以获得很好的静态和动态特性，表现为运行时速度稳定，起动加速、减速停止和正、反转变换时响应快。

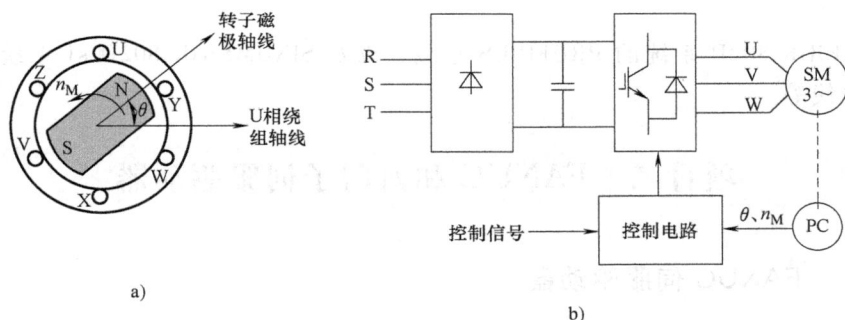

图 4-3　交流伺服电动机控制
a）转子磁极位置　b）主电路和控制电路

二、控制信号

交流伺服驱动器的控制信号有模拟式和数字式，如图 4-4 所示。

图 4-4 中，第 1 轴、第 2 轴由数控系统定义具体的轴名，如数控车床中，第 1 轴定义为 X 轴，第 2 轴定义为 Z 轴；数控铣床中，第 1 轴定义为 X 轴，第 2 轴定义为 Y 轴，第 3 轴定义为 Z 轴。早期的交流伺服驱动器采用模拟信号控制，数控系统向各伺服驱动器输出 $-10 \sim$ $+10V$ 模拟控制信号，信号的正、负决定了伺服电动机的旋转方向，信号的绝对值大小决定了伺服电动机的转速，伺服电动机中的编码器一方面将速度检测信号反馈给伺服驱动器，进行速度控制，另一方面通过伺服驱动器再将位置检测信号反馈给数控系统，进行位置控制。模拟控制中，设备之间接线多，信号容易受到干扰，影响伺服驱动的稳定性。随着数字总线控制技术的发展，当前，数控系统与伺服驱动器之间采用数字总线通信的方式，数控系统既可以把控制信号"写"到伺服驱动器中，又可以"读"取伺服驱动器和伺服电动机的运行状态，如位置、速度等，进行位置和速度控制。数字总线通信控制中，设备之间接线少，信号传输容量大、速度快、抗干扰能力强。如 FANUC 0i C/D 系统的 FSSB 伺服串行总线、西

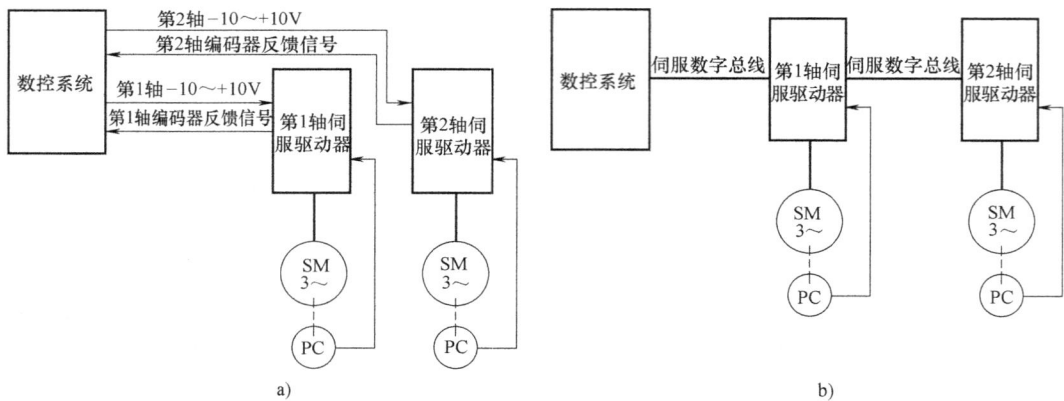

图 4-4 交流伺服驱动器控制信号

a）模拟信号控制 b）数字总线通信

门子 SINUMERIK 802D 系统的 PROFIBUS 总线，以及 SINUMERIK 802D s1 系统的 DRIVE-CLiQ 驱动总线等。

项目二 FANUC 和西门子伺服驱动器

任务一 FANUC 伺服驱动器

一、αi 系列 SVM 伺服模块

αi 系列驱动器与 FANUC αi 系列主轴电动机和伺服电动机配套。其外观及组成如图 3-16 所示。其中，伺服模块接线及接口如图 4-5 所示。

伺服模块由主电路板和控制电路板组成，控制电路板可从主电路板中拔出和插入。伺服模块有单轴模块（L 轴）、双轴模块（L 轴、M 轴）及三轴模块（L 轴、M 轴和 N 轴）三种类型，单轴模块带一个伺服电动机，双轴和三轴模块可带两个和三个伺服电动机。主电路板包含由智能功率模块（IPM）组成的逆变电路，控制电路板通过与数控系统的伺服串行总线通信，经矢量计算及速度和电流控制，最后控制 IPM 的导通或截止，将直流母线电压逆变成三相交流电，作为交流伺服电动机的电源。伺服模块上有一个 1 位 LED 数码指示窗口，正常情况下显示为 "0"，故障时会显示故障代码。有关伺服电动机和伺服驱动等参数均通过伺服串行总线在数控系统上设定。

接口说明：

L+、L−：直流母线电压 "+" "−" 端。

CZ2L、CZ2M：伺服电动机动力线连接插口。

BATTERY：伺服电动机绝对编码器的电池盒（DC 6V）。

STATUS：伺服模块状态指示窗口。

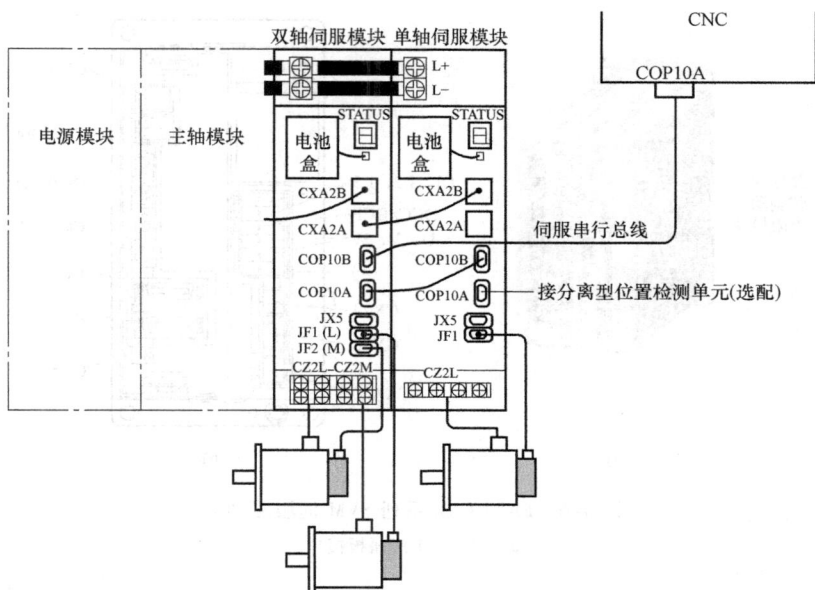

图 4-5 伺服模块接线及接口

CXA2A：DC24V 电源、急停信号及报警信息的输入接口，与前一个模块上的 CXA2B 相连。

CXA2B：DC24V 电源、急停信号及报警信息的输出接口，与后一个模块上的 CXA2A 相连。

COP10A：伺服串行总线（FSSB）输出接口，与下一个伺服模块上的 COP10B 相连。

COP10B：伺服串行总线（FSSB）输入接口，与 CNC 系统的 COP10A 光缆连接。

JX5：伺服检测板信号接口。

JF1、JF2：第 1 轴、第 2 轴伺服电动机编码器反馈信号接口。

二、β i 系列 SVSP 驱动器

FANUC βi SVSP 驱动器外观见模块三图 3-19，其面板上的接口定义和功能与 αi 系列驱动器基本一致。其中，用于伺服控制的接口和接线参见图 4-5。

三、β i 系列 SVM 伺服驱动器

βi 系列 SVM 伺服驱动器将主电路中的整流、滤波和逆变以及控制电路整合在一起，体积小、结构紧凑，一般用于小型数控机床进给的伺服驱动，驱动器与数控系统之间采用伺服串行总线通信，外接制动电阻能耗制动。根据功率的大小，βi 系列 SVM 伺服驱动器有 4i/20i 和 40i/80i 两种类型。图 4-6 所示为 FANUC βi 系列 SVM 伺服驱动器外观及面板接口。

接口说明：

L1、L2、L3：主电源输入端接口，三相交流电源 200V，50/60Hz。

U、V、W：伺服电动机电源接口。

DCC/DCP：外接制动电阻接口。

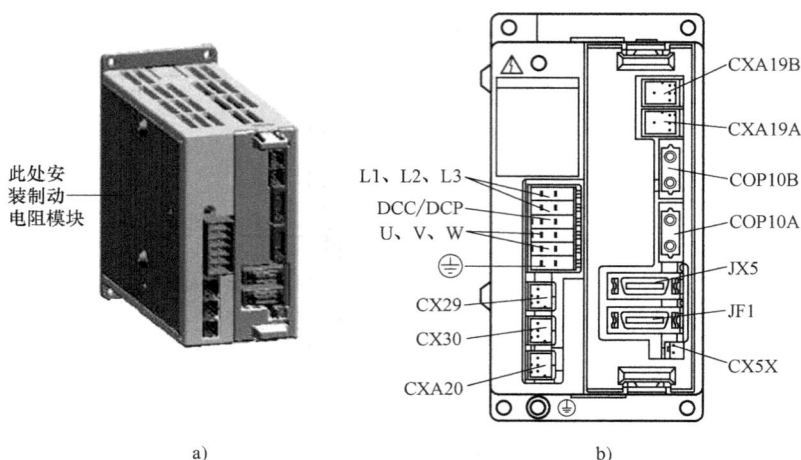

图 4-6 FANUC βi 系列 SVM 伺服驱动器

a) 外观 b) 面板接口

CX29：主电源接触器（MCC）控制信号接口。

CX30：急停信号接口。

CXA20：外接制动电阻过热信号接口。

CXA19A：控制总线 DC24V 电源及急停信号输出接口。

CXA19B：控制总线 DC24V 电源及急停信号输入接口。

COP10A：伺服串行总线（FSSB）接口，与下一个伺服驱动器的 COP10B 连接（光缆）。

COP10B：伺服串行总线（FSSB）接口，与 CNC 系统的 COP10A 连接（光缆）。

JX5：伺服检测板信号接口。

JF1：伺服电动机编码器反馈信号接口。

CX5X：伺服电动机绝对式编码器的电池接口。

图 4-7 所示为 FANUC βi 系列伺服驱动器用于数控车床进给驱动的配置示意图。

虽然每台 βi SVM 伺服驱动器有独立的控制电源、急停输入和主接触器控制输出连接接口，但为了能进行统一控制，一方面，外部控制电源 +24V 和急停信号只连接到第 1 个伺服驱动器的 CXA19B 和 CX30 端口上，再由 CXA19A 端口通过控制总线连接到下一个伺服驱动器的 CXA19B 端口，以此类推；另一方面，主接触器控制输出触点以串联的形式连接，即第 1 个伺服驱动器端口 CX29-1 端连接外部电源一端，CX29-3 端连接下一个伺服驱动器的 CX29-1 端，以此类推，最后一个伺服驱动器的 CX29-3 端与主接触器（MCC）线圈及外部电源另一端连接。当有外部急停信号或伺服驱动故障产生时，任何一个驱动器的 CX29 内部继电器触点断开，就会导致主接触器线圈断电，主触点断开全部伺服驱动器的三相电源，各轴伺服电动机停止运行。

任务二　西门子伺服电动机及驱动

一、西门子 1FK6 伺服电动机

1FK6 伺服电动机是三相交流永磁同步电动机，与 611Ue 驱动器配套。图 4-8 所示为

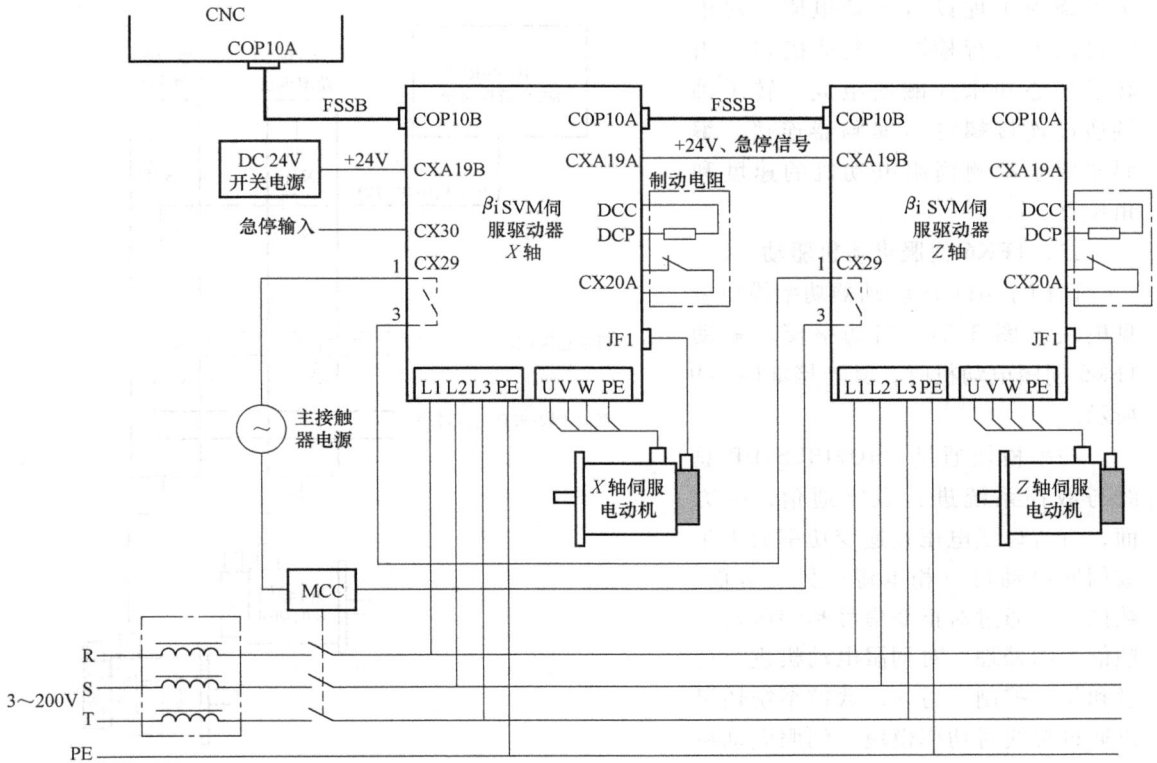

图 4-7 βi 系列伺服驱动器接线

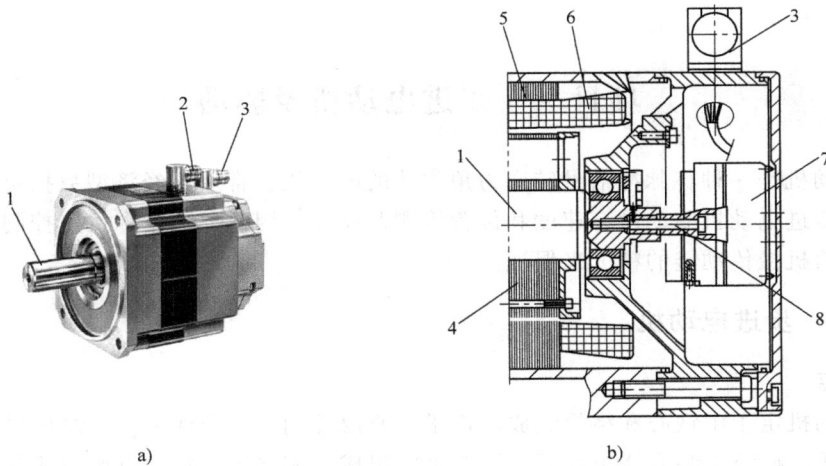

图 4-8 1FK6 伺服电动机

a) 外观 b) 内部结构（后端）

1—转子轴 2—电源连接座 3—编码器电缆插座 4—转子铁心
5—定子铁心 6—定子三相绕组 7—编码器 8—编码器连接螺钉

1FK6 伺服电动机外观和内部结构。

　　1FK6 伺服电动机定子由定子铁心和三相对称绕组组成，定子绕组通入三相交流电源；

定子绕组中埋设有热敏电阻，对电动机温度进行检测。电动机转子由转子铁心和永久磁铁组成，转子轴端通过连接螺钉与编码器连接，编码器用于检测伺服电动机的速度和角位移。

二、1FK6伺服电动机驱动

西门子611Ue驱动器功率模块参见模块三图3-24。当功率模块驱动1FK6伺服电动机时，其连接如图4-9所示。

功率模块通过PROFIBUS-DP总线与数控系统进行数字通信，一方面，直流母线电压经逆变功率放大生成伺服电动机三相电源；另一方面，数控系统通过对指令信号和编码器反馈信号的处理，对伺服电动机进行速度和位置控制。另外，数控系统还可以通过总线对功率模块、伺服电动机和编码器的运行状态进行监控，如伺服过热、过电流，以及编码器信号缺失等。

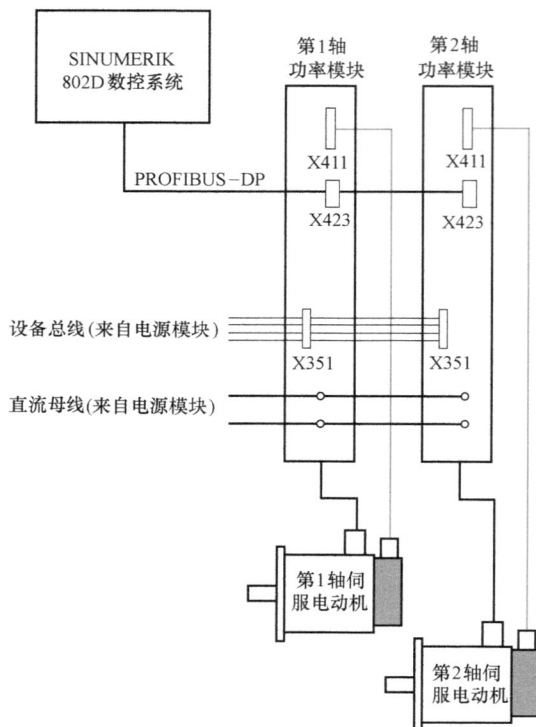

图4-9 1FK6伺服电动机与功率模块的连接

项目三 步进电动机及驱动

步进电动机是一种将脉冲信号转变为角位移的电动机，常用于经济型数控机床的进给驱动中。由于步进电动机驱动没有速度和位置检测及反馈，因此，速度和位置控制精度由步进电动机和进给机械传动链的精度来保证。

任务一 步进电动机

一、特点

步进电动机定子由铁心和绕组组成。定子铁心由硅钢片叠合而成，并制成极靴状，极靴表面均布齿槽，极靴上装有绕组线圈，一对极靴组成一相绕组。转子有反应式和混合式两种类型，反应式转子铁心由硅钢片叠合而成，圆周表面均布齿槽；混合式转子在转子铁心中镶有永久磁钢。定子每相绕组中按相序通入脉冲电源后即产生定子磁场，转子在定子磁场牵引下转动。图4-10所示为五相混合式步进电动机结构示意图。

二、控制

1. 步距角

步进电动机各相绕组每通电一次，步进电动机转子即转过一个角度，该角度称为步距

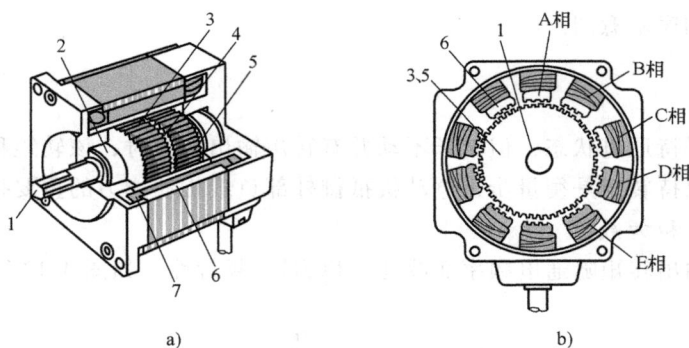

图 4-10 五相混合式步进电动机结构

a）内部结构 b）剖面

1—转轴 2—轴承 3—转子铁心 1 4—永久磁铁 5—转子铁心 2
6—定子铁心 7—定子绕组（A、B、C、D、E 相）

角。步距角的大小决定了滚珠丝杠带动工作台移动的直线位移量。例如，某步进电动机与滚珠丝杠通过联轴器直接连接，步进电动机步距角为 0.36°，丝杠螺距为 12mm，则每个步距角对应工作台的直线位移量为（12mm/360°）×0.36° = 0.012mm。因此，通过对通电脉冲数量的控制就可以实现位置控制。步进电动机运行过程中，转子转过的步数未跟上脉冲信号的现象称为失步，失步会影响位置控制精度。

2. 转速和转向控制

步进电动机的转速和转向受通电脉冲电源的频率和相序的控制，改变脉冲电源的频率可改变转速，但调速范围不宽，最高输入频率一般不大于 25kHz；改变脉冲电源的相序可改变转向。通电方式有单拍和双拍两种类型，双拍的步距角是单拍的一半。图 4-11 所示为三相

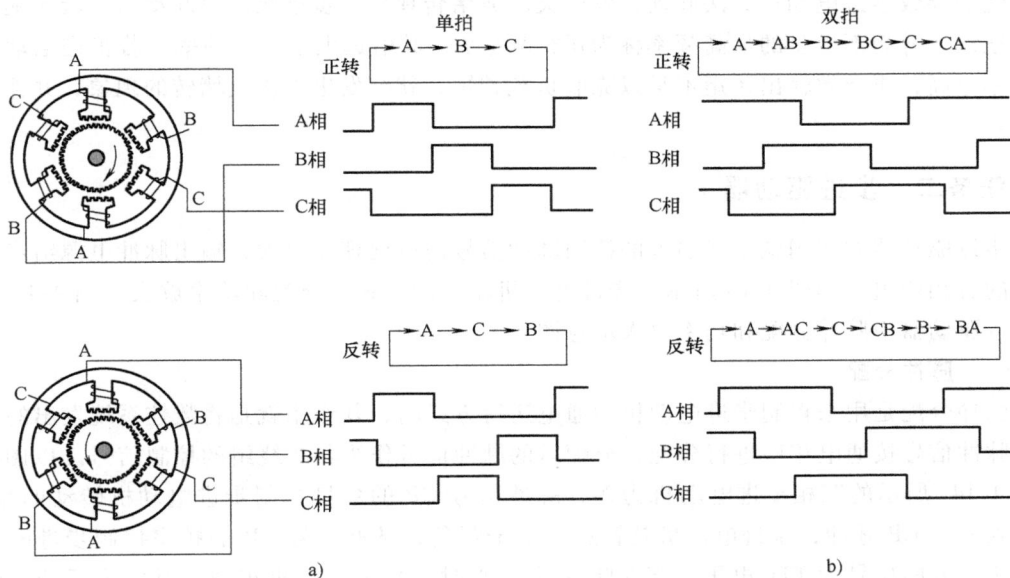

图 4-11 三相步进电动机通电相序

a）三相三拍（单拍） b）三相六拍（双拍）

步进电动机通电相序示意图。

三、特性

1. 保持转矩

步进电动机保持通电状态，但转子不动并有转矩输出，此时，该转矩称为保持转矩，又称最大静转矩。保持转矩是衡量步进电动机抵御外部负载扰动能力的重要指标。

2. 矩-频特性和加减速

步进电动机输出转矩随通电频率而改变，称为矩-频特性，如图 4-12 所示。

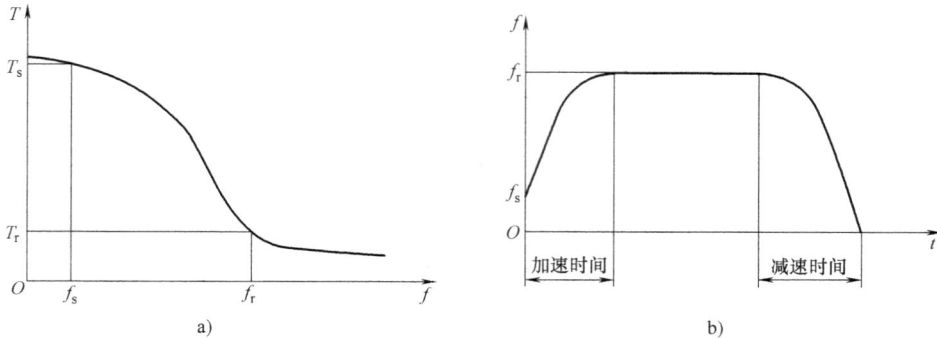

图 4-12　步进电动机矩-频特性和加减速
a）矩-频特性　b）加减速

如图 4-12a 所示，f_s 为起动频率，也称突跳频率，对应转矩为起动转矩 T_s。起动时，由于存在加速转矩，使起动转矩大于连续运行时的转矩 T_r，起动频率比连续运行频率低得多，起动频率一般只有几赫兹。若起动频率过大，则步进电动机的输出转矩不足以克服起动转矩，就会导致步进电动机无法起动，发生失步或堵转现象。步进电动机起动后，转速随通电频率连续上升而不失步的最高频率称为运行频率 f_r，其值远大于起动频率。若步进电动机运行频率过高，将导致输出转矩不足以克服负载转矩，就会发生失步或堵转的现象，并伴有啸叫声。

任务二　步进驱动器

步进驱动器的作用就是将输入的控制脉冲信号进行处理和放大，输出脉冲电源给步进电动机的各相绕组，如图 4-13 所示。步进电动机驱动涉及脉冲分配和功率放大。图 4-14 所示为步进驱动器中脉冲分配和功率放大示意图。

一、脉冲分配

脉冲分配是用来控制步进电动机的通电运行方式的，其作用就是将数控系统发出的一串指令脉冲信号按通电相序进行分配，分配后的脉冲信号作为各相绕组的控制信号。以图4-13和图 4-14a 所示的三相步进电动机为例，脉冲信号 CP 的数量控制步进电动机转动的角度，每输入一个 CP 脉冲，步进电动机就转过一个步距角；脉冲信号 CP 的频率控制步进电动机的转速。方向信号为 TTL 电平，当 TTL 为高电平时，步进电动机正转，反之为反转。脉冲分配器（环形分配集成电路）根据方向信号，将 CP 脉冲信号按相序分配给步进电动机 A、B、C 绕组。

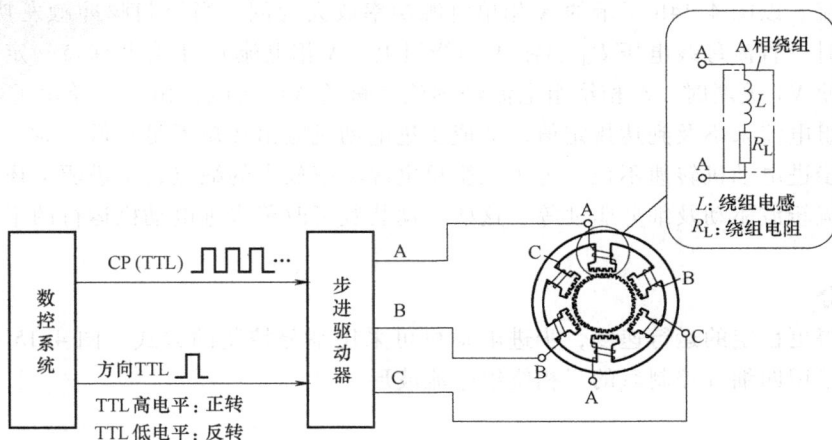

图 4-13 步进电动机驱动

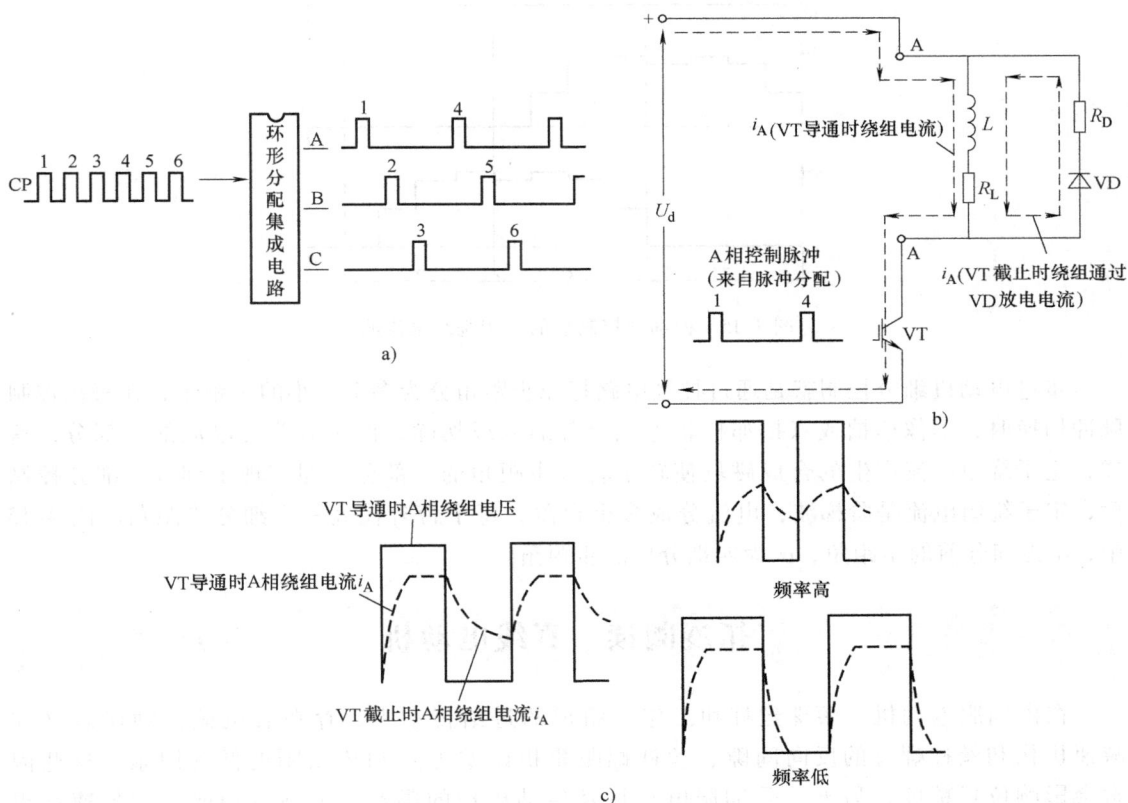

图 4-14 脉冲分配和功率放大

a) 脉冲分配 b) 功率放大 c) 绕组电压和电流

二、功率放大

步进电动机每相绕组均有一套功率开关,将分配后的脉冲进行功率放大,以获得各相绕组的驱动电流。以图 4-14b 所示的 A 相单电源功率放大为例，当控制脉冲触发功率开关 VT 并使之导通时，直流母线电压 U_d 加在 A 相绕组上，A 相电流 i_A 上升并保持一定值；当控制脉冲消失并使 VT 关断时，A 相绕组电流经续流二极管 VD 放电。由此，单电源功率放大在高频时因绕组电流来不及到达规定值，造成步进电动机输出转矩不足；低频时，绕组电流易断续，造成步进电动机转速不稳。为了克服单电源功率放大的缺点，步进驱动还有高低压电源驱动、恒流斩波驱动及细分驱动等，这些驱动装置可改善步进电动机运行的平稳性，消除振荡等。

三、细分

为了获得更稳定的运行速度，步进电动机可采用细分控制的方式。图 4-15 所示为三相步进电动机采用四细分控制后的三相绕组电流波形。

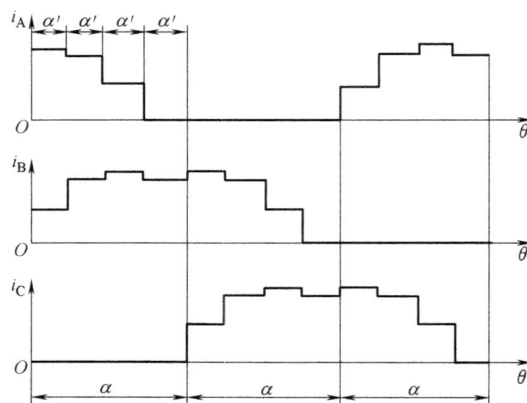

图 4-15　四细分控制后的三相绕组电流波形

步进电动机细分控制就是通过控制电路把原步距角分为多个更小的步距角，在每次控制脉冲切换时，不像单拍或双拍那样将电流全部通入或切除，而是只改变电流的一部分，这样，定子绕组电流产生的合成磁场使转子转过步距角的一部分，即实现了细分。细分控制后，定子绕组电流是阶梯波，电流分成多个台阶，每个台阶代表一个细分步距角。图 4-15 中，α 为细分前的步距角，α' 为四细分后的步距角。

拓展阅读　直线电动机

在由伺服电动机、滚珠丝杠和工作台组成的进给传动中，存在着机械传动误差（如减速机构和丝杠螺母的反向间隙、丝杠螺距累积误差等）和传动刚度低等因素，这些因素会影响位置精度；另外，受伺服电动机及传动机构的影响，最高运动速度和加速度也受到限制。进给传动采用直线电动机后，取消了电动机到工作台之间的一切中间环节，减少了机械传动误差，传动刚度和定位精度高，响应快（加速度一般可达 $5g \sim 10g$）。目前，直线电动机越来越多地应用在高速、高精度的数控机床上。图 4-16 所示为直线电动机的外观和组成。

直线电动机本质上还是交流伺服电动机，由一次侧和二次侧组成。在直线电动机的二次

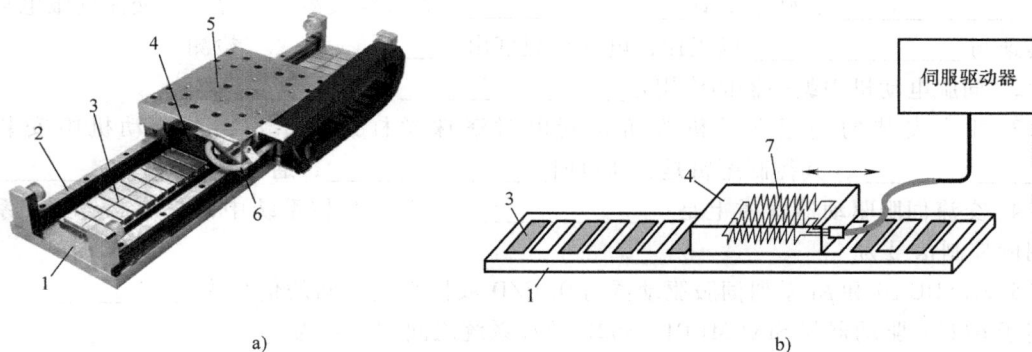

图 4-16　直线电动机的外观和组成

a）组成　b）运行原理

1—底板（二次侧）　2—直线滚动导轨　3—永久磁铁　4—滑块（一次侧）

5—工作台　6—三相绕组电缆　7—三相绕组

侧，底板上一块接一块交替地安装有永磁体；在一次侧的滑块中安装有三相绕组，滑块与工作台连接，工作台由直线滚动导轨支承并导向，并使滑块与永久磁铁之间保持一定的气隙。当一次侧通入三相交流电后，产生的气隙磁场沿直线移动，该磁场称为行波磁场，二次侧永久磁铁的磁场与行波磁场相互作用产生电磁推力，则一次侧滑块在电磁推力的作用下做直线运动。直线电动机可以由伺服电动机的驱动器驱动。直线电动机的一次侧和二次侧可安装冷却组件，以便对直线电动机进行冷却散热。图 4-17 所示为直线电动机在数控机床进给传动中的应用。

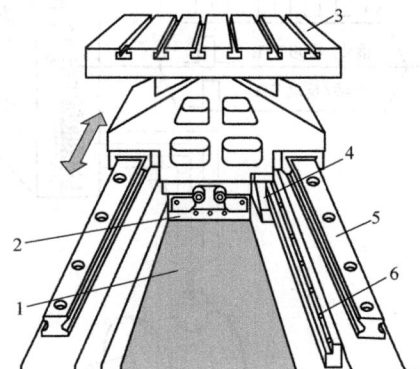

图 4-17　直线电动机在数控机床进给传动中的应用

1—直线电动机磁铁组件　2—直线电动机滑块组件　3—工作台

4—光栅扫描头　5—直线滚动导轨　6—光栅尺

思考题与习题

一、填空题

1. 交流伺服电动机本质上是＿＿＿＿＿＿＿＿＿＿＿＿＿＿＿＿＿，其定子中有_____，转子上有_____。在额定负载的情况下，交流伺服电动机的转速与_____成正比，电动机温度由_____检测。

2. 伺服电动机中编码器的作用是_____和_____。

3. 垂直安装的伺服电动机为防止断电时滚珠丝杠螺母下滑，在电动机中安装有_____，其控制逻辑是，断电时_____，通电时_____。

4. 交流伺服驱动器本质上是_____。现代数控系统中，驱动器与数控系统之间的控制信号为_____。

5. FANUC αi 和 βi 系列伺服驱动器与 0i C/D 数控系统之间的信号为_____；西门子 611Ue 驱动器与 SINUMERIK 802D 数控系统之间的信号为_____。

二、简答题

1. 进给电动机有哪些类型？

2. 进给电动机的作用是什么？

3. 进给电动机的电源来自何处？

4. FANUC αi 系列驱动器伺服模块和西门子 611Ue 驱动器功率模块的作用是什么？

5. 查阅课外资料，说明交流伺服电动机有哪些技术参数。

三、分析题

图 4-18 所示为某步进电动机驱动示意图，表 4-1 为步进驱动器的技术参数。问：

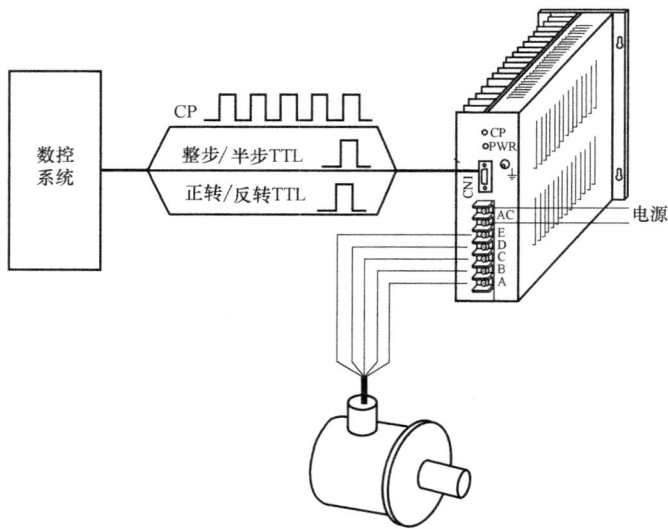

图 4-18　步进电动机驱动

1）查阅课外资料，说明 110BYG550AH 步进电动机的特点。

2）如何理解最大静转矩？

3）查阅课外资料，说明转子惯量的含义。转子惯量与负载惯量有怎样的匹配关系？

4）设该步进电动机经传动比为 1∶2 的同步带与螺距为 12mm 的滚珠丝杠连接，则一个步距角 0.36°对应的直线位移是多少？

表 4-1 步进驱动器的技术参数

驱动器型号		KT300-05A	
步进电动机	适用步进电动机	110BYG550AH	110BYG550BH
	最大静转矩/N·m	5	9
	转子惯量/kg·cm²	5.2	10.4
	相电流/A	5	5
	步距角	0.72°/0.36°	
	相数	5	
	输入电源	单相 AC 80V,4A,50Hz	
驱动器	输入信号 CP 信号	标准 TTL 电平 $V_H = 4\sim5V$, $V_L = 0\sim0.5V$($\geqslant7mA$) 脉冲宽度>10μs,脉冲间隔>10μs	
	整步/半步	TTL 电平$V_H = 4\sim5V$ 整步 $V_L = 0\sim0.5V$ 半步	
	正转/反转	TTL 电平$V_H = 4\sim5V$ 正转 $V_L = 0\sim0.5V$ 反转	
	空载运行频率/kHz	<25	
	空载起动频率/kHz	>3	
	冷却方式	自然冷却	

5）工作台的正、负方向控制是怎样实现的？

6）CP 脉冲包含了哪些方面的信息？

7）步距角 0.72°/0.36°是怎样实现的？

8）空载运行频率为什么比空载起动频率大得多？

9）根据 CP 脉冲的技术指标，计算 CP 最高频率。

10）步进驱动器输入电源经全波整流后获得各相绕组直流母线电压，则该直流电压约为多少？

11）该步进电动机在高速运行时产生啸叫，原因是什么？

模块五

位置和速度检测

数控机床在加工过程中，数控系统要实时检测当前工作台等运动部件的实际位置和速度，并与指令位置和速度进行比较，实现位置控制和速度控制，以满足位置准确性和速度稳定性的控制要求；同样地，数控系统也要对主轴进行速度检测和位置检测，以便对主轴进行速度和位置控制。现代数控机床常用的位置和速度检测装置有编码器和光栅等。

项目一　编　码　器

任务一　编码器在数控机床中的用途

编码器用于角位移测量和速度测量，既可以安装在伺服电动机和主轴电动机中，也可以独立安装。图 5-1 所示为编码器在数控机床中的应用。

图 5-1a 所示为编码器在进给伺服控制中的应用。伺服电动机通过联轴器与滚珠丝杠连

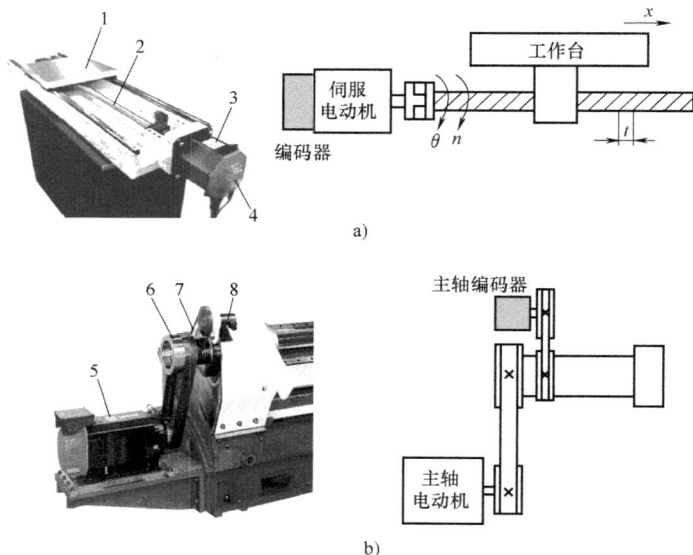

a)

b)

图 5-1　编码器在数控机床中的应用

a）伺服电动机内装编码器 b）主轴编码器

1—工作台　2—滚珠丝杠　3—伺服电动机　4—内装编码器　5—主轴电动机

6—主轴　7—同步带　8—主轴编码器

接，伺服电动机转动时，伺服电动机内装编码器实时检测出伺服电动机转子的角位移和转速，间接测量直线位移。若丝杠螺距为 t，数控系统根据编码器检测到的角位移 θ，可获得工作台的直线位移 x，即

$$x = \frac{t}{360°}\theta$$

图 5-1b 所示为编码器在主轴控制中的应用。主轴编码器与主轴通过传动比为 $1:1$ 的同步带连接，实时检测主轴的转速和角位移。另外，主轴电动机中安装的编码器可直接测量电动机的转速和转子角度。

任务二　增量式光电编码器

一、组成及测量原理

增量式光电编码器主要由光源、码盘、光栏板、光敏元件和转换电路等组成，如图 5-2 所示。

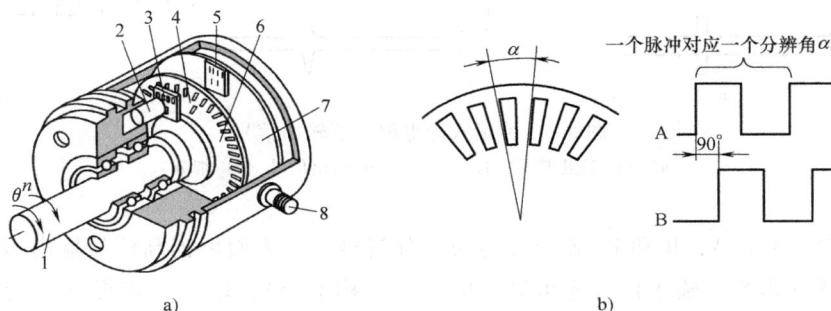

图 5-2　增量式光电编码器

a）组成　b）检测信号

1—转轴　2—LED　3—光栏板　4—零标志　5—光敏元件　6—码盘

7—信号检测电路板　8—电源及信号连接座

增量式编码器的码盘上刻有节距相等的辐射状透光条纹，相邻两个条纹代表一个分辨角 α，即

$$\alpha = \frac{360°}{\text{条纹数}}$$

编码器中有一块固定的光栏板，光栏板上刻有 A、B 两组透光条纹。当码盘随转轴转动时，光线透过码盘和光栏板上的透光条纹照射到光敏元件上，光敏元件就输出 A、B 两路且相位差 $90°$ 电角度的电信号，如图 5-2b 所示。A、B 两路信号用于判断旋转方向，若 A 超前 B $90°$，则表示编码器正转；若 B 超前 A $90°$，则表示编码器反转。

码盘内侧还有一个透光条纹，当码盘每转过一转时，该条纹对应的光敏元件即产生一个电信号 Z，称为零标志脉冲（又称一转脉冲）。

增量式光电编码器的特点是，每产生一个脉冲信号就对应一个角位移增量，该增量即为分辨角，对脉冲进行计数就是对角位移增量的累积，累积的结果就是被测的角位移；另外，由于计数脉冲频率正比于编码器转速，所以通过对计数脉冲频率的测量，可获得编码器的转速。

例如，某增量式光电编码器的技术参数为 2000 脉冲/转，则每脉冲对应的分辨角为 360°/2000＝0.18°，当脉冲计数为 1000 时，则编码器转过的角度为 0.18°×1000＝180°。

增量式编码器断电后，当前位置信息即丢失，所以，配置增量式编码器的数控机床每次开机上电后要进行回参考点的操作，通过寻找零标志信号来确定参考点，以建立测量基准。

二、输出信号

增量式编码器中的信号检测电路对光敏元件生成的电信号进行处理，对外输出的信号有 TTL 和 $1V_{pp}\sin/\cos$ 等形式，如图 5-3 所示。

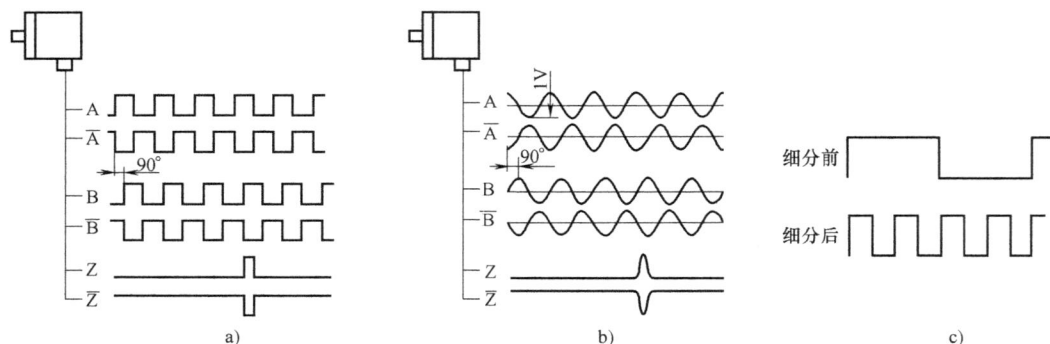

图 5-3　增量式光电编码器输出信号

a）TTL 输出信号　b）$1V_{pp}\sin/\cos$ 输出信号　c）细分

图 5-3 中，A 和 $\overline{A}$，B 和 $\overline{B}$，Z 和 $\overline{Z}$ 均为差分信号，一方面可提高信号输出强度，另一方面可消除干扰的影响。输出信号还可进行倍频（又称细分），以进一步提高测量分辨力。例如，2000 脉冲/转增量式编码器经 4 倍频后，相当于 8000 脉冲/转，分辨角由 0.18°提高到 0.045°。

任务三　绝对式光电编码器

绝对式光电编码器结构与增量式编码器类似，由码盘、LED、光敏元件及信号检测电路等组成，检测信号为二进制编码，每一个编码对应一个角度位置。图 5-4 所示为绝对式测量

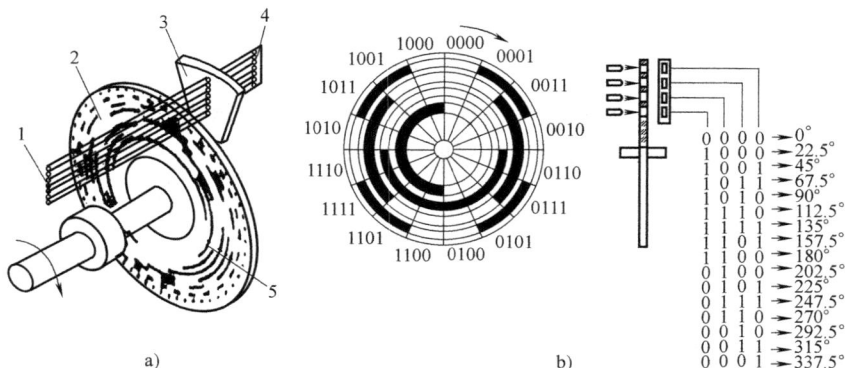

图 5-4　绝对式测量及二进制编码

a）绝对式测量　b）4 码道二进制编码（格雷码）

1—光源　2—绝对式码盘　3—光栅板　4—光敏元件　5—码道

及二进制编码。

　　绝对式码盘上有码道（又称轨迹），如图5-4a所示的码盘上由内至外有8条码道，各码道上按二进制规律刻有透光或不透光的条纹；码盘一侧是光源，另一侧为一组光敏元件。当码盘转到某个角度时，与各码道对应的光敏元件受光的输出为"1"电平，不受光的输出为"0"电平，由此组成一组二进制码，二进制码的位数即为码道数，每组二进制码对应唯一的一个角度，如图5-4b所示。绝对式编码器的分辨角

$$\alpha = \frac{360°}{2^N}$$

式中，N为二进制位数（码道数）。显然，位数N越大，分辨角越小，测量精度就越高。例如，4码道绝对式编码器的分辨角$\alpha = 360°/2^4 = 22.5°$；若为13码道，则分辨角$\alpha = 360°/2^{13} = 2.64'$。

　　二进制编码有自然二进制码和格雷码两种类型，自然二进制码中，被测角度每变化一次，二进制编码中有可能多位发生"0"和"1"的变化，容易发生错码，可靠性低；格雷码中，被测角度每变化一次，二进制编码中只有一位发生"0"和"1"的变化，如图5-4b所示，格雷码有利于减少错码，提高可靠性。

　　因为二进制码是在360°内分布的，当码盘从0°转到360°时，编码又回到初始值，分辨不出码盘转过的圈数，所以，在进行角位移测量时，要采用多圈绝对式编码器。多圈绝对式编码器有多种形式。一是，多圈绝对式编码器有两组编码，一组为角度编码，另一组为圈数编码，例如，西门子25轨迹多圈绝对式编码器，其中，13轨迹用于角度编码，另外12轨迹用于计圈编码；二是，绝对和增量混合方式，即在绝对式码盘外缘另刻有增量式条纹，用于计圈；三是，类似钟表时、分、秒结构的机械绝对式编码器，多个绝对式码盘按一定的传动比由机械齿轮传动，用于角度编码和计圈。

　　绝对式编码器的位置数据保存在存储器中，由外部锂电池保持，断电后数据不会丢失，所以，配置绝对式编码器的数控机床一旦回参考点设定完成后，以后每次开机上电后不需回参考点的操作。但是，当外部锂电池电压低或消失时，位置数据就会消失，更换电池后须重新回参考点以建立测量基准。

任务四　伺服电动机中的编码器

一、FANUC 伺服电动机中的串行编码器

　　参见模块四中图4-1所示的FANUC交流伺服电动机结构组成，与伺服电动机转子同轴连接的编码器有增量式和绝对式两种类型，两者数据传输都采用串行通信的方式，统称为串行编码器，如图5-5所示。串行编码器引脚定义见表5-1。

　　图5-5中，数控系统与伺服驱动器之间是伺服串行通信，编码器与伺服驱动器之间也是串行通信，这样，数控系统与编码器之间组成了数据通信链。在数据传输过程中，数控系统向编码器发出请求信号（REQ和＊REQ），编码器接收到请求信号后，将位置、速度及报警等信息（SD和＊SD）发送给数控系统，数控系统接收到这些信息后，就可以进行位置和速度控制了，同时，监控编码器的状态，故障时及时发出报警信息。

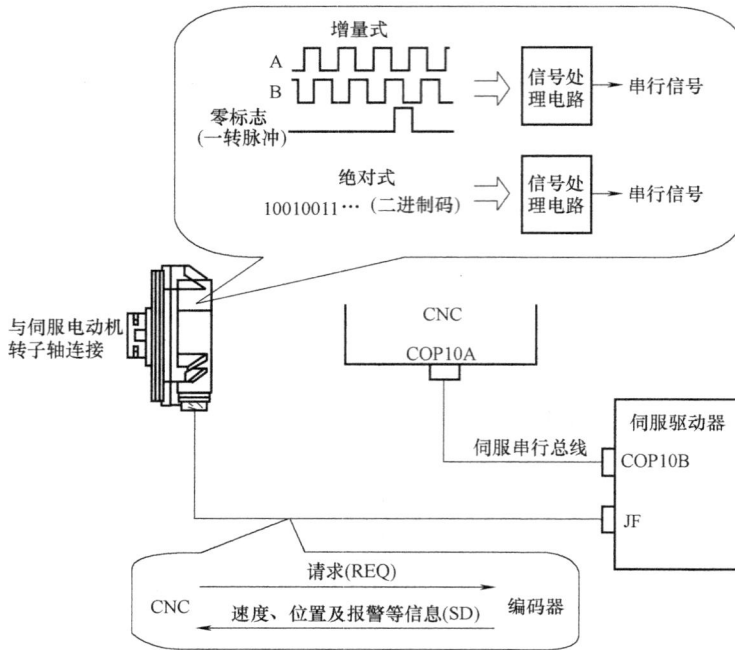

图 5-5 串行编码器

表 5-1 串行编码器引脚定义

信号名	引　　脚	
	αA64	αI64
SD	A	A
＊SD	D	D
REQ	F	F
＊REQ	G	G
+5V	J、K	J、K
0V	N、T	N、T
Shield	H	H
+6V	R	—
0V	S	—

表 5-1 中，αA64 为绝对式编码器，αI64 为增量式编码器，信号 SD 和 ＊SD 是编码器向数控系统发送的信息，REQ 和 ＊REQ 是数控系统向编码器发出的请求信号，+5V 为编码器内部电路的电源，Shield 是屏蔽，+6V 是针对 αA64 的外部锂电池电压。

二、西门子伺服电动机中的编码器

西门子伺服电动机中，编码器通过螺钉与转子轴同轴连接，参见模块四图 4-9。编码器有增量式和绝对式两种类型，它们在伺服电动机上的接口有普通的针型插座和 DRIVE-CLiQ 总线接口（西门子制定的基于以太网技术的总线接口）两种形式。图 5-6 所示为编码器的外观及针型插座引脚，表 5-2 为编码器引脚信号。

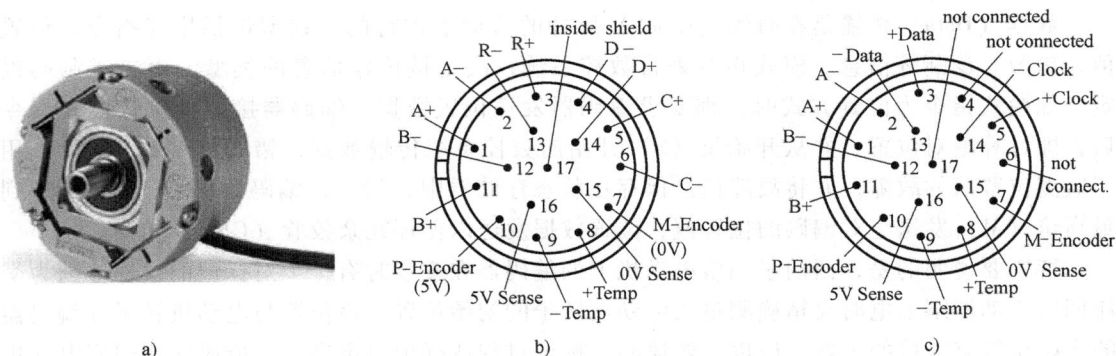

图 5-6 西门子伺服电动机中的编码器

a) 外观 b) 增量式编码器插座引脚 c) 绝对式编码器插座引脚

表 5-2 编码器引脚信号

引脚	增量式编码器		绝对式编码器	
	名称	意义	名称	意义
1	A+	A+相脉冲输出信号	A+	A+相脉冲输出信号
2	A-	A-相脉冲输出信号	A-	A-相脉冲输出信号
3	R+	R+相脉冲输出信号	+Data	EnDat 数据脉冲信号
4	D-	D-相脉冲输出信号	not connected	备用
5	C+	C+相脉冲输出信号	+Clock	EnDat 时钟信号
6	C-	C-相脉冲输出信号	not connected	备用
7	M-Encoder	电源（0V 端）	M-Encoder	电源（0V 端）
8	+Temp	电动机过热触点信号	+Temp	电动机过热触点信号
9	-Temp	电动机过热触点信号	-Temp	电动机过热触点信号
10	P-Encoder	编码器电源（+5V 端）	P-Encoder	编码器电源（+5V 端）
11	B+	B+相脉冲输出信号	B+	B+相脉冲输出信号
12	B-	B-相脉冲输出信号	B-	B-相脉冲输出信号
13	R-	R-相脉冲输出信号	-Data	EnDat 的数据脉冲信号
14	D+	D+相脉冲输出信号	-Clock	EnDat 的时钟信号
15	0V Sense	检测电源（0V）	0V Sense	检测电源（0V）
16	5V Sense	检测电源（+5V）	5V Sense	检测电源（+5V）
17	inside shield	内部屏蔽	not connected	备用

增量式编码器中，A+（A-）和 B+（B-）为一组辨向脉冲信号，R+（R-）为零标志脉冲信号，C+（C-）和 D+（D-）为一组相位差90°且一转一个周期的脉冲信号。表5-2中所示的绝对式编码器为增量和绝对混合式的编码器，其中 A+（A-）和 B+（B-）为一组相位差90°的脉冲信号，+Data（-Data）和+Clock（-Clock）为一组符合 EnDat 通信协议的数字信号。

EnDat 是一种适用于绝对式编码器数据传输的双向数字接口协议，其传输时序如图5-7所示。

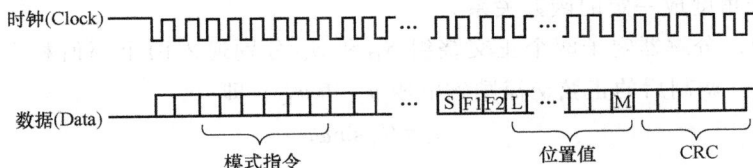

图 5-7 EnDat 传输时序

S—开始位 F1—错误位 1 F2—错误位 2 L—最低位 M—最高位

数据（Data）传输是在时钟（Clock）脉冲的协调下进行的。数据包括模式指令、位置值、参数、诊断等信息。模式指令来自数控系统，决定被传输信息的类型，由二进制码设定，如模式指令为位置方式时，则要求编码器发送位置数据。编码器接收到位置模式指令后，即计算绝对位置，并从开始位（S）开始向数控系统传输数据，错误位（F1 和 F2）用于监测位置值的故障，并将故障信息保存在状态存储器中，然后，编码器从最低位（L）到最高位（M）发送绝对编码的位置值，位置数据发送以循环冗余校验（CRC）结束。

特别要说明的是，西门子伺服电动机上的编码器在安装时有一个对标记的过程。因为交流伺服驱动器刚上电时要精确测量出电动机转子的初始位置，该位置与电动机转子和编码器的原始位置有直接的关联，所以，若遗漏对标记过程或标记对不准，会造成交流伺服电动机矢量控制运算的混乱，引起伺服电动机运行不稳定的现象。对标记包括电动机部分和编码器部分。不同型号的伺服电动机和编码器，标记位置有所不同。图 5-8 所示为 1FK604 伺服电动机的标记位置，图 5-9 所示为编码器的标记位置。

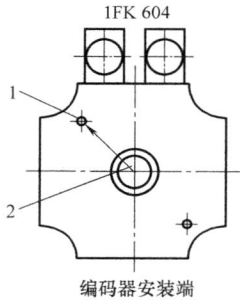

图 5-8　1FK604 伺服电动机的
标记位置

1—压板上的固定孔　2—电动机轴标记

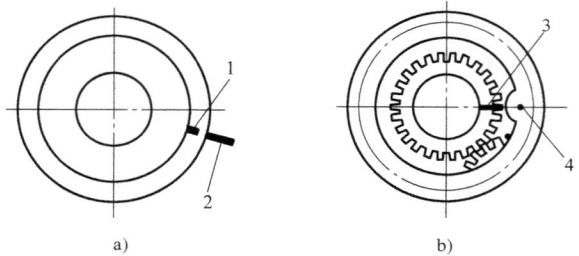

图 5-9　编码器的标记位置

a）ERN1387 增量式编码器　b）EQN1325 绝对式编码器

1—玻璃码盘上的标记　2—电路板上的标记
3—齿轮上的标记　4—外壳上的标记

任务五　旋转变压器

旋转变压器是一种利用电磁感应原理来测量角度的精密传感器。旋转变压器由定、转子铁心及绕组构成，坚固耐用，不像光电编码器中的码盘易受冲击或振动而造成损坏，适合在恶劣的环境中使用。伺服电动机除了选装光电编码器外，也可选装旋转变压器，如图 5-10 所示。

旋转变压器实际上是一种特制的两相电动机，分解器定子绕组上有两个正交的绕组，并通入励磁电压，当转子旋转时，定、转子绕组间的相对位置发生变化，分解器转子绕组上的感应电压与转子角度成一定的函数关系。

图 5-10c 中，分解器定子两个正交绕组 S_{11} 和 S_{12} 分别通入两个幅值相等、相位差 90°，经载波（10kHz）调制后的正弦交流励磁电压 u_{11} 和 u_{12}，即

$$u_{11} = U_m \sin\omega t$$
$$u_{12} = U_m \cos\omega t$$

式中　U_m——交流励磁电压幅值。

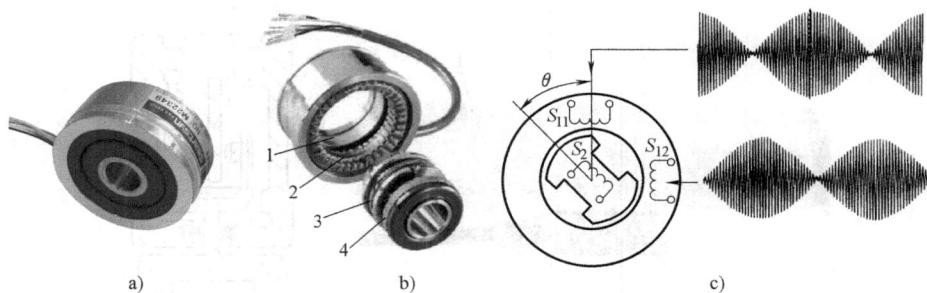

图 5-10 旋转变压器

a）旋转变压器外观 b）结构组成 c）测量原理

1—变压器二次侧绕组 2—分解器定子绕组 3—变压器一次侧绕组 4—分解器转子绕组

转子转过 θ 角时，分解器转子绕组 S_2 感应电压 u_2 为

$$u_2 = kU_m \sin(\omega t + \theta)$$

式中 k——电压幅值系数；

θ——转子绕组轴线与定子绕组轴线的夹角。

感应电压随转子旋转角度的变化而变化，检测出感应电压即可检测出转子旋转角度。为了将转子绕组上的感应电压引出来，实际使用的旋转变压器由两部分组成：一部分为分解器，由定子和转子组成，另一部分为变压器。变压器的一次绕组与分解器的转子绕组固定在转轴上，随转子一起旋转，分解器中的转子绕组引出线连接到变压器的一次绕组上；变压器的二次绕组与分解器中的定子分别固定在壳体上。分解器的定子绕组外加励磁电压，转子旋转时分解器转子绕组的感应电压通过变压器的一次绕组经耦合由变压器的二次绕组输出。

项目二 光 栅

任务一 光栅在数控机床中的用途

光栅是一种高精度的位置传感器，有长光栅和圆光栅两种类型。长光栅用于工作台等移动部件直线位移的测量，又称直线光栅；圆光栅常用于回转工作台等的角位移测量。图5-11所示为光栅安装示意图，光栅尺身固定在机床床身上，扫描头固定在工作台上，扫描头随工作台一起移动，将工作台的直线位移量转换成电信号由电缆输出。

任务二 增量式光栅

一、组成

图 5-12 所示为增量式光栅的外观及内部结构组成。

标尺光栅（又称主尺）在尺身内固定不动。标尺光栅由光学玻璃或不锈钢带制成，标尺光栅上刻有等间距的条纹，该间距称为栅距 ω；另外，标尺光栅上还刻有一组零标志条纹，并按等差规律排列，其目的在于，在

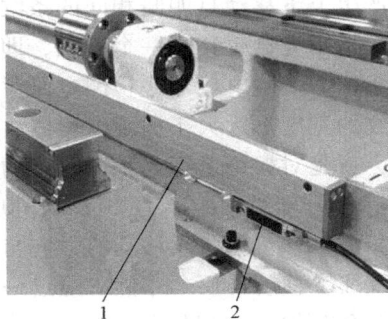

图 5-11 光栅安装

1—光栅尺 2—扫描头

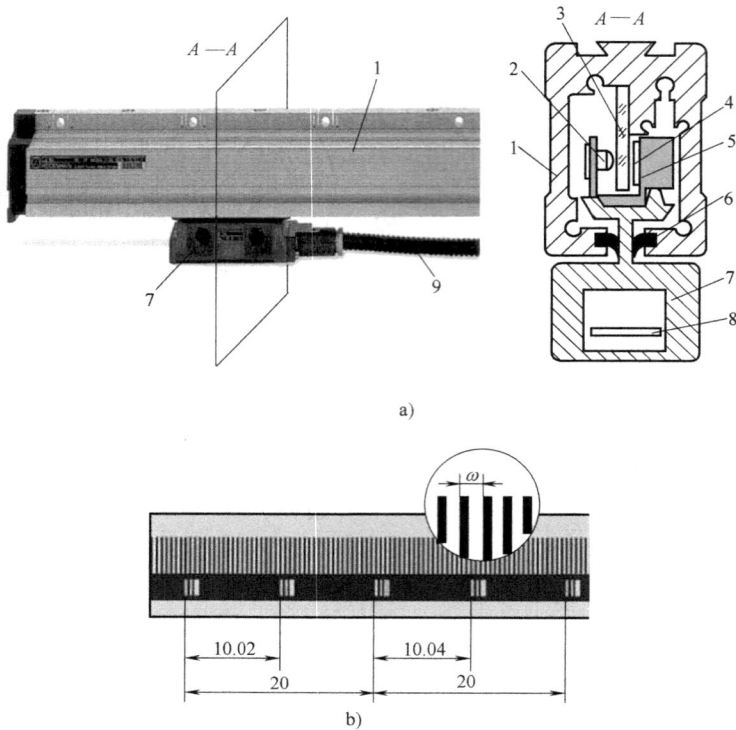

图 5-12 增量式光栅

a）结构组成　b）带参考点距离编码的增量式标尺光栅

1—尺身（铝合金外壳）　2—带聚光透镜的 LED　3—标尺光栅　4—指示光栅
5—游标（带光敏元件）　6—密封唇　7—扫描头　8—电子线路板　9—电源及信号电缆

回参考点的过程中，能就近寻零标志，节省回参考点的时间。与标尺光栅相对应的指示光栅（又称副尺）也刻有等间距的条纹。指示光栅固定在扫描头内，随扫描头一起移动。根据光线的投射方式，光栅有透射式光栅和反射式光栅。图 5-12 所示的光栅为透射式增量光栅。

二、测量原理

如图 5-13a 所示，透射式增量光栅中，当指示光栅随光源、透镜及光敏元件一起相对于标尺光栅左右移动时，指示光栅和标尺光栅相向间的条纹产生光学现象，表现为在指示光栅上产生上下移动且明暗相间的条纹，该条纹称为莫尔条纹，如图 5-13b 所示。

指示光栅每移动一个栅距，即产生一个莫尔条纹，光敏元件接收到莫尔条纹明暗相间的变化，即产生电信号，检测电路对光敏元件产生的电信号进行处理输出脉冲信号。因为莫尔条纹的宽度远远大于栅距，所以，莫尔条纹具有对栅距进行放大的作用。对输出脉冲进行计数，就是对栅距进行累积，累积的结果就是被测直线位移。如光栅栅距为 $20\mu m$，计数脉冲为 1000，则被测距离为 $20\mu m \times 1000 = 20000\mu m = 20mm$。

另外，莫尔条纹移动的方向与指示光栅的移动方向相关，当指示光栅往右移动时，莫尔条纹往下移动；反之亦然。通过一组光敏元件对莫尔条纹的移动方向进行检测，输出两路相位差 90°的电信号进行辨向。

三、输出信号

增量式光栅对外输出的信号有 TTL 和 $1V_{pp}$ sin/cos 两种形式，输出信号还可进行倍频，

a)

b)

c)

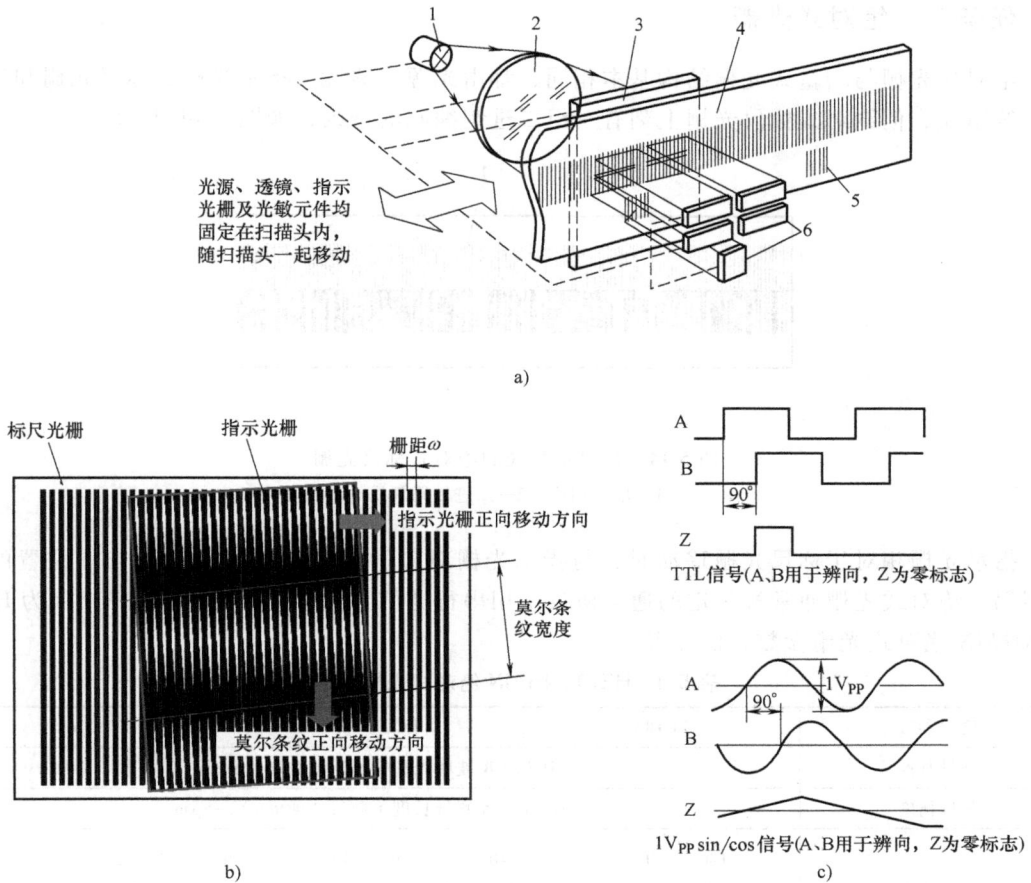

图 5-13 增量式光栅测量原理

a) 透射式 b) 莫尔条纹 c) 检测信号

1—光源 2—透镜 3—指示光栅 4—标尺光栅 5—零位光栅 6—光敏元件

以进一步提高测量分辨力。例如，某栅距为 20μm 的直线光栅，经 5 倍频后，栅距相当于 20μm/5＝4μm，提高了测量分辨力。表 5-3 为 HEIDENHAIN 增量式光栅参数，供参考。

表 5-3　HEIDENHAIN 增量式光栅参数

技术参数		LS187	LS177		
测量基准		DIADUR 刻线的玻璃光栅尺			
精度等级		$\pm5\mu m,\pm3\mu m$			
测量长度/mm		140　240　340　440　540　640　740　840　940　1040　1240　1340　1440　1540　1640　1740　1840　2040　2240　2640　2840　3040			
参考点	LS187	每 50mm 可用磁条选择,标准设置:中心处 1 个参考点			
	LS187C	距离编码			
增量信号		~1V$_{PP}$	TTL	TTL	TTL
栅距/μm		20	20	20	20
细分倍数		—	5 倍	10 倍	20 倍
信号周期/μm		20	4	2	1

任务三 绝对式光栅

绝对式光栅与增量式光栅结构基本相同，都由光源、透镜、指示光栅、标尺光栅和光敏元件等组成，但绝对式标尺光栅上刻有一组二进制编码的条纹，如图 5-14 所示。

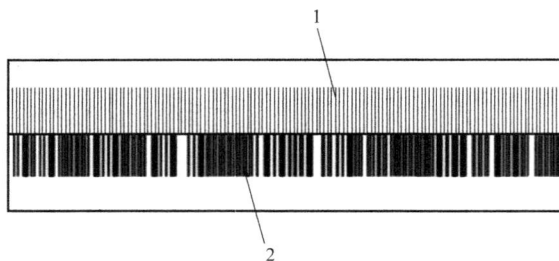

图 5-14 带增量刻线的绝对式标尺光栅

1—增量刻线 2—二进制码刻线

指示光栅相对于标尺光栅移动时，与指示光栅对应的光敏元件"读"出当前位置的二进制码。绝对式光栅通常按一定的通信协议采用串行通信方式进行数据传输。表 5-4 为 HEIDENHAIN 绝对式光栅参数，供参考。

表 5-4 HEIDENHAIN 绝对式光栅参数

技术参数		LC183	LC193F	LC193M
测量基准		DIADUR 玻璃光栅带绝对量和增量刻轨		
测量精度		±3μm(最大测量长度不超过 3040mm)，±5μm		
测量长度/mm		140 240 340 440 540 640 740 840 940 1040 1140 1240 1340 1440 1540 1640 1740 1840 2040 2240 2440 2640 2840 3040 3240 3440 3640 3840 4040 4240		
绝对位置值		EnDat	FANUC 02 串口	Mistubishi 高速串口
分辨率	精度±3μm	0.005μm	0.01μm	
	精度±5μm	0.01μm	0.05μm	
计算时间	EnDat2.1	<1ms	—	
	EnDat2.2	≤5μs	—	
增量信号		~1V$_{PP}$	—	
栅距/信号周期		20μm	—	

拓展阅读 回参考点

一、参考点

数控机床原点是各坐标轴的测量基准，机床原点是固定的，机床参考点是相对于机床原点的一个位置点，参考点与机床原点之间有严格的尺寸关系，并在系统参数中设定。增量式测量因为系统断电后位置无记忆功能，所以每次开机上电后要进行回参考点的操作，当轴到达参考点后即确认了机床原点，测量基准建立。绝对式检测因为系统有断电记忆功能，一次回参考点后，系统即记住参考点位置，以后每次开机上电后不需回参考点的操作，除非参考点位置丢失，需重新设定。图 5-15 所示为数控车床原点和参考点示意图。

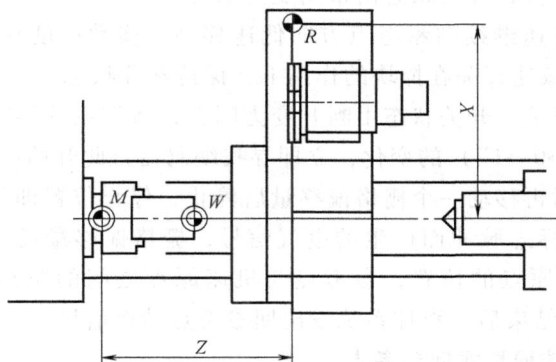

图 5-15　数控车床原点和参考点

M—机床原点　R—参考点　W—工件坐标系原点

数控车床机床原点在主轴端面中心，参考点通常设置在坐标轴的正向极限位置附近，与机床原点之间的距离 X 和 Z 设定在数控系统有关参数中，如 FANUC 系统 1240 号参数（PRM1240），西门子系统 34100 号参数（MD34100）。

二、FANUC 数控系统增量式回参考点

增量式回参考点必须有减速开关信号和零标志信号，减速开关安装在工作台上，零标志信号由增量式编码器的一转脉冲产生。图 5-16 所示为回参考点过程。

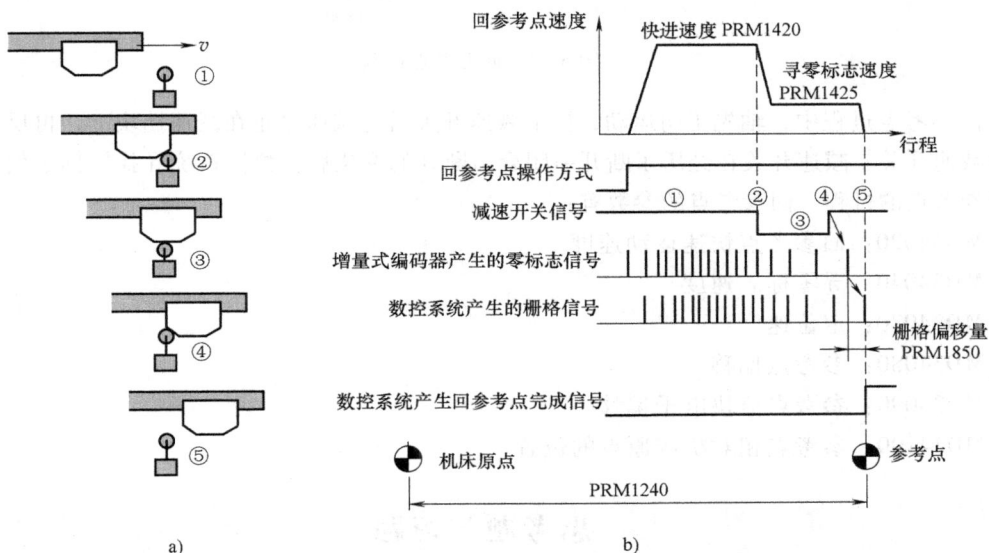

图 5-16　回参考点过程

a）减速开关动作　b）回参考点信号

回参考点过程：

1）机床处于回参考点操作方式，选择回参考点的轴，轴快速向参考点方向运动，运动速度在数控系统 PRM1420 参数中设定。

2）撞块压上减速开关，开关状态由常闭变为断开。

3）轴由快速转为低速继续向参考点方向低速移动，移动速度在数控系统 PRM1425 参数中设定。此过程中，减速开关在撞块的作用下，保持断开状态。

4）撞块脱开减速开关，开关状态由断开变为闭合，数控系统接收到减速开关闭合→断开→闭合（表示为"1→0→1"）的变化，立即寻找编码器自此开始产生的零标志信号。

5）轴找到零标志后再移动一个栅格偏移量后停止，停止位置即为参考点。栅格信号是数控系统根据编码器零标志脉冲而产生的电气信号，栅格偏移量设定在 PRM1850 参数中，用来调整参考点与机床原点的位置，参考点与机床原点之间的距离设定在数控系统参数 PRM1240 中。回参考点结束后，数控系统发出回参考点结束信号。

三、西门子数控系统增量式回参考点

西门子数控系统增量式回参考点有零标志脉冲在减速开关撞块外和减速开关撞块上两种方式。图 5-17 所示为零标志脉冲在减速开关撞块外的回参考点过程。

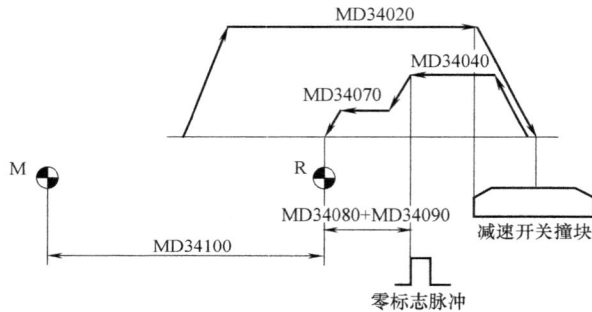

图 5-17　回参考点过程

回参考点过程中，轴先正向运动，撞上减速开关后先减速停止在减速挡块上，再反向运动脱离减速开关，减速开关在经历了断开→闭合→断开的变化后，数控系统寻找零标志信号，完成回参考点的过程。回参考点的参数有：

MD34020：回参考点快速运动速度

MD34040：寻零标志速度

MD34070：定位速度

MD34080：参考点偏移

MD34090：参考点撞块电子偏移

MD34100：参考点相对机床原点的位置

思考题与习题

一、填空题

1. 编码器可测量＿＿＿＿＿＿和＿＿＿＿＿＿。

2. 增量式编码器检测脉冲的数量决定了＿＿＿＿＿＿＿＿，脉冲频率决定了＿＿＿＿＿＿＿＿＿＿＿＿。增量式编码器每转脉冲数越多，则测量分辨力越＿＿＿＿＿＿＿（高或低）。

3. 增量式编码器输出 A、B 两路相位差 90°的 TTL 或 $1V_{PP}\sin/\cos$ 信号的目的是＿＿＿＿＿＿，A+和 A－、B+和 B－称为＿＿＿＿＿＿＿＿＿。

4. 增量式编码器因为有断电失去当前位置的特点，因此，每次开机通电后需进行＿＿＿＿操作。在此过程中，轴经历了①＿＿＿＿＿＿＿＿、②＿＿＿＿＿＿＿＿和③＿＿＿＿＿＿＿＿＿的过程，其中，③的信号由编码器＿＿＿＿＿＿＿＿产生。

5. 绝对式编码器输出信号为＿＿＿＿＿＿＿＿＿，其位数越多，则测量分辨力越＿＿＿＿＿＿＿＿（高或低）。

6. 绝对式编码器因为有外部＿＿＿＿＿＿＿＿＿保存数据，断电后当前位置信息不会丢失，所以，每次开机通电后不必进行＿＿＿＿＿＿＿操作。

7. 旋转变压器是一种利用＿＿＿＿＿＿＿＿＿＿＿＿原理来测量角度的传感器，在定子绕组中通入两相高频、正交的励磁电压后，转子转动时，转子绕组感应电压的相位角即为＿＿＿＿＿＿＿。

8. 增量式光栅中，莫尔条纹的作用是＿＿＿＿＿＿＿＿＿＿＿＿＿＿＿＿。因为莫尔条纹数与光栅栅格数相对应，所以，光栅移动时，通过对莫尔条纹和光敏元件产生的＿＿＿＿＿＿＿＿进行计数，以栅距的累积得到光栅的移动量；增量式光栅的移动方向是通过＿＿＿＿＿＿＿＿＿＿＿来进行辨向的。

9. EnDat 是一种适用于＿＿＿＿＿＿＿＿＿编码器和光栅的数据传输协议。

二、简答题

1. 增量式测量和绝对式测量的信号特征是什么？

2. 增量式光电编码器输出的"六脉冲信号"指什么？

3. FANUC 串行编码器的含义是什么？

4. 参见表 5-2 中有关参考点的技术参数，说明采用带距离编码的增量式光栅的意义。

5. 说明多圈绝对式编码器的含义。

三、计算分析题

1. 某伺服电动机同轴安装有 2000 脉冲/转增量式编码器，伺服电动机与螺距为 6mm 的滚珠丝杠通过联轴器连接，在位置控制伺服中断 4ms 内，共计 20 脉冲。问：

1）工作台移动的距离（mm）。

2）伺服电动机的转速（r/min）。

2. 数控机床伺服系统中，编码器进行角位移检测有两种方式：一是，伺服电动机中内装编码器；二是独立编码器，如图 5-18 所示。问：

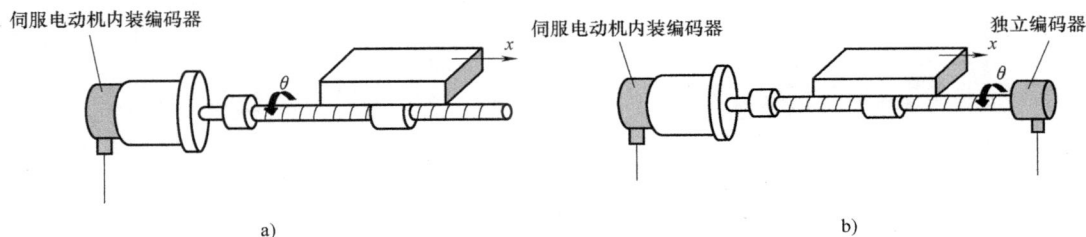

a)   b)

图 5-18　角位移检测方式

1）图 5-18a 中，内装编码器的作用是什么？

2）图 5-18b 中，内装编码器和独立编码器的作用分别是什么？

3）内装编码器和独立编码器的位置检测有什么区别？对位置控制精度有什么影响？

3. 模块三图 3-15 所示的 FANUC 交流主轴电动机中，涉及 Mi/MZi 磁电式传感器，其组成如图 5-19 所示。

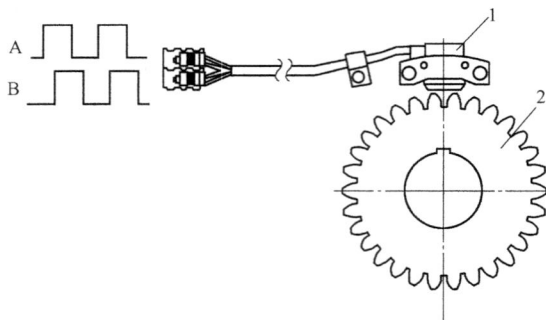

图 5-19 Mi/MZi 磁电式传感器的组成
1—磁电开关 2—齿盘

磁电开关固定在电动机机壳上，齿盘固定在转子轴上，随轴转动。当齿盘转过一个齿时，磁电开关即输出一个脉冲。回答：

1）Mi/MZi 磁电式传感器是增量式还是绝对式的？

2）A/B 相脉冲的作用是什么？

3）若齿盘规格为 512 齿，在主轴控制中断 4ms 时间内，测得的脉冲数为 256。问：

① 主轴转过多少角度？

② 主轴转速为多少？

模块六

数控原理及系统

项目一　数控原理

任务一　数控系统控制任务

一、接口

数控系统作为控制数控机床的计算机，对输入的加工程序进行一系列的数据处理后，输出各路控制信号使机床的执行机构完成加工程序所规定的动作，包括主轴运动、进给运动和辅助功能；另外，数控系统还可以与计算机或网络连接，实施数据传输和通信。图 6-1 所示为数控系统接口及控制任务。

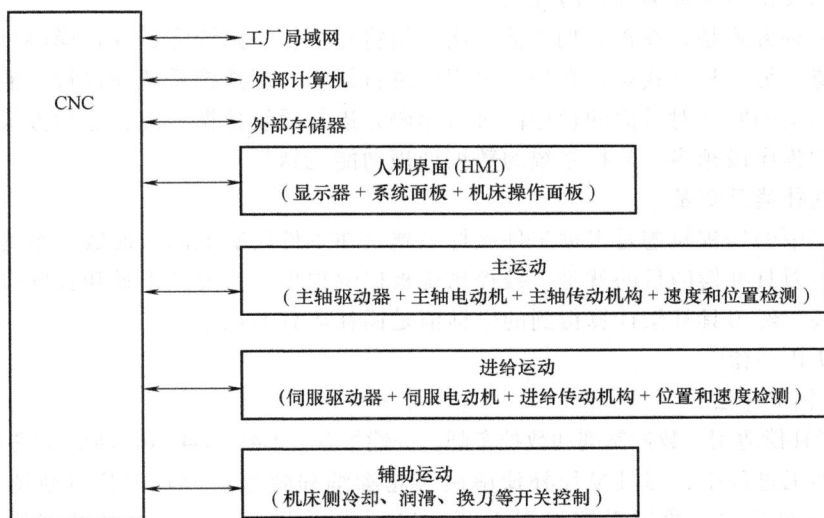

图 6-1　数控系统接口及控制任务

二、数据处理流程

数控加工程序包含的信息有：主轴 S 指令，轨迹指令 G00、G01、G02、G03，坐标值指令 X、Y、Z，速度指令 F，辅助功能指令 M。数控系统需要对这些信息进行数据处理，输出控制信号。数据处理流程如图 6-2 所示。

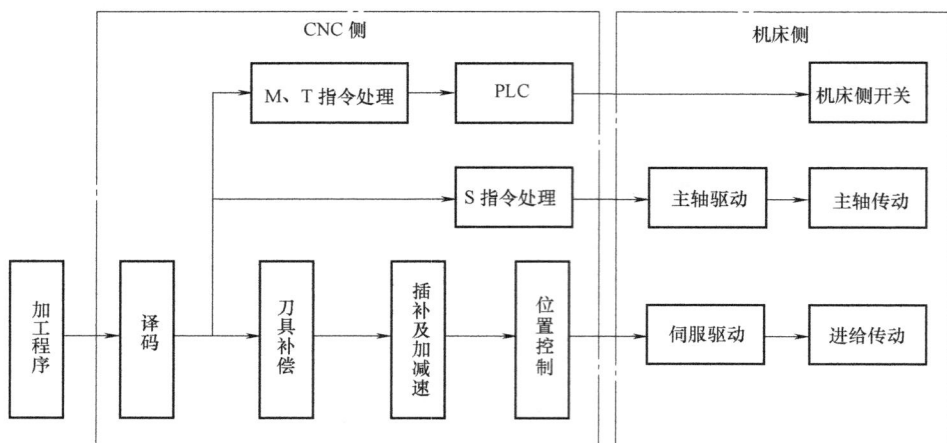

图 6-2　数据处理流程

任务二　数据处理

一、译码

加工程序输入数控系统后，数控系统必须对加工程序进行译码，生成数控系统能识别的数据格式，译码结果存放在指定的寄存器中，如 M 代码寄存器，G 代码寄存器，X、Y、Z 寄存器等，以便供后续数据处理时使用。

译码的一种方式是，在正式加工前一次性地将整个程序翻译完，并在译码过程中对程序进行语法检查；另一种方式是，在加工过程中进行译码，即数控系统在执行当前程序段进行加工时，利用空闲时间对后面的程序段进行译码并进行后续数据处理，这种方式也称为预读处理。预读的程序段越多，数控系统的数据处理功能也越强。

二、刀具补偿及测量

加工程序中的编程轨迹是根据工件坐标系建立在零件轮廓上的，而数控系统控制的是刀具中心轨迹。刀具补偿的目的就是，数控系统根据编程坐标、刀具半径和长度自动计算出刀具中心的轨迹。经刀具补偿计算得到的坐标值是插补运算的依据。

（一）刀具补偿

1. 刀具半径补偿

刀具半径补偿适用于数控铣削和数控车削，补偿指令为 G41、G42 和 G40，如图 6-3 所示。

在轮廓加工过程中，刀具半径补偿解决了轮廓编程轨迹与刀具刀位点轨迹（刀具中心轨迹）不重合的矛盾，数控系统根据 G41、G42、G40 指令、刀具半径补偿值以及编程坐标，自动计算出刀位点运动轨迹。刀具半径补偿涉及刀补建立和撤销，以及轮廓转接等方面的问题。以铣削为例，铣削刀具半径补偿如图 6-4 所示。

（1）刀具半径补偿建立　在刀补建立阶段，S (x_S, y_S) 是刀具加工起点，A (x_A, y_A) 是轮廓 L_1 切入点，数控系统对 "G01 G41 D01 X (x_A) Y (y_A) F;" 程序段处理后，根据 A 点坐标和 D01 设定的刀具半径补偿值，自动计算出补偿后的 A_1 点坐标 (x_{A1}, y_{A1})，刀具中心从 S 位置开始直线偏移到 A_1 位置，刀具半径补偿建立完成。

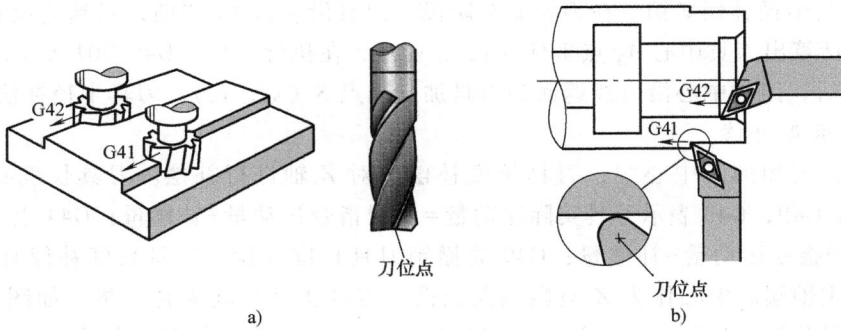

图 6-3　刀具半径补偿

a）铣削刀具半径补偿　b）车刀刀尖圆弧半径补偿

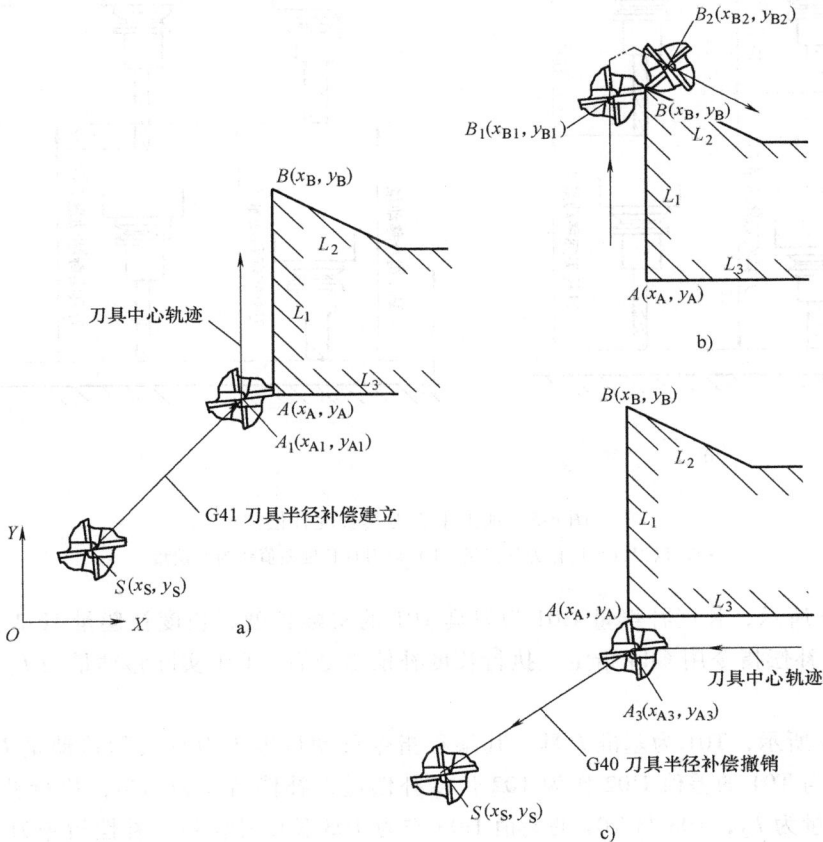

图 6-4　铣削刀具半径补偿

a）刀具半径补偿建立　b）轮廓拐角过渡　c）刀具半径补偿撤销

（2）轮廓拐角过渡　刀具按中心轨迹沿 L_1 轮廓进行切削，当到达 L_1 与 L_2 拐角位置 B 时，数控系统根据 L_1 和 L_2 的编程轨迹，自动计算出 B 点的刀具中心坐标 B_1（x_{B1}，y_{B1}）和

B_2（x_{B2}，y_{B2}），并规划出 B_1 和 B_2 过渡处的刀具中心轨迹，如图 6-4b 中的细双点画线。

（3）刀具半径补偿撤销　在刀补撤销阶段，刀具沿轮廓 L_3 切削，当到达位置 A 时，数控系统自动计算出刀具中心 A_3 点坐标（x_{A3}，y_{A3}），在执行"G01 G40 D01 X（x_S）Y（y_S）F；"程序段后，刀具中心沿直线返回到刀具加工起点 S（x_S，y_S），刀具半径补偿撤销完成。

2. 刀具长度补偿

在数控铣床和加工中心中，刀具长度补偿只对 Z 轴进行补偿。刀具长度补偿指令有 G43、G44 和 G49，G43 表示刀具实际移动量=编程指令运动量+补偿量；G44 表示刀具实际移动量=编程指令运动量−补偿量；G49 为撤销刀具长度补偿。刀具长度补偿有两种方法：一种是，以主轴端面中心作为 Z 坐标编程依据，刀具实际长度为补偿量，如图 6-5a 所示；另一种是，以某把刀具为基准，并以此刀具的刀位点作为 Z 坐标编程依据，其他刀具的补偿量是该刀具长度与基准刀具长度的差值，如图 6-5b 所示。

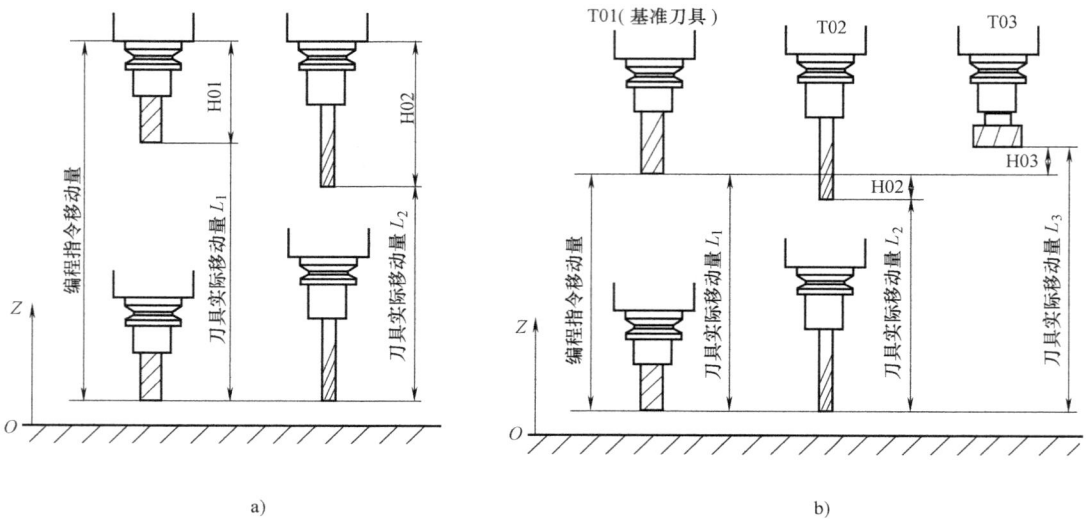

图 6-5　加工中心刀具长度补偿
a）以刀具长度作为补偿量　b）以刀具长度差值作为补偿量

如图 6-5a 所示，长度补偿量 H01 为刀具 T01 的实际长度，长度补偿量 H02 为刀具 T02 的实际长度，补偿指令用 G44 指定。执行长度补偿指令后，T01 实际移动量为 L_1，T02 实际移动量为 L_2。

如图 6-5b 所示，T01 为基准刀具，其编程指令移动量等于刀具实际移动量 L_1，无须长度补偿；T02 与 T01 的差值 H02 作为 T02 长度补偿量，补偿指令为 G44，执行补偿指令后，T02 实际移动量为 L_2；T03 与 T01 的差值 H03 作为 T03 长度补偿量，补偿指令为 G43，执行补偿指令后，T03 实际移动量为 L_3。

3. 车刀位置补偿

在数控车削加工中，因为每把车刀形状不同，在对同一零件进行加工时，要进行刀具位置补偿，如图 6-6 所示。

以 T01 车刀的刀位点 A 为编程依据，当 T02 车刀转到加工位置时，T02 车刀的刀位点在

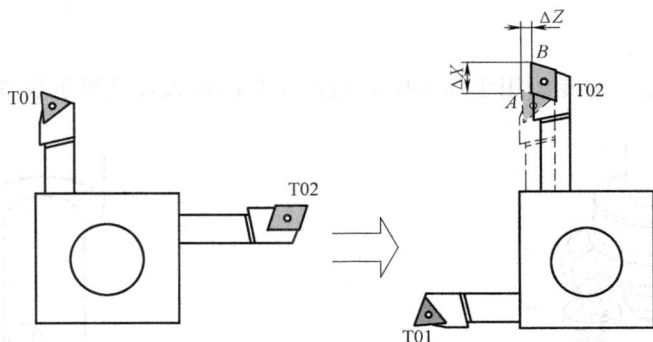

图 6-6 车刀位置补偿

B 点位置，则 A 点和 B 点的位置偏差 ΔX 和 ΔZ 就是 T02 车刀在 X 轴和 Z 轴方向的长度补偿值。

（二）刀具测量

要进行刀具半径补偿和长度补偿，必须先测量刀具的实际半径和长度。在数控加工过程中，刀具测量对加工质量和加工效率有很大的影响，刀具测量有离线测量和在线测量两种方式。

1. 对刀仪

对刀仪是加工中心必须配备的一个辅助设备，通过离线测量获得刀具长度、半径等参数。图 6-7 所示为对刀仪示意图。

被测刀具的刀柄插入操作台的锥孔中，转动调节手轮，使光学对刀系统沿 X 轴和 Z 轴方向移动，当光学显示屏中的十字线对准刀尖时，显示器上显示刀具长度和半径，同时打印出测量数据。先进的对刀仪有专门的测量软件，对刀具的直径、长度、角度和磨损等进行测量，通过 RS-232 串行接口或网络传送给数控系统，数控系统自动对刀具进行补偿。

2. 对刀块

对刀块是一种专门用于加工中心的在线刀具测量装置，通过对刀具长度和半径进行测量，将测量数据传送至数控系统进行实时刀具补偿。图 6-8 所示为用对刀块进行刀具长度测量示意图。

对刀块固定在机床某一位置，如工作台一侧。对刀时，执行数控系统中的对刀程序，使刀具移动到对刀块所处的位置，刀尖触碰到对刀块时，对刀块中的

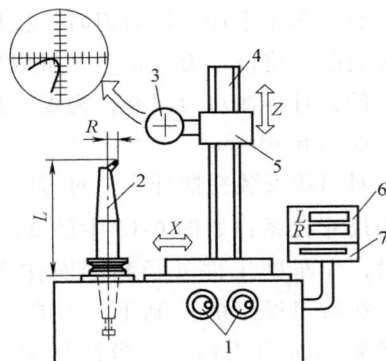

图 6-7 对刀仪

1—X 和 Z 向调节手轮 2—被测刀具
3—光学显示屏 4—立柱 5—滑座
6—显示器 7—打印机

感应器发出信号到数控系统，数控系统记录此时刀具的 Z 坐标值，经与标准值进行比较后得到长度补偿值。对同一把刀具，经过切削加工，刀具长度方向产生了磨损，通过对刀块测量，数控系统将磨损前的 Z 坐标值与磨损后的 Z 坐标值进行比较，差值即为磨损量，该差

值作为长度补偿量由数控系统自动进行补偿。对刀块除了对刀具长度进行测量外，还可以对刀具半径进行测量。

3. 红外线对刀仪

红外线对刀仪是一种专门用于加工中心的在线非接触式刀具测量装置，如图6-9所示。

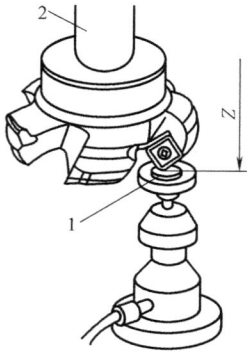

图6-8 用对刀块进行刀具长度测量

1—对刀块 2—被测刀具

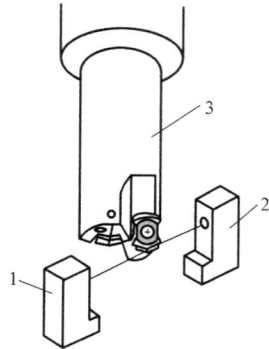

图6-9 红外线对刀仪

1—光发射器 2—光接收器 3—被测刀具

和对刀块一样，红外线对刀仪也固定在机床一侧。在对刀程序的控制下，被测刀具进入红外线对刀仪中，光束射到刀尖上，接收器将数据传送到数控系统中，将当前测量值与上一次测量值进行比较，自动判断出刀具长度和半径磨损量并进行补偿。

4. 数控车床自动对刀仪

数控车床手动试切对刀时，操作者通过移动刀架，使车刀刀尖在 X 向和 Z 向分别触碰工件表面，将该车刀刀位点在机床坐标系中的位置存储到数控系统中，完成对刀。手动对刀效率低，且存在对刀误差，为提高加工效率和对刀精度，有些全功能数控车床选装自动对刀仪，如图6-10所示。

对刀块安装在摆杆上，对刀时，摆杆转到对刀位置，对刀块的测量基准与机床原点有严格的尺寸关系，如图6-10中的 X_M 和 Z_M。对刀时，先车削工件外径和端面作为对刀基准面，在对刀程序的控制下，刀具分别沿 X 轴和 Z 轴向对刀块移动，当被测车刀刀尖触碰对刀块时，对刀块发出信号，数控系统根据测量得到的偏移量 ΔX 和 ΔZ，自动完成工件坐标系的设定。自动对刀仪还可以对刀具磨损进行测量并自动进行补偿。

三、插补运算

（一）插补运算的目的

数控系统根据程序中的轨迹指令（G01、G02、G03）、坐标值（X、Y、Z）及进给速度（F）等信息，按一定的数学算

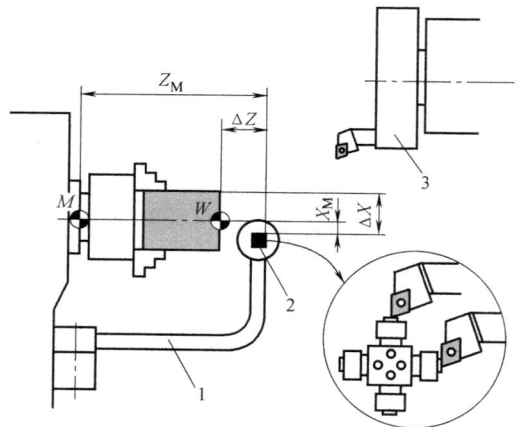

图6-10 数控车床自动对刀仪

1—摆杆 2—对刀块 3—刀架

法，实时计算出刀具从起点到终点之间许多个移动点的坐标值，这一计算过程称为插补运算。数控系统将这些位置坐标值作为位置控制指令控制刀具按程序规定的轨迹和速度运动，实现切削加工。由插补运算得到的移动点轨迹称为插补轨迹。按零件轮廓编制的加工程序，刀具刀位点理想轨迹为直线或圆弧，实际上刀具移动的轨迹是插补轨迹，如图 6-11 所示。

插补轨迹是由一段段折线所组成的，与理想轨迹拟合，尽管两者之间存在误差，但由于脉冲当量 δ（1 个脉冲指令所对应的坐标轴移动量）很小，如 0.001mm/脉冲，因此，插补轨迹的精度是很高的，完全能满足数控机床对轮廓加工精度的要求。

插补运算由数控系统的插补软件，或软件和专用集成电路相结合的方式实现。插补运算是数控系统的核心技术，数控系统都有直线插补和圆弧插补功能，高档数控系统还有空间曲线插补等功能。

（二）插补方法

1. 逐点比较插补法

（1）直线逐点比较插补法　以在第 I 象限，且起点在原点，终点为（x_e，y_e）的直线插补为例，如图 6-12 所示。

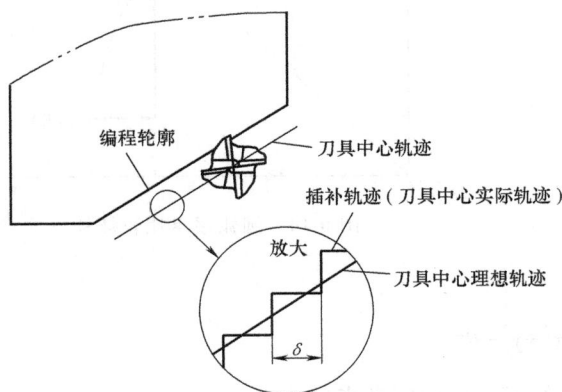

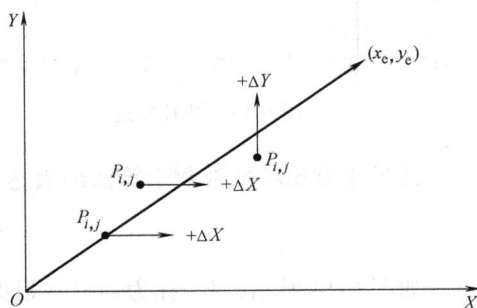

图 6-11　插补轨迹　　　　　　图 6-12　直线逐点比较插补

直线逐点比较插补数学算法的表达式为

$$F_{i,j} = x_e y_j - x_i y_e$$

如图 6-12 所示，$P_{i,j}$（x_i，y_j）称为动点，根据 $F_{i,j}$ 的正、负确定动点的走向。

1）当计算结果 $F_{i,j} \geqslant 0$ 时，表示动点在理想直线轨迹上或上方，则动点向 +X 向走一个脉冲当量。

2）当计算结果 $F_{i,j} < 0$ 时，表示动点在理想直线轨迹的下方，则动点向 +Y 向走一个脉冲当量。

例 6-1　设终点坐标（x_e，y_e）为（5，3），直线插补运算见表 6-1。

经插补运算得到的插补轨迹如图 6-13 所示。

（2）圆弧逐点比较插补法　以在第 I 象限，且圆心在原点，起点为（x_s，y_s），终点为（x_e，y_e），半径为 R 的逆时针圆弧插补为例，如图 6-14 所示。

表 6-1 直线插补运算

步　数	当前点 $P_{i,j}(x_i,y_j)$	偏差运算 $F_{i,j}=x_e y_j-x_i y_e$	进给
第①步	$P_{0,0}(0,0)$	$F_{0,0}=5\times0-0\times3=0$	$+\Delta X$
第②步	$P_{1,0}(1,0)$	$F_{1,0}=5\times0-1\times3=-3<0$	$+\Delta Y$
第③步	$P_{1,1}(1,1)$	$F_{1,1}=5\times1-1\times3=2>0$	$+\Delta X$
第④步	$P_{2,1}(2,1)$	$F_{2,1}=5\times1-2\times3=-1<0$	$+\Delta Y$
第⑤步	$P_{2,2}(2,2)$	$F_{2,2}=5\times2-2\times3=4>0$	$+\Delta X$
第⑥步	$P_{3,2}(3,2)$	$F_{3,2}=5\times2-3\times3=1>0$	$+\Delta X$
第⑦步	$P_{4,2}(4,2)$	$F_{1,1}=5\times2-4\times3=-2<0$	$+\Delta Y$
第⑧步	$P_{5,3}(5,3)$	$F_{5,3}=5\times3-5\times3=0$	$+\Delta X$

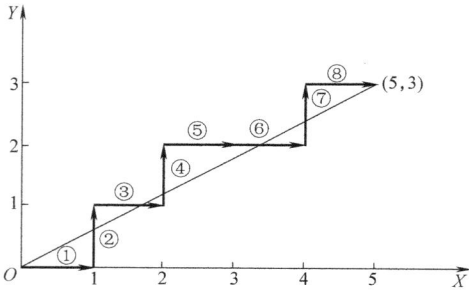

图 6-13　插补轨迹

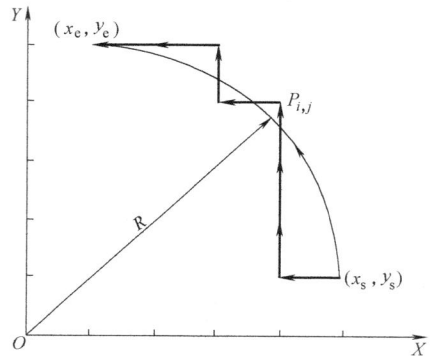

图 6-14　圆弧逐点比较插补

圆弧逐点比较插补数学算法的表达式为

$$F_{i,j}=x_i^2+y_j^2-R^2$$

如图 6-14 所示，$P_{i,j}$ 称为动点，根据 $F_{i,j}$ 的正、负确定动点的走向。

1）当计算结果 $F_{i,j}\geqslant0$ 时，表示动点在理想圆弧轨迹上或外侧，动点向 $-X$ 向走一个脉冲当量。

2）当计算结果 $F_{i,j}<0$ 时，表示动点在理想圆弧轨迹内侧，动点向 $+Y$ 向走一个脉冲当量。

逐点比较插补运算由硬件或软件实现，通常用于配置步进驱动的数控系统中，组成位置开环的伺服系统。逐点比较插补运算的结果就是不断地向各联动轴发出位置指令脉冲，并按编程进给速度 F 指令分配各轴指令脉冲的频率，经步进驱动器由步进电动机带动进给传动机构，使刀具按程序规定的轨迹和速度运动，如图 6-15 所示。

2. 数据采样插补法

数据采样插补是根据编程进给速度 F 指令和插补周期 T，得到轮廓步长 Δl，当插补周期一定时，轮廓步长 Δl 与进给速度指令 F 成正比。图 6-16 所示为数据采样直线和圆弧插补示意图。

在每个插补周期中，执行一次插补运算，计算出 X 轴和 Y 轴的进给量 ΔX 和 ΔY，以及

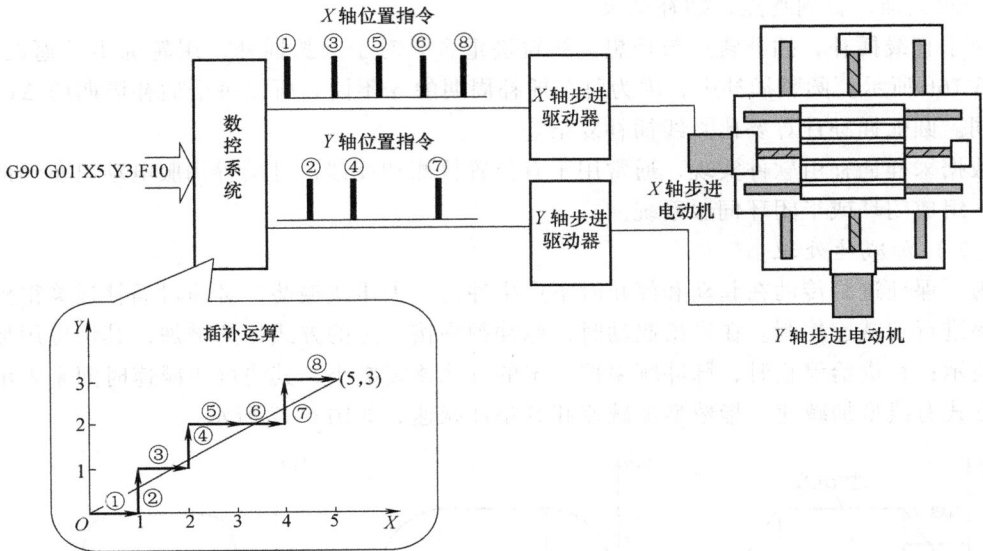

图 6-15　直线逐点比较插补用于步进驱动的位置开环伺服控制

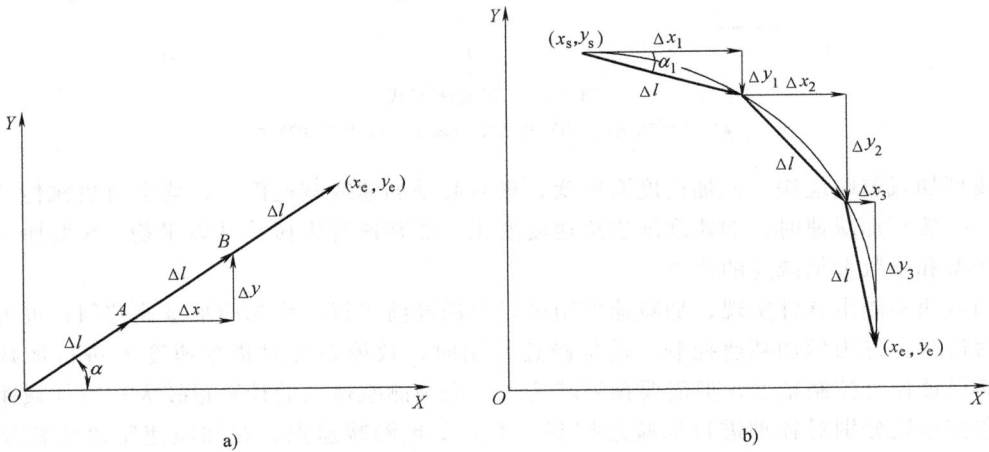

图 6-16　数据采样插补

a）直线插补　b）圆弧插补

下一个插补点的坐标值；ΔX 和 ΔY 根据脉冲当量再转换成相应的脉冲。图 6-16a 所示的直线插补中：

$$\alpha = \arctan \frac{y_e}{x_e}$$

$$\Delta x = \Delta l \cos\alpha$$

$$\Delta y = \Delta l \sin\alpha$$

式中，α 为直线与 X 轴的夹角。

例如，第 1 个插补周期，动点从原点移动 Δx 和 Δy 到达 A 点，动点坐标 $x_A = \Delta x$，$y_A = \Delta y$；第 2 个插补周期，动点从 A 点移动 Δx 和 Δy 到达 B 点，动点坐标 $x_B = x_A + \Delta x$，$y_B = y_A +$

Δy；依次类推，直到终点，插补结束。

对于直线插补，插补轨迹与理想直线轨迹重合。对于圆弧插补，用轮廓步长逼近圆弧，如图 6-16b 所示。圆弧插补中，因为每个插补周期的 α 不同。所以每个插补周期的 Δx 和 Δy 也不同。圆弧插补计算要比直线插补复杂。

数据采样插补由软件实现，通常用于有位置检测和反馈，且配置伺服电动机驱动的数控系统，组成闭环或半闭环伺服系统。

（三）加减速处理

为了保证进给传动在起动和停止时不产生冲击、失步或振荡，必须对插补运算得到的脉冲频率进行加减速控制。在进给起动时，脉冲频率按一定的方式逐渐增加，其快慢用加速时间来表示；在进给停止时，脉冲频率按一定的方式逐渐减小，其快慢用减速时间来表示。加减速方式有线型加减速、指数型加减速和 S 型加减速，如图 6-17 所示。

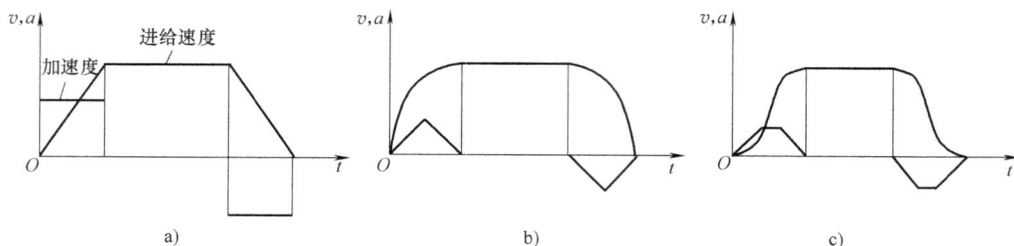

图 6-17 加减速方式
a）线型加减速 b）指数型加减速 c）S 型加减速

线型加减速响应快，但加速度有突变，进给起动加速或减速停止，均会对机械传动产生冲击；指数型加减速时，加速度随进给速度变化，加减速时机械传动较平稳；S 型加减速结合了线型和指数型加减速的优点。

加减速控制由软件实现，加减速控制可以在插补前进行，称为前加减速控制；也可以在插补后进行，称为后加减速控制。前加减速控制时，数控系统对指令速度 F 进行加减速控制，能保证位置控制精度，但需要预测减速点，而预测减速点的计算量较大；后加减速控制时，数控系统分别对各轴进行加减速控制，不需要预测减速点，在加减速阶段位置控制有误差。

四、位置控制

位置控制的实质是位置偏差控制，就是用位置指令与实际位置的差值来控制移动部件向减小偏差的方向运动，直至实际位置等于指令位置。详见模块七的内容介绍。

五、S 功能

数控系统根据输入的 S 指令、主轴倍率以及主轴齿轮换档指令，通过控制软件计算出主轴电动机的转速，对主轴驱动器输出控制信号。对模拟主轴，输出信号为 0～+10V 模拟电压；对数字主轴，输出串行数字信号。

例 6-2 某数控车床采用变频器和三相交流异步电动机组成的模拟主轴，如图 6-18 所示。主轴通过齿轮换档，主轴电动机与主轴间的低档传动比为 1：2，高档传动比为 1.5：1，数控系统输出 0～+10V 速度模拟电压对应主轴电动机转速 0～1470r/min。

在传动比为 1：2 时，0～+10V 速度模拟电压对应主轴转速 0～735r/min。若编程指令为

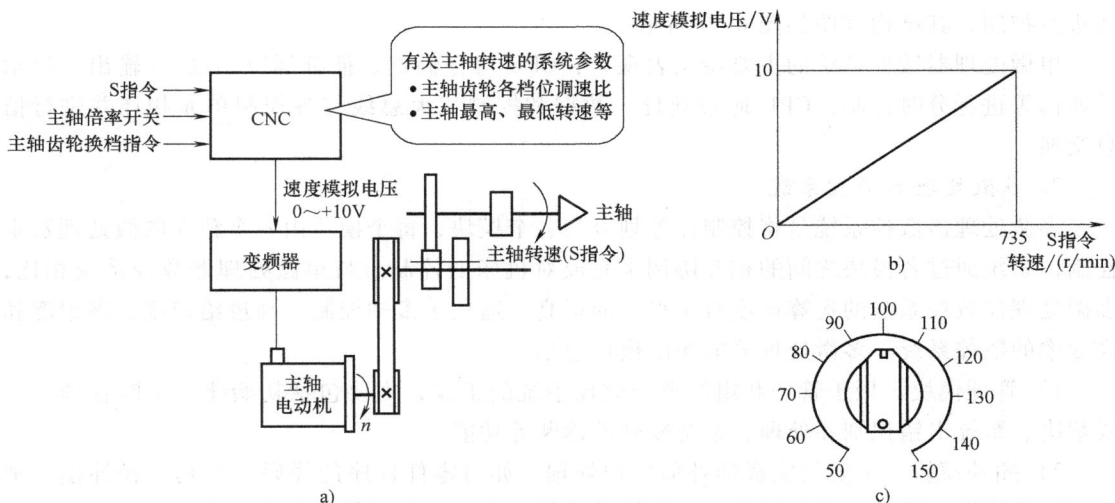

图 6-18　数控车床模拟主轴转速控制
a) 组成　b) S指令控制　c) 主轴倍率开关

S500，主轴倍率开关 100%，则数控系统输出 6.8V 模拟电压给变频器，此时，主轴电动机转速为1000r/min，主轴转速为500r/min；若主轴倍率开关调至80%，则数控系统输出5.4V模拟电压，主轴电动机转速为800r/min，主轴实际转速为400r/min。

六、M、T 指令

M、T 指令通过数控系统 PLC 功能实现机床上各种辅助功能，M 指令涉及主轴正、反转和停止，切削液开、关，车床液压卡盘夹紧、松开，液压尾座夹紧、松开，主轴齿轮换档以及加工中心换刀等；T 指令涉及车床刀架和加工中心刀库选刀。详见模块八的内容介绍。

任务三　数控系统软硬件

一、数控系统硬件

1. 单微处理器数控系统

在单微处理器数控系统中，整个系统只有一个 CPU，它采用集中控制、分时处理的方

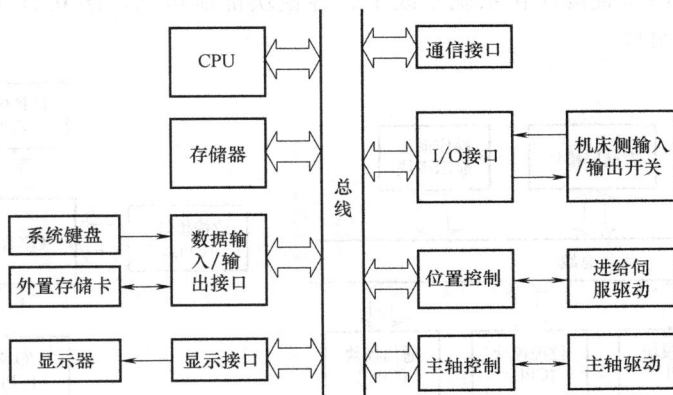

图 6-19　单微处理器数控系统结构框图

式进行控制，其结构框图如图6-19所示。

单微处理器数控系统的主要特点表现为：CPU对存储器、插补运算、输入/输出、显示及通信等进行分时控制；CPU通过地址、数据和控制三大总线与各控制单元相连并进行信息交换。

2. 多微处理器数控系统

多微处理器数控系统是将控制任务划分为各个模块，每个模块由一个独立的微处理器来控制，系统通过各模块之间的相互协调来完成对机床的控制。与单微处理器数控系统相比，多微处理器数控系统的运算速度有了很大的提高，适用于多轴控制、高进给速度、高精度和高效率的数控系统。多微处理器的功能模块包括：

1）管理模块。用于管理和组织整个数控系统的工作，主要包括初始化、中断管理、总线裁决、系统出错识别和处理、系统软硬件诊断等功能。

2）插补模块。主要是完成插补前的预处理，如对零件程序的译码、刀具半径补偿、坐标位移量计算、进给速度处理等；进行插补计算，为各个坐标提供位置给定值。

3）位置控制模块。用来进行位置给定值与位置实际值的比较，经位置调节，输出速度指令以驱动进给电动机。

4）存储器模块。存储器模块为程序和数据的主存储器，或为功能模块间进行数据传送的共享存储器。

5）PLC功能模块。它对零件程序中的开关功能和机床来的信号进行逻辑处理，实现机床电气设备的开关控制。

6）操作面板及显示模块。这个模块包括零件程序、参数和数据、各种操作命令的输入/输出及显示所需要的各种接口电路。

多微处理器数控系统中各模块之间的互联和通信主要采用共享总线和共享存储器两类结构。

（1）多微处理器共享总线结构 在共享总线结构中，各功能模块插在配有总线插座的机箱内，由系统总线把各个模块有效地连接在一起，按照要求交换各种控制指令和数据，实现各种预定的功能。图6-20所示为多微处理器共享总线结构的组成。

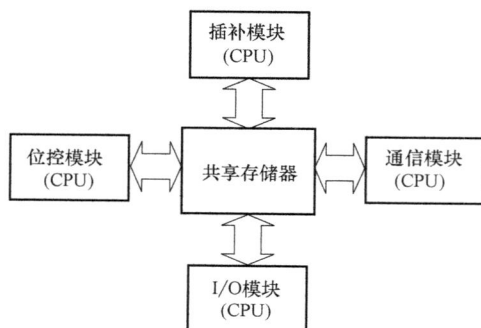

（2）多微处理器共享存储器结构 在共享存储器结构中，各模块通过公共存储器互相交换信息，公共存储器直接挂在系统总线上，各模块都能访问。图6-21所示为多微处理器共享存储器结构的组成。

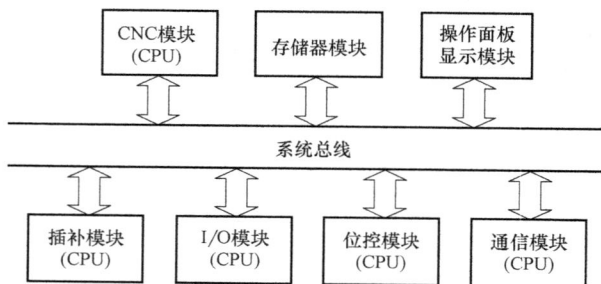

图6-20 多微处理器共享总线结构的组成

图6-21 多微处理器共享存储器结构的组成

二、数控系统软件

1. 数控系统软件的任务

数控系统是典型的多任务控制系统，系统软件具有多任务性和实时性的特点。

（1）多任务性　系统软件从功能上分，有管理软件和控制软件。数控系统的多任务性如图 6-22 所示。

在许多情况下，管理和控制的某些工作必须同时进行。例如，为了使操作人员及时了解当前加工的坐标值，管理软件中的刀具位置显示功能和控制软件中的位置控制功能必须同时进行；同样地，在控制软件运行时，其本身的一些功能也必须同时运行，例如，为了保证加工过程的连续性，译码、刀具补偿和速度处理要同时进行，而插补运算又必须与位置控制同时进行。

（2）实时性

1）实时突发性任务。任务的发生具有随机性和突发性，主要包括故障中断（急停、机械限位和硬件故障等）、机床 PLC 故障、按键操作中断等。

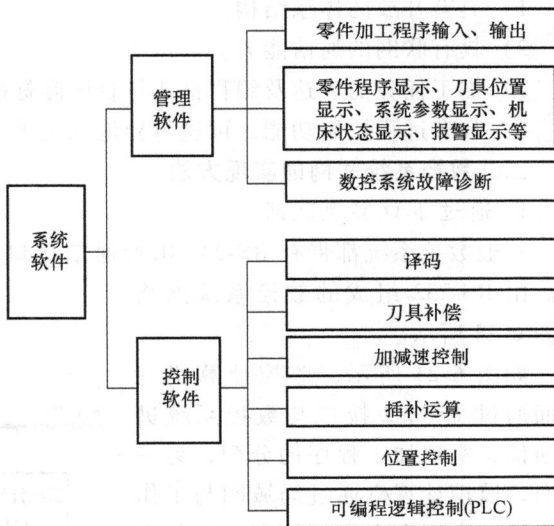

图 6-22　数控系统的多任务性

2）实时周期性任务。在精确的时间间隔内执行任务，主要包括插补运算、位置控制等任务。在任务执行过程中，除系统故障外，不允许被其他任务中断。

3）弱实时性任务。这类任务对实时性的要求较低，包括显示器、零件程序编辑、加工状态动态显示等。

2. 数控系统软件组成

数控系统软件包括以下三部分。

第一部分由数控系统生产厂家研制的启动芯片、基本系统程序、加工循环及测量循环等组成。这部分软件预先写入到 ROM 中，安全级别很高。这部分软件如受到意外破坏，应注意所使用的数控系统型号和软件版本号，及时与数控系统的生产厂家取得联系，要求更换或复制软件。

第二部分是由机床制造厂编制的，包括针对具体机床所用的机床参数、PLC 用户程序及报警文本等。这部分软件由机床制造厂写入到 RAM 和 ROM 中，并且提供相关的技术资料，以便机床用户在调试和故障诊断时使用。另外，由于 RAM 数据的易失性，机床用户可以对这部分软件进行备份和恢复。

第三部分由机床用户编制的加工程序、刀具补偿参数、零点偏置参数等组成。这部分软件存储于系统 RAM 中，机床用户可以对这部分软件进行备份和恢复。

任务四　数控系统的网络化

现代数控系统的控制信号、检测信号及加工程序都已数字化，具备了数字化信息传输、存储的条件。同时，数控系统有基于以太网和 TCP/IP 协议的通信标准，不同品牌的数控系统可通过网络连接在一起，实现网络化的数字制造。

一、网络化对数控系统的要求

适应网络化制造的数控系统应具有以下特点：

1）具有开放的体系结构。

2）具有联网的通信能力。

3）加工任务的表达及编程格式符合国际标准。

4）具有远程控制功能，可进行异地加工等。

二、数控系统联网的实现方法

1. 通过串口实现联网

一般数控系统都带有 RS-232 串行通信接口，通过 RS-232 将各机床的数控系统连接起来。由 RS-232 组成的数控系统网络如图 6-23 所示。

如图 6-23 所示，监控计算机一方面通过 RS-232 接口与数控系统进行通信，实现加工程序的分配；另一方面，监控计算机通过局域网与工作站交互，实现生产调度管理。这种形式的联网速度较慢，一般只有 9600bit/s，只能进行数控程序和一般参数的传递，不能对加工过程进行监控。

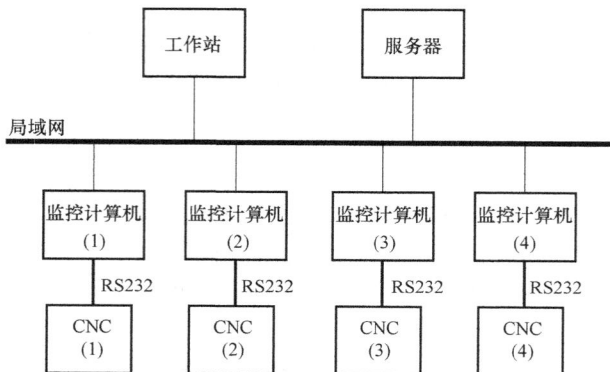

图 6-23　由 RS-232 组成的数控系统网络

2. 通过现场总线实现联网

现场总线采用全数字式通信，具有开放式、全分布及可互操作性等特点。由现场总线组成的数控系统网络如图 6-24 所示。

在现场总线网络中，一根总线将全部控制设备连接在一起，通过总线进行信息交互，组成设备层控制网。现场总线大大降低了系统的成本和组网的复杂性。由现场总线组成的网络中，根据信息类型和对通信的要求，将设备层控制网与上层管理网分开，管理网采用局域网，以完成大容量及实时性要求不高的调度管理、CAD/CAM 和生产计划等数据的通信。

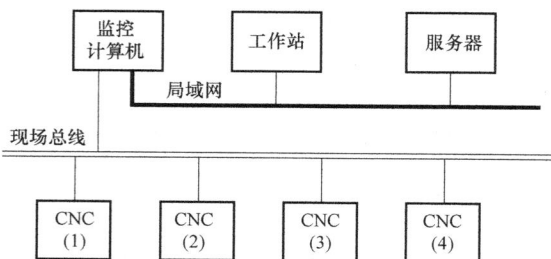

图 6-24　由现场总线组成的数控系统网络

3. 通过局域网实现联网

随着数控系统开放体系结构智能化技术的不断发展，数控系统也具有了以太网组网功能。由局域网组成的数控系统网络如图 6-25 所示。

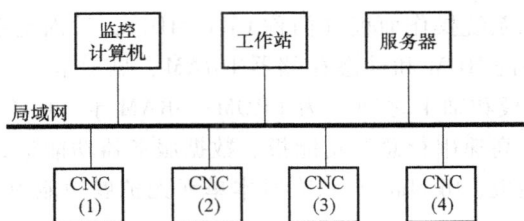

图 6-25　由局域网组成的数控系统网络

　　具有以太网功能的数控系统可实现与其他数控系统及上层计算机之间的通信，在保持大信息量通信的同时，还能发挥数控系统自主性和管理决策的功能。

项目二　FANUC 0i C/D 数控系统

任务一　系统组成及接口信号

一、FANUC 0i C 系统组成

1. 系统接口及定义

　　FANUC 0i C 是具有总线控制的一体式数控系统，即系统控制单元与显示器和系统面板一体化。图 6-26 所示为 FANUC 0i C 系统接口及主板构成示意图。

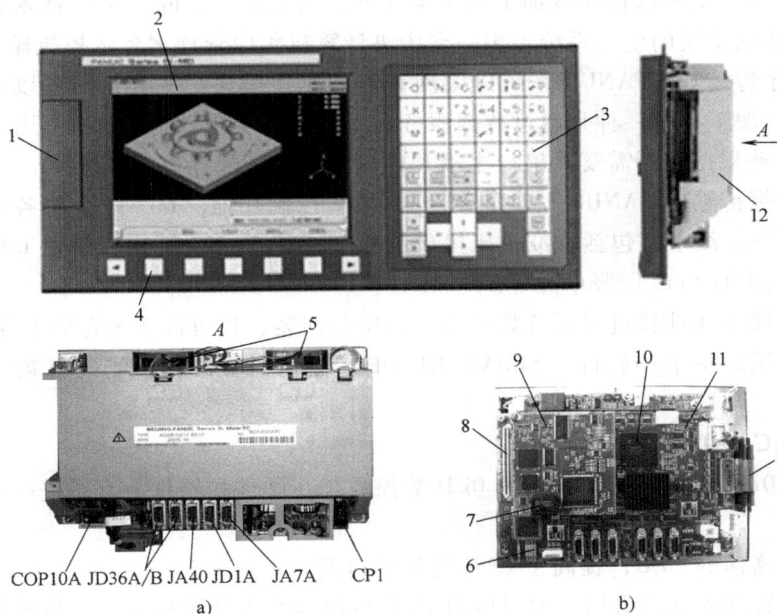

图 6-26　FANUC 0i C 系统接口及主板

a) 系统外观　　b) 系统主板（卸掉保护罩后）

1—PCMCIA 存储卡插槽　2—系统显示器　3—系统操作面板（MDI）　4—系统软键　5—系统冷却风扇

6—状态及报警指示灯（LED）　7—伺服串行总线（FSSB）　8—扩展槽　9—轴控制卡

（下层为 FROM/SRAM 模块）　10—CPU　11—系统主板　12—保护罩

系统前面是显示器和系统操作面板（简称 CRT/MDI），后面是系统主板。主板上集成有 CPU、存储系统引导文件的 ROM 和动态存储器 DRAM、显示卡和电源等；主板最上层为轴控制卡（简称轴卡），主板和轴卡之间层为 FROM/SRAM 卡。0i C 系统扩展功能板有串行通信功能板、以太网板、高速串行总线功能板、数据服务器功能板，0i C 系统在基本单元基础上可选择两个扩展功能板，0i Mate C 只有基本单元无扩展功能板。

系统接口说明：

COP10A：FANUC 伺服总线（FSSB）接口，通过光纤外接伺服驱动模块或单元。

JD36A/JD36B：RS-232 通信接口，与外部计算机通信。

JA40：模拟主轴速度控制信号接口，速度模拟电压（0～+10V）给定，外接主轴驱动器，如变频器等。

JD1A：I/O Link 接口，外接机床操作面板、外置 I/O 单元、分线盘 I/O 模块及 I/O Link 轴等。

JA7A：串行主轴总线/主轴编码器接口。

CP1：外接直流 24V 电源输入。

2. 系统功能

1）FSSB 是以光导纤维为传输介质的串行通信，CNC 控制单元通过 FSSB 将多个伺服驱动器连接起来，实现高速度的数据通信，提高了可靠性。另外，与光栅连接的分离型位置检测器也通过 FSSB 与系统进行数据通信。

2）通过以太网实现远程在线加工和现场管理，构建加工车间与工厂技术及生产管理等部门之间进行数据交换的生产系统，用一台中央计算机集中管理多台数控机床，监控机床的运行状态、程序传输等。FANUC 系统以太网有两种配置形式：一种是内置以太网板，实现远程计算机在线加工；另一种是通过数据服务器功能板，实现远程存储在线加工。

3）主轴驱动根据实际需要有串行主轴和模拟主轴两种配置方式可选择。

4）高速数据传输的 FANUC I/O Link 总线 PMC 控制功能。I/O Link 将各类 I/O 设备连接到 PMC 的 I/O 总线上，包括标准机床操作面板、操作盘 I/O 模块、外置 I/O 单元、分线盘 I/O 模块以及 I/O Link 伺服单元等。

5）通过存储卡或计算机对系统数据进行备份和回装，也可以实现存储卡在线加工。

6）通过伺服调整卡和软件（SERVO GUIDE）优化伺服参数，使伺服系统获得最佳运行特性。

二、FANUC 0i D 系统

在 FANUC 0i C 的基础上，FANUC 0i D 数控系统在硬件和软件上有了进一步的提高，表现为：

1）采用更高速的 CPU，提高了 CNC 的处理速度。

2）标准配置嵌入式以太网，通过网口 CNC 可以与个人计算机连接，传输加工程序和监视 CNC 的状态。

3）实现了纳米插补，结合高速、高精度的伺服控制，获得光滑的加工表面。

4）将常用的 PMC 程序模块化，简化了 PMC 程序设计。

适用于数控车床的 FANUC 0i TD 系统是 2 个通道，CNC 轴数为 8 轴、2 主轴，联动轴数为 4 轴；适用于数控铣床和加工中心的 FANUC 0i MD 系统是 1 个通道，CNC 轴数为 5 轴、2

主轴，联动轴数为 4 轴。FANUC 0i D 的简化版 FANUC 0i Mate D 是 1 个通道，CNC 轴数为 3 轴、1 主轴，联动轴数为 3 轴。图 6-27 所示为 FANUC 0i D 系统背面接口示意图。

系统接口说明：

CP1：系统电源输入（直流 24V）。

FU1：电源输入熔断器。

CA114：系统数据保持电池（锂电池 3V）。

JA2：系统 MDI 键盘接口。

JD36A：RS232C 串行接口 1。

JD36B：RS232C 串行接口 2。

JA40：模拟量主轴速度信号/高速跳转信号接口。

JD51A：I/O Link 总线信号接口。

JA41：串行主轴接口/主轴编码器信号接口。

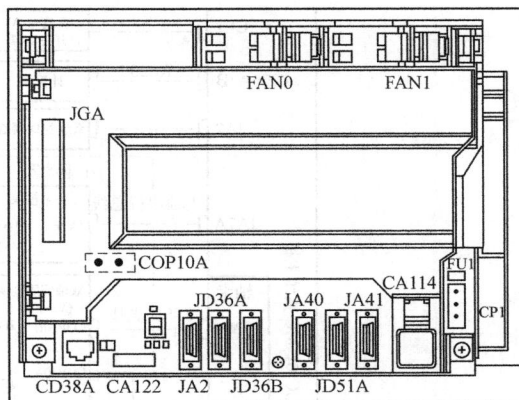

图 6-27　FANUC 0i D 系统背面接口

CA122：系统软键接口。

CD38A：内嵌式以太网接口（FANUC 0i Mate D 系统没有）。

COP10A：伺服串行总线（FSSB）接口。

JGA：系统扩展板功能接口（FANUC 0i Mate D 系统没有），选择数据服务器、网络总线接口（FANUC 0i D 有 PROFIBUS 总线板选择）。

FAN0、FAN1：系统散热风扇。

任务二　系统配置

一、FANUC 0i MC 系统配置

图 6-28 所示为 FANUC 0i MC 系统配置示意图，图 6-29 所示为 FANUC 0i MC 系统连接。

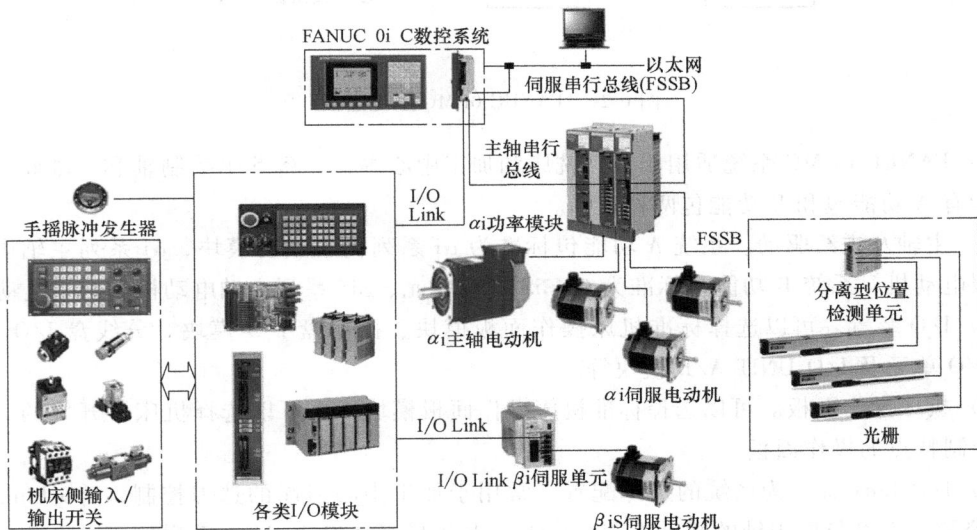

图 6-28　FANUC 0i MC（A 功能包）系统配置

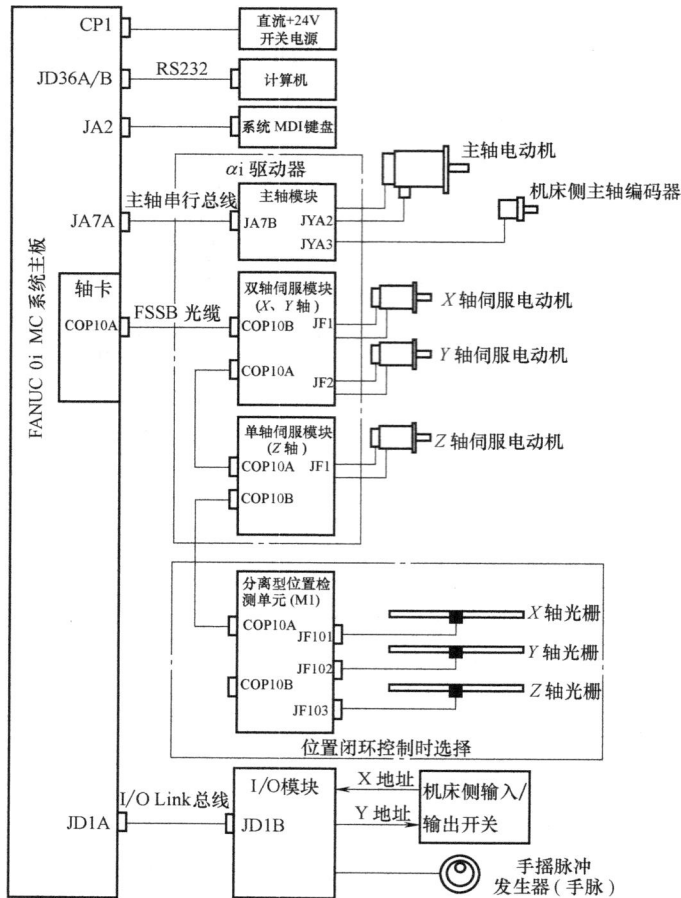

图 6-29 FANUC 0i MC 系统连接

1）FANUC 0i MC 系统适用于数控铣床和加工中心等，具备 5 个控制轴和 4 轴联动。系统功能有 A 功能包和 B 功能包两种选择。

2）主轴及进给驱动。系统 A 功能包标准为 αi 系列伺服驱动模块、αi 系列主轴电动机和伺服电动机；系统 B 功能包标准为 βi/βiS 伺服单元、βiS 系列主轴电动机和伺服电动机。

3）I/O 装置。可以选择标准机床操作面板模块、操作盘 I/O 模块、分线盘 I/O 模块、外置 I/O 单元及 I/O UNIT A/B 模块等。

4）机床操作面板。可以选择标准机床操作面板模块，也可以选择机床厂开发的、针对机床控制特点的操作面板。

5）I/O Link 轴。为系统的选择配置，常用于加工中心刀库的选刀控制。I/O Link 轴由 PMC 控制，不参与伺服轴的联动控制。I/O Link 轴需要 I/O Link βi 系列伺服单元和 βiS 系列伺服电动机，最多可选择 8 个 I/O Link 轴。

6）系统采用位置闭环伺服控制时，通过伺服串行总线（FSSB）连接分离型位置检测单元和光栅。

二、FANUC 0i Mate MC 系统配置

图 6-30 所示为 FANUC 0i Mate MC 系统配置示意图，图 6-31 所示为 FANUC 0i Mate MC 系统连接。

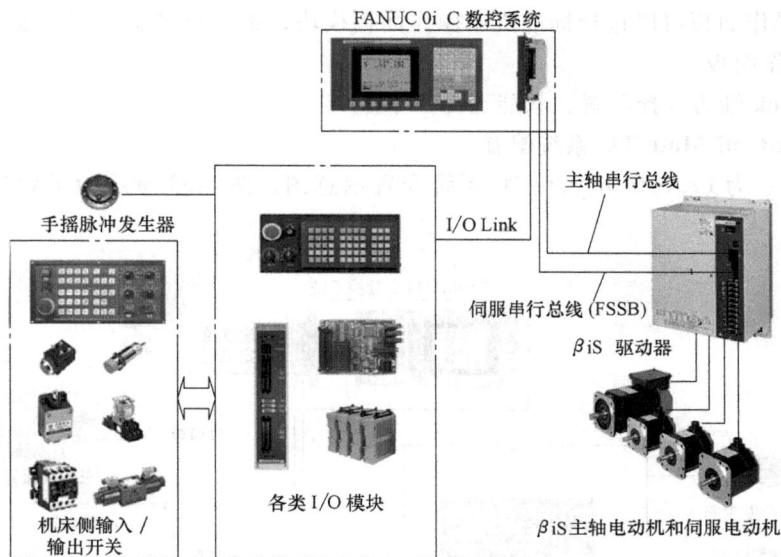

图 6-30 FANUC 0i Mate MC 系统配置（B 功能包）

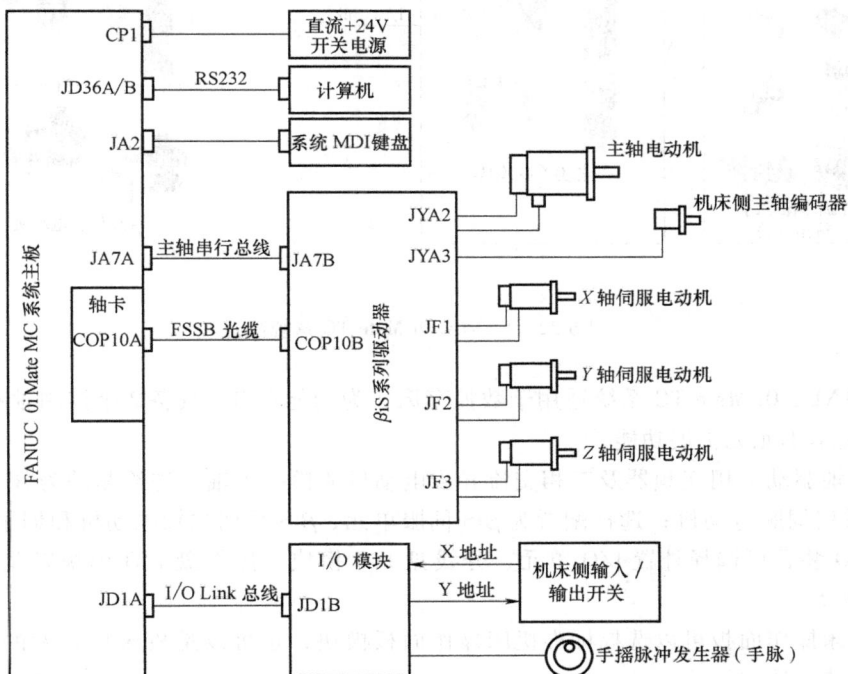

图 6-31 FANUC 0i Mate MC 系统连接

1）FANUC 0i Mate MC 系统为功能包 B，具备 3 个控制轴和 3 轴联动，系统只有基本单元无扩展功能。

2）主轴及进给驱动为 βiS 伺服单元、βiS 系列主轴电动机和 βiS 系列伺服电动机。

3）I/O 装置可选择外置 I/O 单元、分线盘 I/O 模块、操作盘 I/O 模块以及标准机床操作面板模块等。

4）机床操作面板可以选择标准机床操作面板模块，也可以是机床厂开发的、针对机床控制特点的操作面板。

5）I/O Link 轴为选择配置，只能选择 1 个。

三、FANUC 0i Mate TC 系统配置

图 6-32 所示为 FANUC 0i Mate TC 系统配置示意图，图 6-33 所示为 FANUC 0i Mate TC 系统连接。

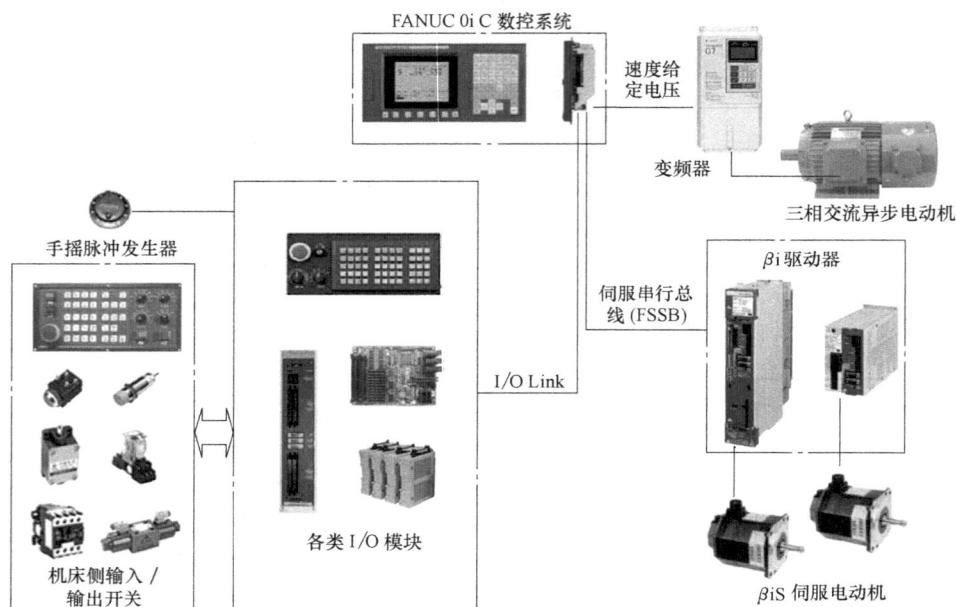

图 6-32　FANUC 0i Mate TC 系统配置

1）FANUC 0i Mate TC 系统适用于数控车床，为功能包 B，具备 2 个控制轴和 2 轴联动，系统只有基本单元无扩展功能。

2）主轴驱动采用变频器及三相交流异步电动机的模拟主轴，进给驱动为 βi 系列伺服单元和 βiS 系列伺服电动机；选择配置为 βiS 伺服单元、βiS 系列主轴电动机和伺服电动机。

3）I/O 装置可选择外置 I/O 单元、分线盘 I/O 模块、操作盘 I/O 模块以及标准机床操作面板模块等。

4）机床操作面板可以选择标准机床操作面板模块，也可以是机床厂开发的、针对机床控制特点的操作面板。

5）I/O Link 轴为选择配置，只能选择 1 个。

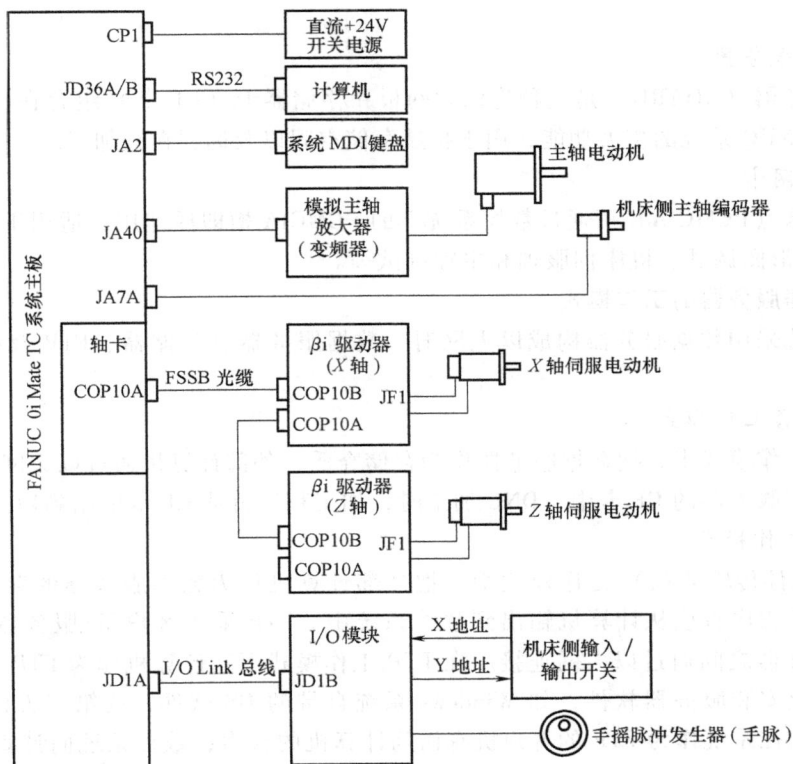

图 6-33　FANUC 0i Mate TC 系统连接

任务三　FANUC 系统以太网远程通信

一、FANUC 系统以太网配置形式

FANUC 系统以太网组成有内置以太网、数据服务器及以太网卡 3 种形式，如图 6-34 所示。

1. 内置以太网

内置以太网（EMBEDD）将以太网控制芯片与系统主板集成在一起，只支持 FTP 方式

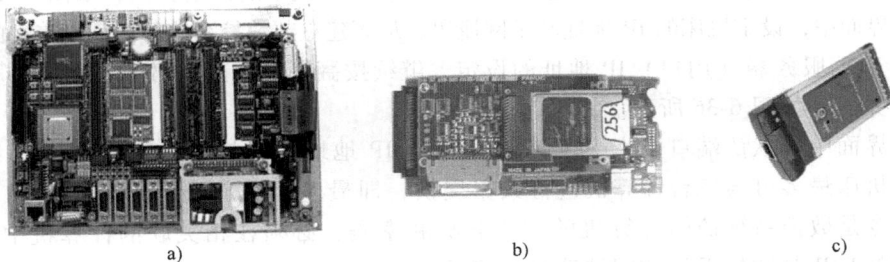

图 6-34　FANUC 系统以太网配置形式
a）内置以太网的系统主板　b）数据服务器　c）以太网卡

传输文件，可以与多台计算机进行高速及大容量的数据传输，适用于构建在线加工和管理的生产系统。

2. 数据服务器

数据服务器（BOARD）是一种将以太网板和存储器卡（CF卡）组合在一起的功能板，可以作为FANUC系统的扩展功能，用于扩展存储空间以及远程在线加工。

3. 以太网卡

以太网卡（PCMCIA）可通过数控系统上的PCMCIA槽即插即用，适用于临时用途，如机床PMC梯形图调试、机床伺服轴和主轴调试等。

二、数据服务器的工作模式

数控系统采用数据服务器构成以太网时，数据服务器有存储器、FTP及缓冲3种工作模式。

1. 存储器工作模式

存储器工作模式中，把数据服务器作为存储介质，外部计算机通过以太网首先将加工程序传输到数据服务器的CF卡中，DNC加工时，加工程序再从CF卡输出到数控系统中。

2. FTP工作模式

FTP（文件传输协议）工作模式中，把外部计算机作为数据服务器的存储介质，DNC加工时，加工程序直接从计算机输出到数控系统中。FTP采用客户机/服务器的工作方式，客户机与服务器之间通过以太网连接。在FTP工作模式下，计算机作为FTP的服务器，需要在计算机上安装服务器软件，如Windows系统自带的IIS软件，或第三方的Serv-U等软件；同时，数控系统作为FTP的客户机有访问计算机的权力，数控系统向计算机发送指令，对计算机上的数据进行读写操作。

3. 缓冲工作模式

缓冲工作模式主要用于超大型的加工程序。在缓冲模式下，将存储器分成A、B两部分，A部分读入一段程序进行DNC加工，B部分同时使用FAT协议读入下一段程序，然后，数控系统使用B部分的程序进行加工，A部分再读取下一段程序，如此循环，直至完成整个程序的加工。缓冲工作模式比直接用计算机进行DNC加工更加稳定。

三、数据服务器以太网IP地址设定

1. 数控系统侧

（1）系统IP地址（机床IP地址）的设定　在MDI面板上按 $\boxed{\text{SYSTEM}}$ 键→[>]软键多次→[ETHPRM]软键→[板卡]软键，进入系统（机床）IP地址的设定界面，如图6-35所示。

在此界面中，设定机床的IP地址和子网掩码，从而建立起数控系统与计算机连接的局域网。

（2）数据服务器（用户）IP地址的设定　继续按翻页键，进入数据服务器（用户）IP地址设定界面，如图6-36所示。

在此界面中，默认端口号为21；数据服务器IP地址必须与所联网的计算机IP地址相同，一台机床最多可与三台计算机进行数据交换，即最多可设定三台计算机的IP地址；用户名和口令是数控系统访问计算机的用户名称和密码，必须在相关联的计算机中存在该用户；LODIN DIR是数控系统访问计算机的路径。

2. 计算机侧

（1）计算机IP地址　计算机的IP地址与数据服务器用户的IP地址相同，如图6-36所

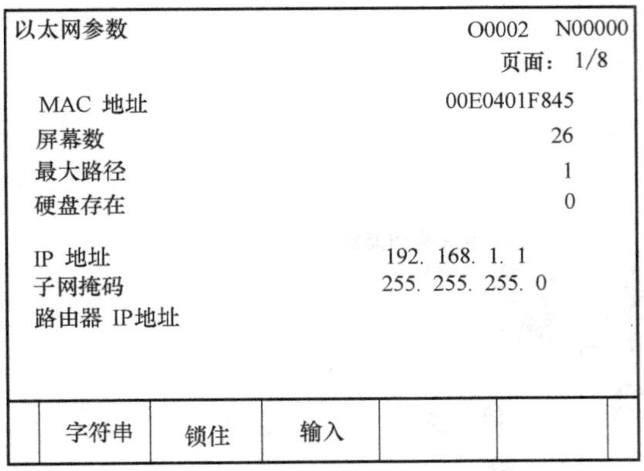

以太网参数		O0002 N00000
		页面：1/8
MAC 地址		00E0401F845
屏幕数		26
最大路径		1
硬盘存在		0
IP 地址		192. 168. 1. 1
子网掩码		255. 255. 255. 0
路由器 IP地址		
字符串	锁住	输入		

图 6-35 系统（机床）IP 地址的设定界面

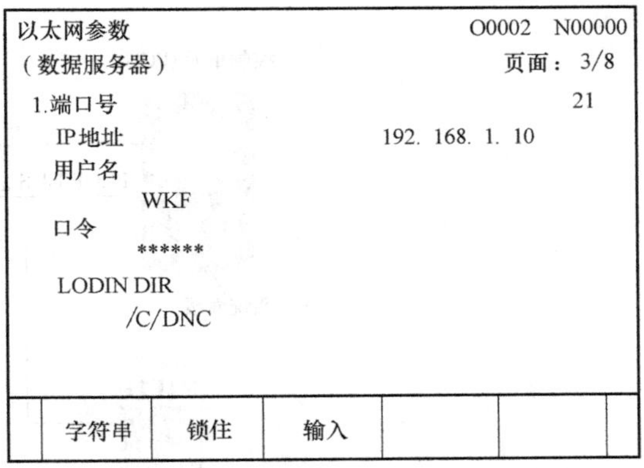

以太网参数		O0002 N00000
（数据服务器）		页面：3/8
1.端口号		21
IP地址		192. 168. 1. 10
用户名		
	WKF	
口令		
	******	
LODIN DIR		
	/C/DNC	
字符串	锁住	输入		

图 6-36 数据服务器（用户）IP 地址设定界面

示的 192.168.1.10。

（2）服务器软件 IP 地址　计算机上安装网络服务器软件有两个途径：一是，使用 Windows 系统自带的 IIS 软件；二是，使用第三方的 FTP 软件，如 Serv-U 软件等。服务器软件 IP 地址与机床 IP 地址相同，如图 6-35 所示的 192.168.1.1。有关 IIS 软件及 Serv-U 的设定请读者参考有关资料。

四、数控机床远程存储在线加工

数控机床以太网可以实现远程数据传输、远程故障诊断及远程在线加工，目前主要功能是实现远程在线加工。以数据服务器为例，在完成数控系统侧和计算机侧有关 IP 地址等设定后，数控系统在编辑操作方式下，在 MDI 面板上按 PROG 键→［主机］软键→［操作］软键→［板卡］软键，数据服务器根据以太网的设定自动连接到计算机，并列出计算机中存储的加工程序目录，如图 6-37 所示。

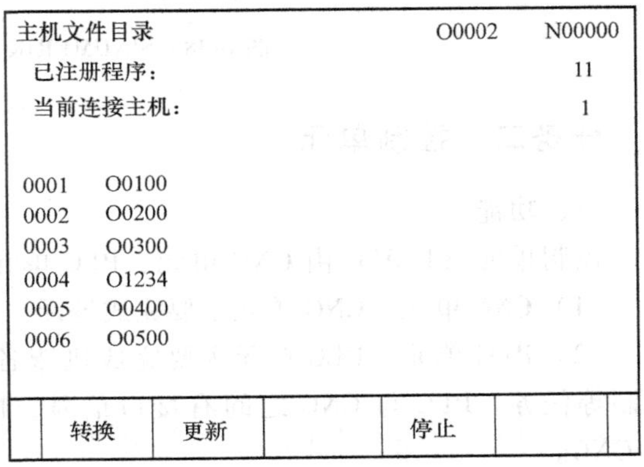

主机文件目录		O0002 N00000
已注册程序		11
当前连接主机		1
0001	O0100	
0002	O0200	
0003	O0300	
0004	O1234	
0005	O0400	
0006	O0500	
转换	更新		停止	

图 6-37 计算机加工程序目录

如果要加工存储的 O1234 程序，则输入程序号 4，或程序名 O1234，按［GET］软键，再按［EXET］软键，即可执行 O1234 程序。

项目三　SINUMERIK 802D 数控系统

任务一　系统组成

SINUMERIK 802D 数控系统结构紧凑，将 CNC、PLC 和 HMI（人机界面，包括显示器和系统面板）及通信功能集成在一起，构成控制单元（PCU）。控制单元与 I/O 模块（PP72/48）及 SIMODRIVE 611Ue 驱动器之间通过 PROFIBUS 总线连接，实现控制单元与驱动器及 PLC 之间的通信。图 6-38 所示为 SINUMERIK 802D 数控系统的组成。

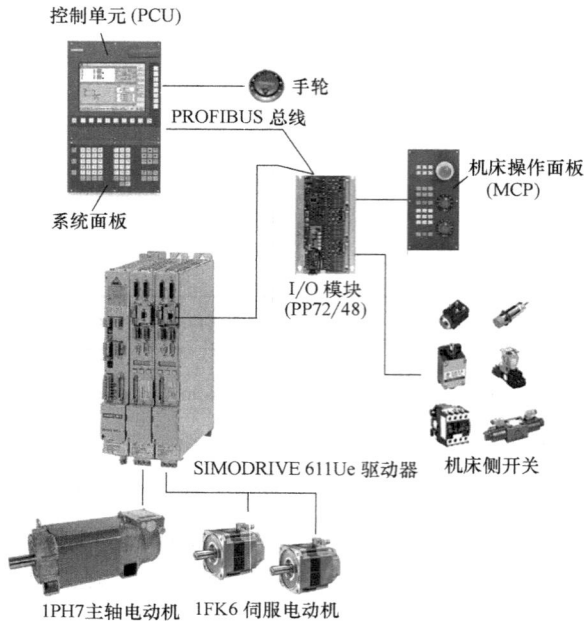

图 6-38　SINUMERIK 802D 数控系统的组成

任务二　控制单元

一、功能

控制单元（PCU）由 CNC 单元、PLC 单元和 HMI 单元组成。

（1）CNC 单元　CNC 单元主要完成编译、预处理、插补计算及零件加工程序管理等任务。

（2）PLC 单元　PLC 单元主要完成机床各辅助功能的开关控制、驱动使能控制及封锁控制等任务。PLC 与 CNC 之间有接口信号，即 CNC 有控制信号给 PLC，PLC 有状态信号给 CNC。

（3）HMI 单元　HMI 单元主要完成机床操作、加工程序编制、加工参数设置、故障诊断及机床数据调整等任务。

二、接口及连接

SINUMERIK 802D 数控系统控制单元（PCU）背面接口如图 6-39 所示。

接口说明：

X4：PROFIBUS 接口。

X6：RS232 接口，连接外部计算机，与 PCU 进行数据交换。

X14/X15/X16：电子手轮接口，最多连接 3 个电子手轮。

X10：系统键盘接口，用于连接系统面板。

图 6-40 所示为 SINUMERIK 802D 数控系统连接。

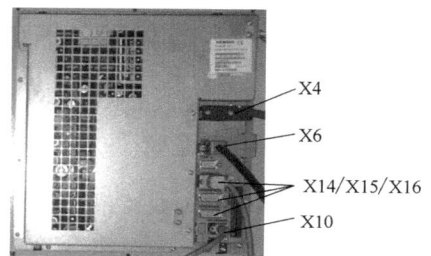

图 6-39　PCU 背面接口

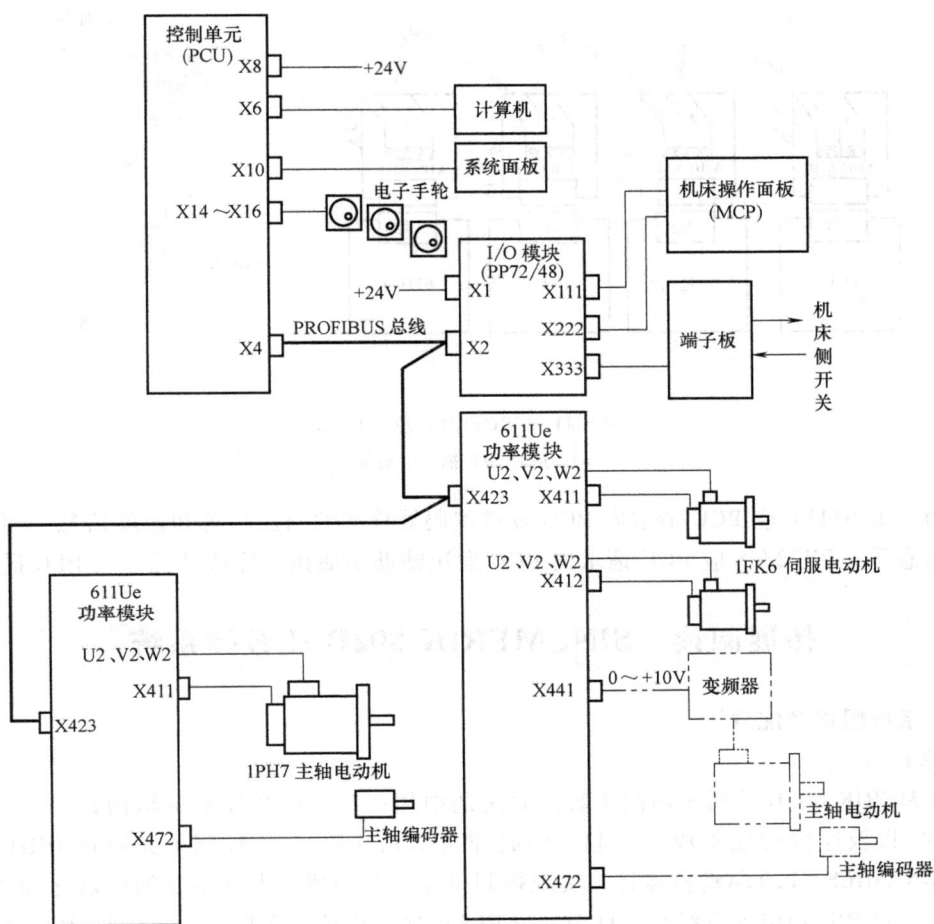

图 6-40 SINUMERIK 802D 数控系统连接

与 SINUMERIK 802D 配套的西门子 611Ue 驱动器可配 1FK6 交流伺服电机，组成 4 个数字进给轴，位置测量选用 $1V_{pp}$ sin/cos 增量式或 EnDat 绝对式编码器，也可通过位置测量模块连接光栅尺；主轴驱动采用 1PH7 主轴电动机组成数字主轴，或利用功率模块上的模拟电压和第三方变频器组成模拟主轴。SINUMERIK 802D 还集成了 S7-200 PLC 功能，用于机床的开关控制。

三、PROFIBUS 总线

SINUMERIK 802D 数控系统中，控制单元（PCU）、I/O 模块（PP72/48）和西门子 611Ue 驱动器通过 PROFIBUS 总线连接。PROFIBUS 是分布式外部设备总线控制方式，数据传输采用 RS485 标准，波特率 9.6kbit/s～12Mbit/s，传输介质为屏蔽双绞电缆，插头连接为 9 针 D 型插头。在 SINUMERIK 802D 数控系统中，控制单元（PCU）是主站，I/O 模块（PP72/48）和 611Ue 功率模块是从站，从站地址通过系统参数设定，如图 6-41 所示。

主站能够控制总线，并主动向从站发送信息，如 PCU 向 611Ue 发送速度控制信号，PCU 向 PP72/48 发送开关控制信号等；从站可以接收信息并给予主站回应，但没有控制总

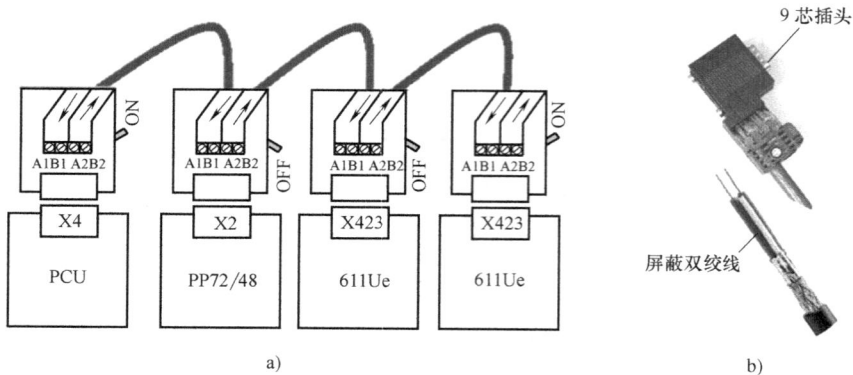

图 6-41 PROFIBUS 总线控制

a）连接 b）插头和电缆

线的权力，如 611Ue 应 PCU 请求向 PCU 发送编码器检测的当前位置和速度信息、驱动器运行状态信息等，PP72/48 应 PCU 请求向 PCU 发送辅助功能执行完成情况以及 PLC 报警等。

拓展阅读 SINUMERIK 802D sl 数控系统

一、系统组成及配置

1. 系统组成

SINUMERIK 802D sl 属于西门子数控系统的中档产品，该数控系统结构紧凑，将 CNC、PLC、HMI 以及通信功能集成在一起，构成控制单元（PCU）。控制单元通过 DRIVE-CLiQ 总线与 SINAMICS S120 驱动器连接，实现控制单元与驱动器、电动机及编码器之间的通信；控制单元通过 PROFIBUS 总线与 I/O 模块（PP72/48）连接，实现控制单元与 PLC 之间的通信。图 6-42 所示为 SINUMERIK 802D sl 系统的组成。

2. PCU 接口及系统连接

SINUMERIK 802D sl 数控系统控制单元（PCU）背面接口如图 6-43 所示。

接口说明：

X5：Ethernet 接口，通过网线连接到外部计算机。

X10：USB 接口，外部存储器接口。

X9：NC 键盘接口，用于连接系统面板。

X8：RS232 接口，连接外部计算机，与 PCU 进行数据交换。

X6：PROFIBUS 接口，连接 I/O 模块（PP72/48）。

X1/X2：DRIVE-CLiQ 接口，连接 SINAMICS S120 驱动器、编码器模块及集线器模块。

X30：电子手轮接口，最多连接 2 个电子手轮。

X20/X21：12 芯数字输入和输出端，用于驱动器控制，X20 的使能信号参考图 6-48a。

X110：硬件选件接口，连接 MCPA 模块，用于补充和扩展系统的功能。配备有模拟主轴 0～+10V 信号，连接外部机床控制面板的接口，以及快速数字输入和输出端口。

图 6-44 所示为 SINUMERIK 802D sl 系统连接。

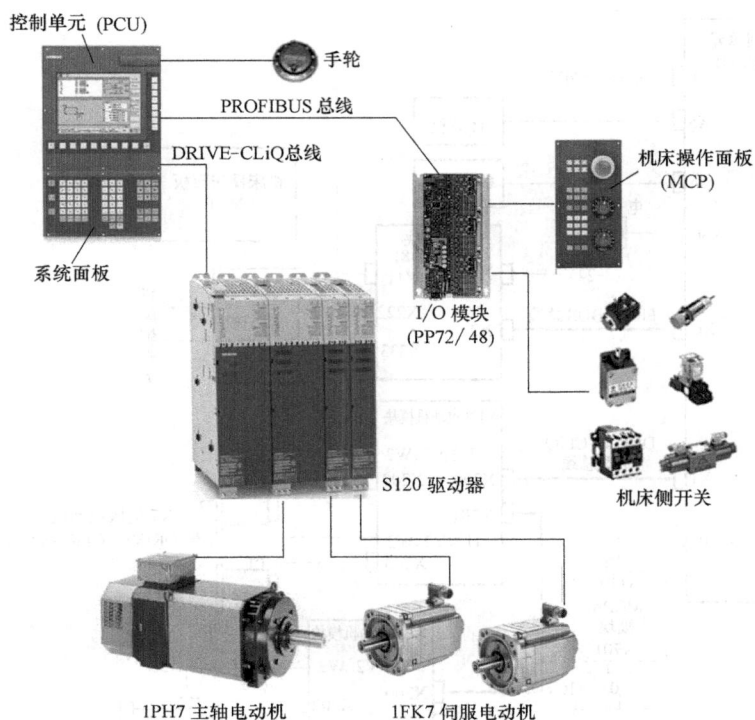

图 6-42　SINUMERIK 802D sl 系统的组成

二、SINAMICS S120 驱动器

1. 组成

SINAMICS S120 是西门子新一代的驱动器，是集 U/f 控制、矢量控制和伺服控制为一体的多轴驱动系统，可以驱动三相交流异步电动机、交流伺服电动机、力矩电动机或直线电动机。SINAMICS S120 有 AC/AC 单元和 DC/AC 单元两种类型。其中，AC/AC 单元是一种将控制电路与功率放大电路集成在一起的变频器；DC/AC 单元是一种直流共母线的变频器，由电源模块和电机模块等组成，常用于数控机床的主轴和伺服驱动中。

（1）电源模块　SINAMICS S120 驱动器的电源模块将 380V 三相交流电源整流成 600V 直流母线电压，电源模块有调节型和非调节型两种类型。

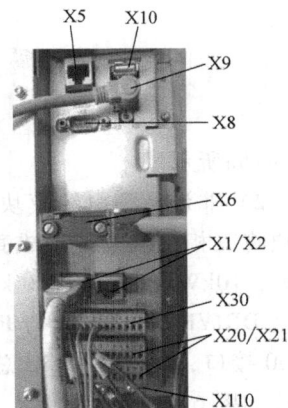

图 6-43　PCU 背面接口

1）调节型电源模块。调节型电源模块又称为带闭环控制的整流/回馈电源模块。调节型电源模块将三相交流电整流成直流电，并对直流母线进行调节，以保持直流母线电压稳定；调节型电源模块采用回馈制动方式。调节型电源模块上有 X200 接口，通过 DRIVE-CLiQ 总线与 PCU 上的 X1 接口连接，DRIVE-CLiQ 总线再由电源模块上的 X201 接口连接到相邻的电动机模块 X200 上，按此规律连接所有电动机模块。调节型电源模块的功率等级有 36kW、55kW、80kW 和 132kW。调节型电源模块的连接如

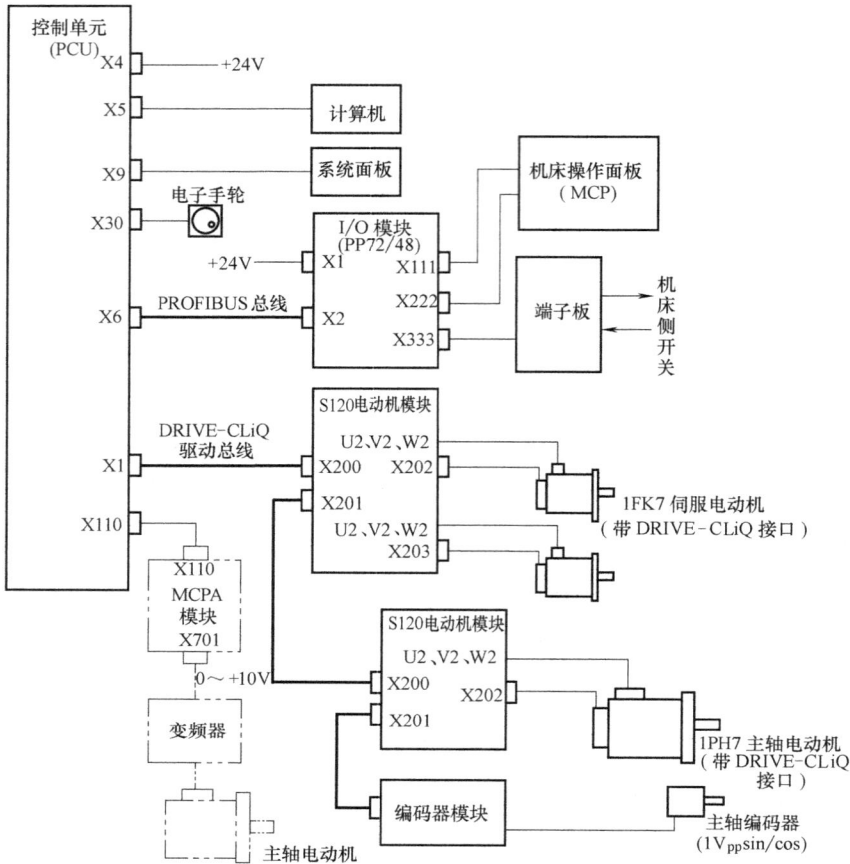

图 6-44　SINUMERIK 802D sl 系统连接

图 6-45a所示。

2）非调节型电源模块。非调节型电源模块又称为整流/回馈电源模块。非调节型电源模块将三相交流电整流成直流电，但直流母线不能调节。非调节型电源模块的功率等级有5kW、10kW、16kW和36kW，其中，16kW和36kW的非调节型电源模块上有 X200 接口，通过 DRIVE-CLiQ 总线与 PCU 上的 X1 接口连接；5kW 和 10kW 的非调节型电源模块上无 X200 接口，DRIVE-CLiQ 总线直接连接到电动机模块上的 X200 接口。非调节型电源模块的连接如图 6-45b 所示。

（2）电动机模块　电动机模块有单轴和双轴模块两种类型。电动机模块将电源模块提供的 600V 直流母线电压逆变成三相交流电，作为主轴电动机和伺服电动机的电源。电动机模块中的控制电路接收编码器的速度和位置反馈信号，以及电动机的电流检测信号，通过 DRIVE-CLiQ 总线实现数字控制，电动机的速度和电流等控制参数在数控系统中设定。

（3）编码器模块　当 1PH7 主轴电动机及 1FK7 伺服电动机上的编码器带有 DRIVE-CLiQ 接口时，编码器直接连接到 S120 电动机模块上的 X202、X203 端口上。若 1PH7 主轴电动机及 1FK7 伺服电动机上的编码器采用普通针型插座接口，则需要通过编码器模块和 DRIVE-CLiQ 集线器模块，将编码器连接到 SINUMERIK 802D sl 系统 PCU 上的 X2 端口。编

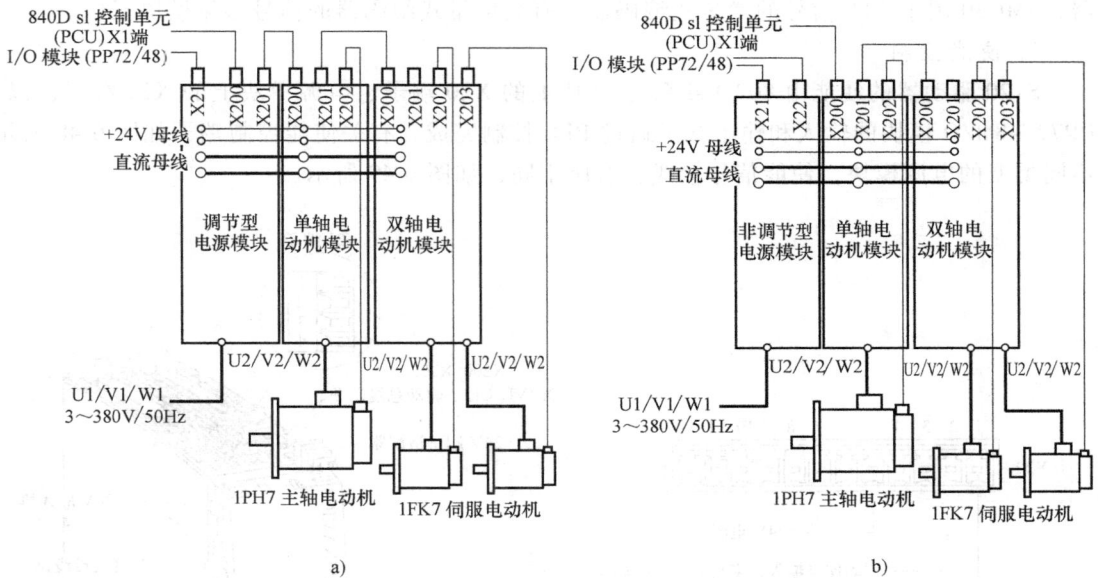

图 6-45 电源模块的连接

a）调节型电源模块　　b）非调节型电源模块

码器模块和集线器模块及连接如图 6-46 和图 6-47 所示。

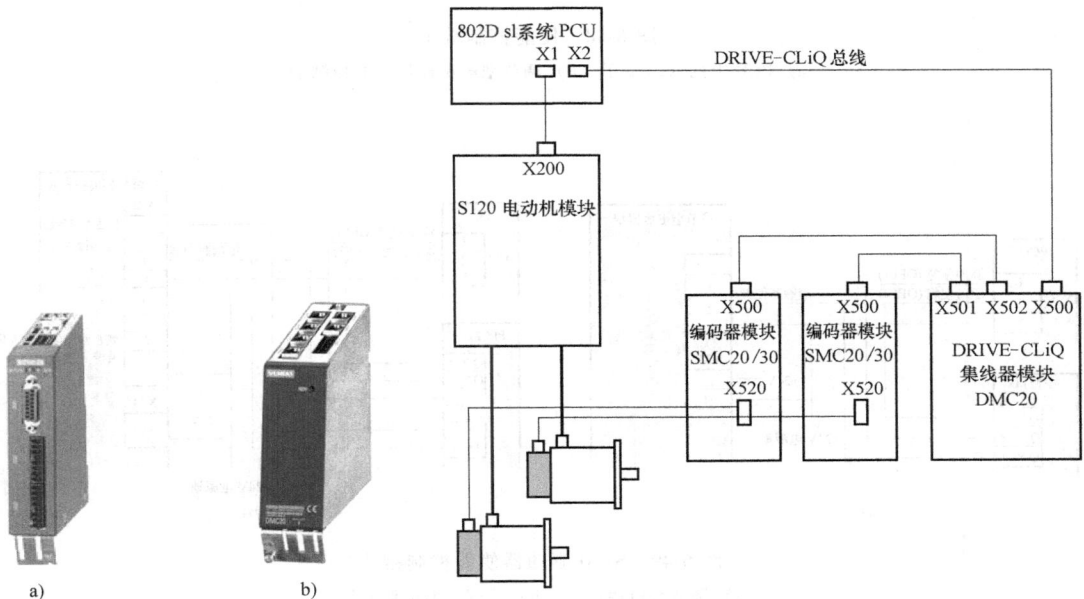

图 6-46 编码器模块和集线器模块

a）编码器模块　　b）DRIVE-CLiQ 集线器模块

图 6-47 编码器模块和集线器模块与编码器的连接

　　编码器模块的作用就是将 TTL 信号或 $1V_{pp}$ sin/cos 信号转换成 DRIVE-CLiQ 总线数字信号。编码器模块有 SMC20 和 SMC30 两种型号，SMC20 用于 $1V_{pp}$ sin/cos 信号的增量式编码器，SMC30 用于 TTL 信号的增量式编码器。有关增量式编码器的信号参见模块五。

2. 使能控制

S120 驱动器的使能由 802D sl 系统 PCU 上的 X20 端子、电源模块上的 X21 端子，以及 PP72/48 I/O 模块的输入和输出端子通过 PLC 控制完成，有关使能控制端子如图 6-48 所示。不同类型的电源模块，使能信号接线也有所不同，如图 6-49 所示。

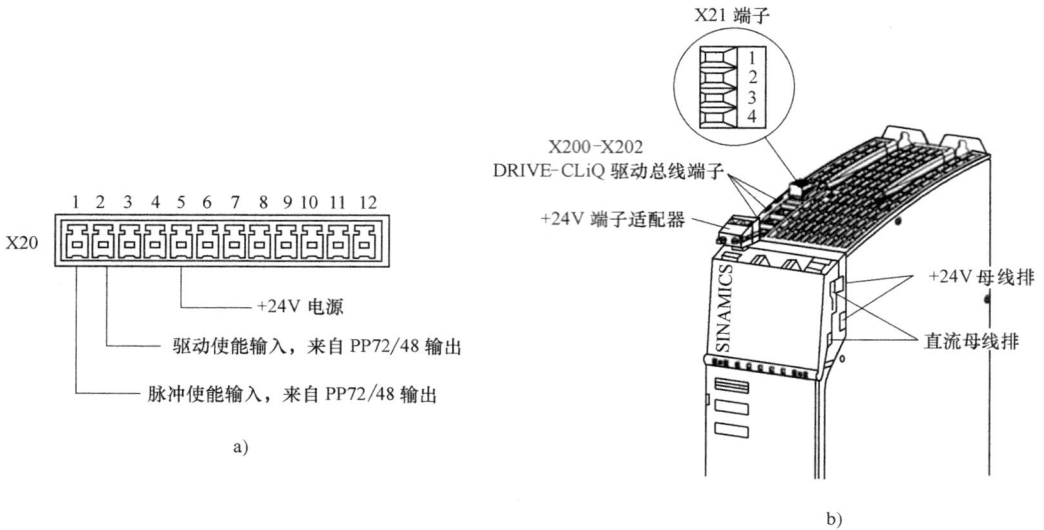

图 6-48　使能控制端子

a）PCU 上的 X20 端子　b）调节型电源模块上的控制端子

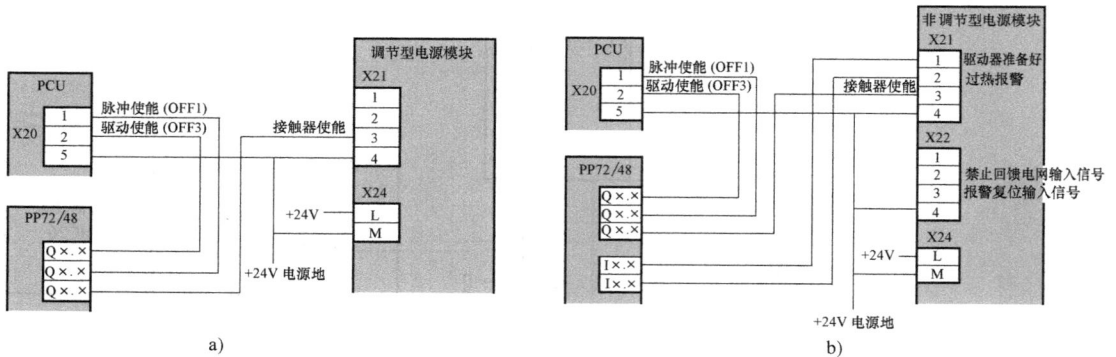

图 6-49　S120 驱动器使能控制接线

a）调节型电源模块　b）非调节型电源模块

PCU 上 X20.1 端子的功能相当于 611Ue 驱动器上 63 端子的功能，其接通和断开由 PP72/48 I/O 模块的输出端子 Q×.×（×.×为用户定义的地址）控制；该端子上的使能断开时，所有进给轴和主轴电动机靠惯性自由停止，称为 OFF1 停止方式。PCU 上 X20.2 端子的功能相当于 611Ue 驱动器上 64 端子的功能，其接通和断开由 PP72/48 I/O 模块的输出端子

Q×.×控制；该端子上的使能断开时，所有主轴和进给轴电动机减速停止，称为 OFF3 停止方式。电源模块上 X21.3 端子的功能相当于 611Ue 驱动器上 48 端子的功能，其接通和断开由 PP72/48 I/O 模块的输出端子 Q×.×控制。有关 PP72/48 I/O 模块及 PLC 参见模块八。

另外，在非调节型电源模块中，X21.1 端子的功能相当于 611Ue 驱动器上 72 端子的功能，X21.2 端子的功能相当于 611Ue 驱动器上 52 端子的功能，这两个信号输出到 PP72/48 输入地址 I×.×中。在主电源供电失效、主电源接触器断开及急停等情况下，X22.2 端子的控制信号为高电平时，禁止电源模块的直流母线电压回馈电网；X22.3 端子的控制信号为上升沿时，报警复位。

外部计算机通过 RS232 或以太网与 802Dsl 系统连接，通过运行安装在计算机中的 STARTER 软件，可以对 S120 驱动器进行现场调试、在线监控、驱动参数设定和修改、故障检测，以及跟踪记录等各种调试操作。

思考题与习题

一、填空题

1. 数控系统控制的对象是_____、_____和_____。

2. FANUC 0i C/D 系统的"三总线"是指_____、_____和_____，它们分别与_____、_____及_____装置连接。

3. SINUMERIK 802D 系统中，控制单元（PCU）与 I/O 模块及 611Ue 驱动器之间通过_____连接；SINUMERIK 802D sl 系统中，PCU 与 S120 驱动器之间通过_____连接，与 I/O 模块之间通过_____连接。

4. 插补运算的结果是得到_____，插补运算的基本方法有_____和_____等。

5. 在多微处理器数控系统中，各 CPU 分别用于_____、_____、_____和_____等方面的控制。

6. 数控系统中的 ROM 主要存储_____、_____、_____和_____等方面的软件，RAM 主要存储_____和_____等方面的软件。

7. 数控系统中的控制软件主要进行_____、_____、_____和_____等方面的处理。

8. 将 ROM 和 RAM 中的数据存储在外部存储器的过程称为_____。

9. 数控系统组成的网络形式有_____、_____和_____。

10. FANUC 系统以太网配置形式有_____、_____和_____。

二、简答题

1. 数控系统是怎样对加工程序中的 G、F、M、S 和 T 指令进行处理的？

2. 数控系统对刀具半径和长度进行补偿处理的目的是什么？

3. 说明编程轨迹和刀具中心轨迹之间的关系。

4. 在加工过程中，刀具半径补偿要经历哪些过程？

5. 刀具长度有哪两种补偿方法？

6. 数控系统对插补进行加减速处理的目的是什么？

7. 插补加减速的目的是什么？有哪些类型？

8. FANUC 0i C 和 SINUMERIK 802D 数控系统中，数字主轴和模拟主轴是怎样实现的？

三、计算分析题

某数控机床采用模拟主轴，如图 6-50 所示。

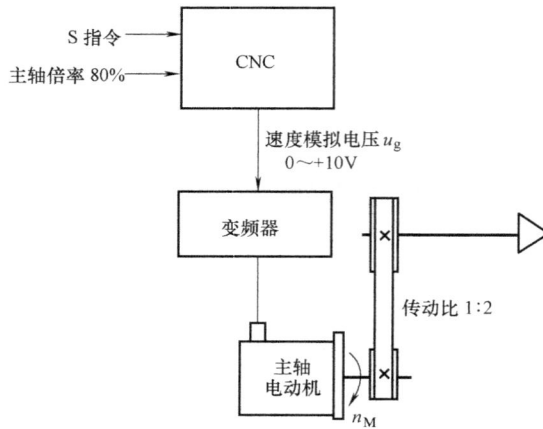

图 6-50　模拟主轴

已知主轴最高转速为 735r/min。当数控系统执行 S600 指令且主轴倍率开关设定为 80% 时，问：

1）主轴电动机的转速 n_M 是多少？

2）CNC 输出到变频器的速度给定电压 u_g 是多少？

3）主轴在运行过程中，出现转速不稳的现象。维修工程师现场在变频器的速度电压给定端用万用表进行测量，发现电压上下波动，进一步检查发现，CNC 与变频器之间为普通的连接电缆。请分析主轴转速不稳的原因并给出处理方法。

模块七

数控机床伺服系统

数控机床伺服系统是数控机床的执行机构，是连接数控系统与机床的枢纽，是以机床移动部件（如工作台、刀架等）的位置和速度为控制对象的自动控制系统。通常，伺服系统针对进给运动控制而言，称为伺服轴，伺服轴有直线轴（如工作台、刀架等）和回转轴（如数控回转工作台等）。伺服轴要完成定位和进给功能，涉及位置和速度控制。数控机床主轴一般只涉及速度控制，主要实现主轴调速和转矩输出。当主轴具有位置控制（如主轴定位与其他轴联动插补）时，该主轴称为伺服主轴，又称为 C_s 轴。

项目一　伺服系统类型及组成

为了使移动部件能快速、准确和稳定地到达加工程序指令所规定的位置，伺服系统根据有无位置检测及反馈，以及位置反馈的形式有开环、闭环和半闭环类型。

任务一　伺服系统类型

一、开环伺服系统

开环伺服系统适用于步进驱动的伺服系统中，无位置和速度检测，如图7-1所示。

数控系统将插补运算得到的位置指令脉冲输出到步进驱动器中，经信号处理和功率放大驱动步进电动机带动滚珠丝杠实现进给运动，脉冲数量决定了工作台的移动距离，脉冲频率决定了工作台的进给速度。因为无位置和速度检测，所以数控系统不能获知工作台实际移动的距离和速度，位置精度受步进电动机的步距角、丝杠精度，以及机械传动的间隙和刚度等因素的影响，位置精度较低，但开环伺服系统的稳定性较好。

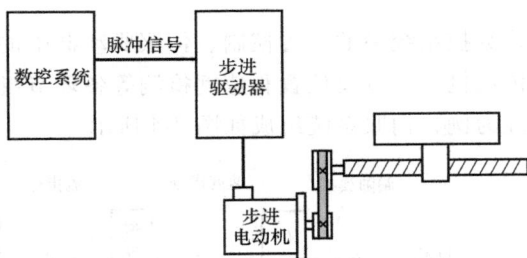

图 7-1　开环伺服系统

二、闭环伺服系统

闭环伺服系统适用于伺服驱动的进给运动控制中，通过安装在移动部件上的光栅尺直接测量直线位移并反馈给数控系统，在数控系统中进行位置控制。图7-2所示为数字式闭环伺服系统。

在数字式闭环伺服系统中，数控系统通过伺服总线与伺服驱动器、光栅和编码器进行数据交换。其中，光栅进行位置检测，并将位置信息通过伺服总线反馈给数控系统，进行位置控制；伺服电动机上的编码器进行速度检测，并将速度信息反馈给伺服驱动器，进行速度控制。

在闭环伺服系统中，位置环包含有整个机械传动链，可以对传动链的误差进行全补偿，位置控制精度高，但伺服系统的稳定性较差。

三、半闭环伺服系统

半闭环伺服系统适用于伺服驱动的进给运动控制中，通过伺服电动机上的编码器间接测量直线位移并反馈给数控系统，在数控系统中进行位置控制。图7-3所示为数字式半闭环伺服系统。

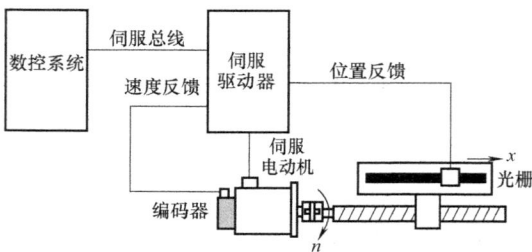

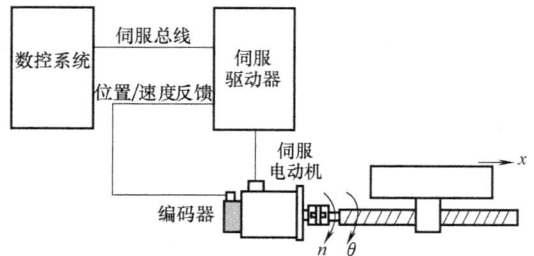

图 7-2　数字式闭环伺服系统　　　　　　图 7-3　数字式半闭环伺服系统

在数字式半闭环伺服系统中，数控系统通过伺服总线与伺服驱动器、编码器进行数据交换。其中，编码器既进行角位移检测，又进行速度检测。角位移信息通过伺服总线反馈给数控系统，进行位置控制；速度信息反馈给伺服驱动器，进行速度控制。

在半闭环伺服系统中，位置环包含部分机械传动链，不能完全对传动链的误差进行补偿，位置控制精度相对闭环伺服系统要低些，但伺服系统的稳定性较好。

任务二　伺服系统组成

将数控系统中的位置控制、伺服驱动器中的速度和电流控制及功率放大、伺服电动机、机械传动机构，以及位置和速度检测等各环节组合起来，组成数控机床伺服系统。以闭环伺服系统为例，伺服系统组成如图7-4所示。

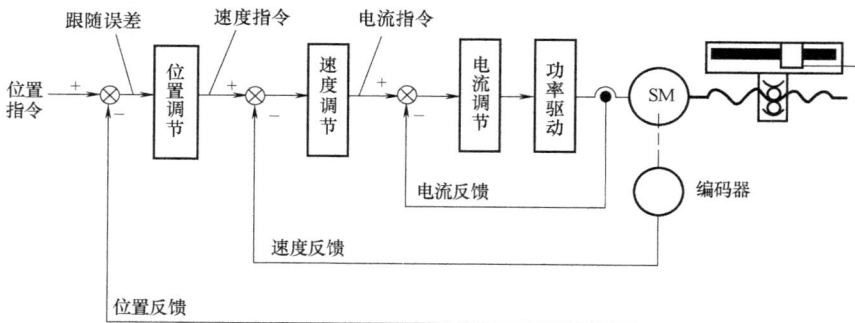

图 7-4　闭环伺服系统组成

　　闭环和半闭环伺服系统是典型的"三环"控制系统，即位置环、速度环和电流环。通常，电流环包含在伺服驱动器内部，外部无连接线；而位置环和速度环在数控系统和伺服驱动器外部就能表现出来，通过接口和连接线得以实现。

一、位置控制

　　位置控制包括位置比较和位置调节。位置比较就是将插补得到的指令位置值与编码器或光栅检测到的实际位置反馈值进行比较，得到位置偏差（又称跟随误差）；位置调节就是将位置偏差按一定的控制规律得到速度指令。位置调节影响到伺服系统的快速响应性，即当指令位置变化时，实际位置能快速地响应指令位置的变化。位置调节采用比例调节，位置调节的重要参数是位置增益，位置增益增大时，可使伺服系统响应变快，跟随误差变小，但稳定性变差。

　　位置控制的实质是偏差控制。例如，设开始时工作台静止，指令位置为正向1个脉冲，此时伺服电动机不转且工作台不动，实际位置检测（光栅或编码器）反馈信号为0；经位置比较（位置指令–位置反馈）得到位置偏差为+1，再经位置调节得到正向转动的速度指令，于是，伺服电动机带动工作台正向运动，位置检测输出1个脉冲反馈信号，与位置指令比较后，位置偏差为0，随之速度指令也为0，伺服电动机停止，则工作台停止在1个位置指令脉冲所对应的距离位置上。在位置控制过程中，若位置增益大，则较小的位置偏差会引起很大的速度指令，使得伺服电动机加速增大，伺服系统响应快，但容易引起超调。

　　伺服系统在工作状态中，设位置指令为0，若人为地正向转动伺服电动机一个微小角度（外界干扰），请读者自行考虑此时伺服电动机的状态。

二、速度控制

　　速度控制包括速度比较和速度调节。速度比较就是将指令速度与编码器检测到的实际速度反馈值进行比较，得到速度偏差；速度调节将速度偏差按一定的控制规律得到电流（转矩）指令。速度调节采用比例-积分调节，其作用是，当指令速度或负载发生变化时，速度调节能保证伺服电动机转速稳定，从而保证伺服系统运行的稳定性，并减小系统的稳态误差，提高位置控制精度。速度调节的主要参数是速度增益和速度积分时间常数。有些数控系统具有速度增益切换功能，即在执行G00快速定位指令时，选择较小的速度增益，以保证定位精度和定位时的稳定性；在执行G01、G02和G03切削指令时，选择较高的速度增益，以提高轴的响应速度，减小轮廓加工误差。

三、电流控制

　　电流控制包括电流比较和电流调节。电流比较就是将电流指令与电流反馈进行比较，得到电流偏差，经电流调节后进行功率放大，得到伺服电动机驱动电源。电流调节采用比例-积分调节，其作用是，加快电流环的响应速度，缩短起动加速过程，并减小电流波动对系统稳定性的影响。电流调节的主要参数是电流增益和电流积分时间常数。

　　数控系统有关伺服的参数见表7-1。

表 7-1　数控系统有关伺服的参数

参数	FANUC 系统（0i C/0i D）	SIEMENS 系统（802D/802D sl）
位置增益	PRM1825	MD32200
加减速时间	PRM1622	MD32300
速度增益	PRM2021	MD1407
速度积分时间常数	PRM2043	MD1409

项目二　伺服系统性能及补偿

任务一　伺服性能

一、跟随误差

在位置控制过程中，指令位置随时间变化时，由于伺服系统位置负反馈的特性，实际位置总是滞后于指令位置，两者之间的误差称为跟随误差，如图 7-5 所示。

跟随误差的表达式为

$$E = \frac{F}{K_v}$$

式中　E——跟随误差；

　　　F——进给速度；

　　　K_v——位置增益。

在 t_1 时刻，指令位置已到达目标位置，但由于跟随误差的存在，实际位置尚未到达目标位置，在延时阶段，轴逐渐减少跟随误差，在 t_2 时刻，实际位置才到达目标位置。

在进给速度 F 不变的情况下，位置增益 K_v 越大，跟随误差 E 越小，伺服轴响应越快。但 K_v 过大时，伺服轴易振荡，稳定性变差。

二、轮廓误差

联动的伺服轴在控制过程中，要求能快速、准确和稳定地跟随位置指令，使实际轮廓轨迹尽量接近程序给定的指令轨迹，即具有高的轮廓跟随精度。

1. 位置增益对轮廓误差的影响

（1）两轴联动直线轮廓误差　在 X-Y 平面内进行直线插补加工，如图 7-6 所示。

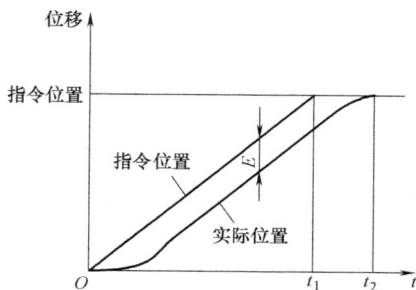

图 7-5　跟随误差

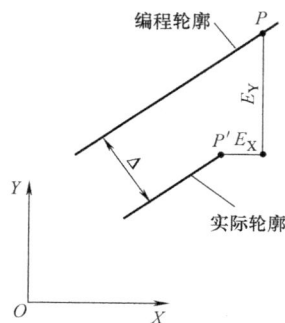

图 7-6　直线轮廓误差

由于 X 轴和 Y 轴跟随误差 E_X 和 E_Y 的存在，所以，当指令位置在编程轮廓 P 点时，实际位置则在 P' 点，由此造成轮廓误差 Δ。Δ 正比于 X 轴增益 K_{VX} 与 Y 轴增益 K_{VY} 之差，当 K_{VX} 与 K_{VY} 相等时，轮廓误差 Δ 为零。

（2）圆弧轮廓误差　如图 7-7 所示，编程圆弧轮廓与实际圆弧轮廓误差为 ΔR。

圆弧轮廓误差 ΔR 与进给速度、圆弧半径及 X 轴和 Y 轴的位置增益有关，X 轴增益与 Y 轴增益相等时，圆弧轮廓误差最小，但不为零；当 X 轴和 Y 轴增益不相等时，圆弧会出现椭圆形状。降低进给速度、增大系统位置增益可减小圆弧轮廓误差。

因此，在直线和圆弧插补两轴联动控制中，为减小轮廓误差，必须调整联动轴的位置增益相等。

2. 拐角轮廓误差

当插补从一个轮廓转到另一轮廓时，由于跟随误差的存在，导致在轮廓拐角处产生误差。图 7-8 所示为 X、Y 两轴联动铣削拐角的示意图。

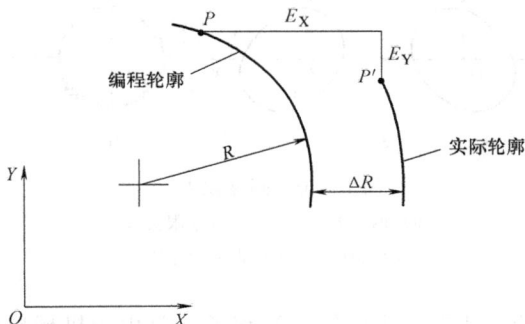

图 7-7　圆弧轮廓误差

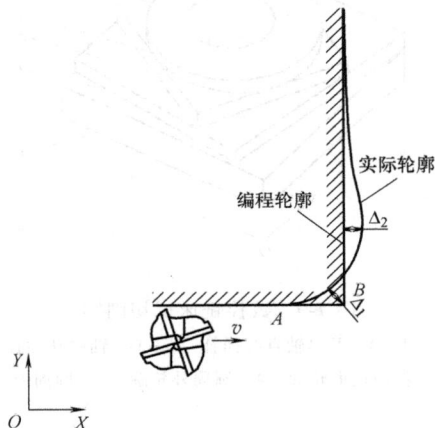

图 7-8　拐角轮廓误差

刀具沿 X 轴正方向切削进给，当指令位置到达 B 点时，由于 X 轴有跟随误差，刀具实际位置滞后一段距离，在 X 轴的 A 处。此时，指令已开始 Y 轴运动，一方面，刀具沿 X 轴在消除跟随误差的过程中继续运动到 B 点；另一方面，刀具还沿 Y 轴运动，结果是，X 轴和 Y 轴两运动合成在拐角处构成了一个弯曲过渡，造成轮廓误差，最大值为 Δ_1，表现为零件过切。拐角过渡后，在位置增益较高的情况下，轴还会产生超调，最大值为 Δ_2，表现为零件欠切。

三、伺服性能评价

1. 零件试切削

零件试切削是一种传统的伺服性能评价方法。通过对试件切削精度的检测，做出对机床精度及伺服系统的评价，也为机床精度和伺服调整提供依据。以数控铣床为例，试切削图 7-9 所示的零件，通过三坐标测量机测量的结果，获得对机床伺服性能的评价，并进行相应的伺服调整。

（1）直线铣削精度 使 X 轴和 Y 轴分别单独进给，铣削试件正四边形周边，检验正四边形各边的直线度、对边的平行度以及邻边的垂直度，该项目主要检验 X 轴和 Y 轴导轨运动几何精度。

（2）斜线铣削精度 X 轴和 Y 轴联动进给，铣削斜面和斜四边形周边，该精度主要检验机床 X 轴和 Y 轴直线联动时的运动品质。当两轴伺服特性不一致时，会使直线度、对边平行度及邻边垂直度等超差，有时虽然几何精度不超差，但会在加工表面上出现有规律的条纹，这种条纹在两直角边上呈现一边密一边疏的状态，这是由于两轴联动时，其中某一轴进给速度不均匀造成的。

（3）圆轮廓精度 最能体现伺服性能的是圆轮廓铣削，圆轮廓铣削后可能出现的圆度误差如图 7-10 所示。

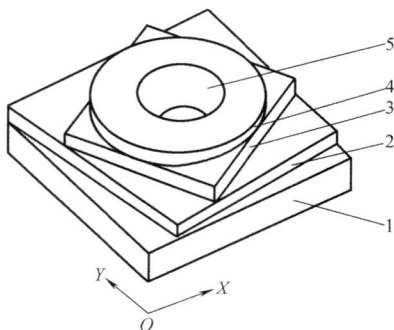

图 7-9 数控铣床试切削零件

1—X、Y 单轴直线插补 2—X-Y 轴联动插补
3—斜四边形轮廓 4—圆周外轮廓 5—圆周内轮廓

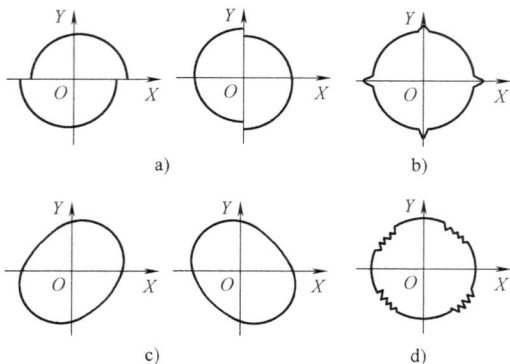

图 7-10 圆度误差

a）两半圆错开 b）过象限突起
c）斜椭圆 d）锯齿形条纹

图 7-10a 所示的两半圆错开（上下半圆错开，或左右半圆错开）误差，是由于机械反向间隙造成的。

如图 7-10b 所示，在过象限处，由于联动轴中某一轴瞬间反向引起摩擦力急剧增加，伺服系统来不及响应这一变化而造成速度瞬间变化，从而在圆弧过象限处产生突起。

如图 7-10c 所示，出现斜椭圆误差，主要是由于两轴位置增益不一致造成的。尽管在系统中两轴增益参数设置成一样，但由于机械结构、负载情况不同，也会造成实际系统增益的差异。

如图 7-10d 所示，圆周上出现锯齿形条纹，是由于两轴联动时，其中有一轴进给速度不均匀造成的。

很多情况下，圆度误差是综合性的，既有过象限突起、两半圆错开、斜椭圆，又有锯齿形条纹。

2. 球杆仪测量

球杆仪是一种高精度的位移传感器，测量精度可达到 $0.1\mu m$，可以取代传统的试件切削检测，不仅能快速检测机床精度，还能通过测量获得的数据对伺服系统性能做出评价。图 7-11 所示为球杆仪测量示意图。

球杆仪伸缩杆一端通过球关节与连接杆连接，连接杆安装在主轴中，另一端通过球关节与磁性支座连接，磁性支座吸合在工作台上。通过运行整圆测试程序，使主轴相对于工作台做圆周运动，由于 X、Y 两轴联动存在轮廓误差，圆周运动过程中伸缩杆有微小的位移变化，球杆仪将位移变化转换成电信号，通过数据线或无线发射传输给计算机，计算机通过测量软件获得实际圆弧轨迹，从而对机床伺服性能做出评价，并为伺服调整提供依据。

3. 数控系统伺服波形诊断

现代数控系统内置有诊断测试软件，可以对伺服轴的位置、速度及电流等进行检测，经软件分析，在系统显示器上显示位置指令及位置偏差、指令速度及实际速度、电流指令及实际电流等数据的波形曲线，从而对轴当前的伺服性能进行评价并做相应的调整，此时，系统显示器相当于示波器功能。图 7-12 所示为 FANUC 0i C/D 系统对机床某轴进行速度和电流诊断的波形。

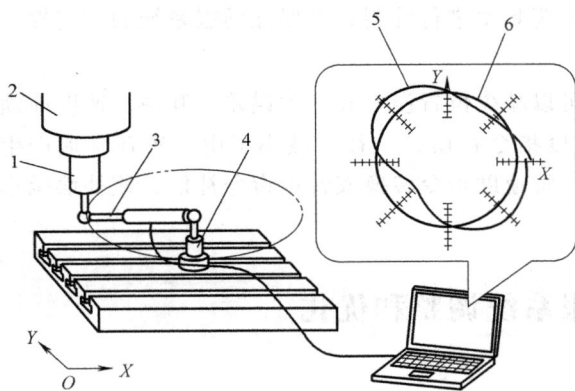

图 7-11 球杆仪测量
1—连接杆 2—主轴 3—球杆仪伸缩杆 4—磁性支座
5—测试圆轨迹 6—理想圆轨迹

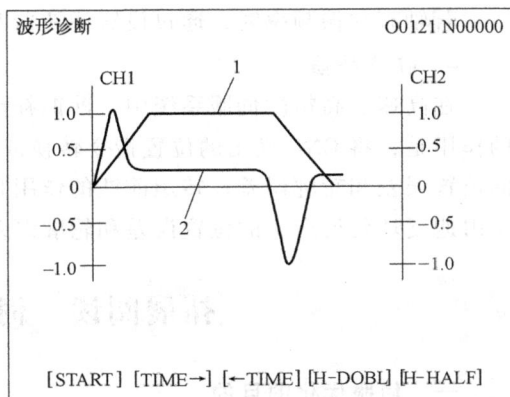

图 7-12 波形诊断
1—速度波形 2—电流波形

任务二 伺服补偿

伺服系统在位置环、速度环和电流环组成的基础上，通过设置补偿环节，进一步提高位置控制精度，保证伺服系统的稳定性。图 7-13 中的虚线部分为伺服系统的补偿环节。

伺服补偿就是在指令位置、指令速度的基础上，人为地加入补偿值进行干预，补偿值事先通过各种测量手段获得。

1. 位置误差补偿

位置误差补偿设置在位置环中，主要包括反向间隙补偿和丝杠螺距累积误差补偿，有些数控系统还有垂直度补偿和温度补偿等。位置误差补偿有利于提高轴的位置精度。

2. 摩擦补偿

由于机械动、静摩擦以及黏滞摩擦等因素的影响，轴在反向瞬间时速度有突变，表现为加工圆弧轮廓时在过象限处工件表面有突起。在速度环中设置摩擦补偿（又称反向间隙加速补偿）能改善轴瞬间反向时速度的变化，使速度保持稳定，提高轮廓表面精度。

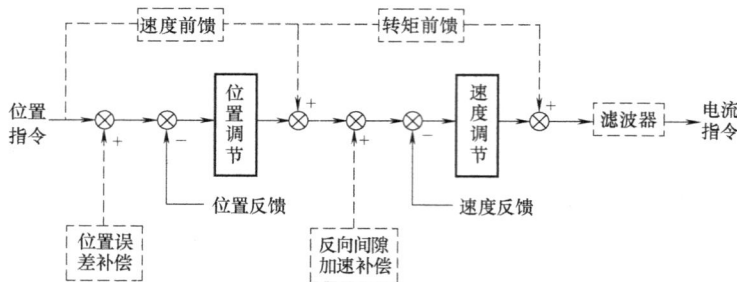

图 7-13　伺服补偿

3. 滤波器

若轴有共振频率时，通过设置滤波器对振荡频率进行抑制，以保证伺服系统的稳定性。

4. 前馈补偿

在高速、高精度伺服系统中，前馈补偿可以减少位置误差和轮廓误差。其中，速度前馈的作用是，将 CNC 发出的位置指令转换成速度指令补偿，该补偿减小了由位置环延迟产生的位置误差和轮廓误差；转矩前馈的作用是，将速度指令转换成转矩指令补偿，该补偿减小了由速度环延迟产生的位置误差和轮廓误差。

拓展阅读　伺服系统调整和优化

一、伺服优化的目的

伺服优化就是通过对系统伺服参数和机械传动的调整，使伺服系统的机电匹配达到最佳，以获得最优的稳态性能和动态性能。机电不匹配通常会引起伺服轴振荡、零件轮廓拐角加工时欠切或过切，以及表面粗糙度不良等问题。在高速、高精度数控机床中，伺服优化显得尤其重要。伺服由位置环、速度环和电流环组成，伺服系统调整的原则是，电流环的响应要最快，速度环的响应必须高于位置环，如果不遵守此原则，将造成伺服系统振荡。因为电流环内置在伺服驱动器中，且已设计成良好的响应特性，所以，电流环一般不需要调整，用户只需要调整位置环和速度环的伺服参数，调整顺序为先调整速度环参数，使速度环稳定，再调整位置环参数，使位置环稳定。

目前，数控系统都有配套的伺服调整软件，如 FANUC 系统的 SERVO GUIDE 软件、SINUMERIK 802D 数控系统的 SimoCom U 软件、SINUMERIK 802D sl 数控系统的 Start Up TooL 软件等。将伺服调整软件安装在计算机中，计算机与数控系统连接并进行相关的通信设置；数控系统运行测试程序，将采集到的位置、速度和电流等数据传输到计算机中，计算机通过伺服调整软件，显示圆度和拐角测试图形、频率分析波形等，技术人员通过图形和波形的分析，对当前的伺服性能做出评价，并进行相应的调整，使伺服性能达到最优。以 FANUC 系统的 SERVO GUIDE 软件为例，其配置和连接如图 7-14 所示。

将以太网卡插入系统 PCMCIA 槽，通过网线与计算机连接，并在数控系统侧和计算机侧设定 IP 地址；计算机中安装有 SERVO GUIDE 软件，通过网线对机床伺服轴和主轴进行

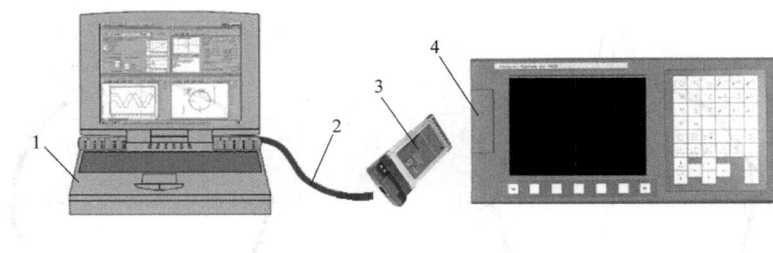

图 7-14　FANUC 系统伺服调整配置
1—安装有 SERVO GUIDE 软件的计算机　2—网线
3—以太网卡　4—系统 PCMCIA 槽

调试。

二、加减速时间调整

为了验证机床某轴加减速时间是否合适，可使该轴以 F2000 的进给速度正、反向直线移动 100mm，通过 SERVO GUIDE 软件观察该轴的速度和转矩波形，如图 7-15 所示。

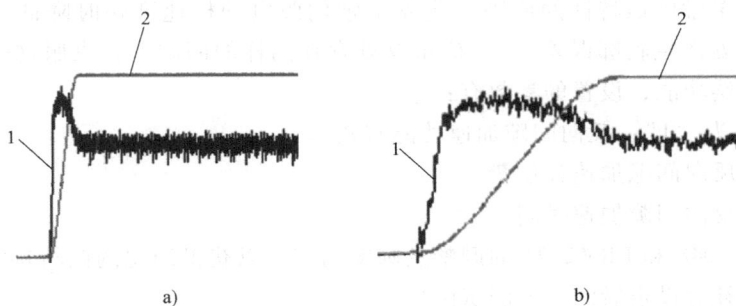

图 7-15　速度和转矩诊断波形
a）加减速时间短　b）加减速时间长
1—转矩波形　2—速度波形

系统加减速时间设定过短会使伺服电动机在起动和停止时转矩产生振荡，进而引起速度波动，增加加减速时间可改善上述现象，但过多的加减速时间又会引起轮廓加工误差，因此，要将加减速时间调整到合理值。

三、圆度测试

空载时，机床按编制的程序走一个圆，通过采集联动轴的位置、速度等信息，经伺服调整软件的处理，在计算机上显示圆轨迹。圆度测试用来评价联动轴的伺服特性，并进行调整。测试程序：

G00 X0 Y0；
G02 I50. J0 F2000；
M99；

机床运行，计算机通过 SERVO GUIDE 软件显示圆轨迹，如图 7-16 所示。

如图 7-16a 所示，A、B、C 和 D 处过象限处有突起，造成这一现象的主要原因是轴的摩擦特性。以第 I 象限过第 II 象限为例，逆时针方向走圆时，在过象限 A 处，Y 轴由正向瞬时

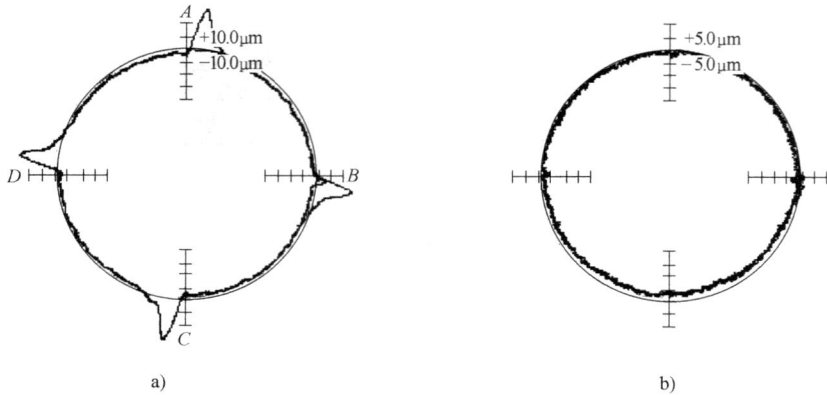

图 7-16   圆度测试

a）反向间隙加速补偿加入前   b）反向间隙加速补偿加入后

变为负向，由于 Y 轴摩擦特性的原因，造成 Y 轴伺服电动机速度瞬时降低，速度环来不及调整，最终在 A 处产生轮廓误差。B、C 和 D 处存在同样的问题。为克服这一现象，可设置反向间隙加速补偿功能，设置的参数有：

PRM2003#5 为 "1"：反向间隙加速功能有效

PRM2048：反向间隙加速补偿量

PRM2071：反向间隙加速时间

通过对 PRM2048 和 PRM2071 的调整及圆度测试，以获得理想的圆轨迹。图 7-16b 所示为反向间隙加速补偿设定后的圆度测试图形。

四、频率特性分析

频率特性分析是研究伺服系统性能的有效手段。就一个具体的系统而言，输入某一频率的正弦信号，输出响应仍是同频率的正弦信号，但输出与输入的幅值和相位不同，如图 7-17 所示。

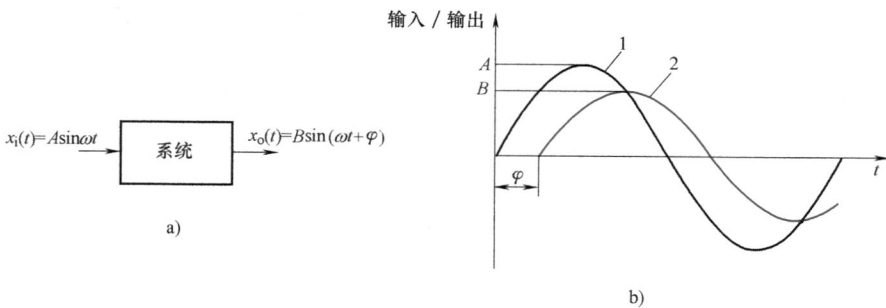

图 7-17   系统正弦输入和输出信号

a）系统正弦输入和输出信号   b）输入和输出波形

1—输入信号   2—输出信号

输入信号 $x_i(t)$ 为正弦信号，频率 ω（$\omega = 2\pi f$），幅值为 A；输出信号 $x_o(t)$ 也为正弦信号，频率仍为 ω，幅值为 B，相位为 φ。其中

$$幅值比 = 20\lg \frac{输出幅值}{输入幅值}$$

幅值比的单位为 dB。

例如，输入正弦波信号，频率为 10Hz，幅值 $A = 1$，经控制系统后，输出信号也为正弦波，频率仍为 10Hz，幅值 $B = 0.7$，相位 $\varphi = -45°$。则幅值比 $= 20\lg(0.7/1)$ dB $= -3.1$dB，相位差为 $-45°$。

如果输入不同频率的正弦波信号，就会得到相应的正弦波输出信号，其幅值比和相位差随频率变化，这一特性称为系统的频率特性。将幅值比和相位差随频率变化的规律放在一张图中描述，即为伯德（Bode）图，如图 7-18 所示。

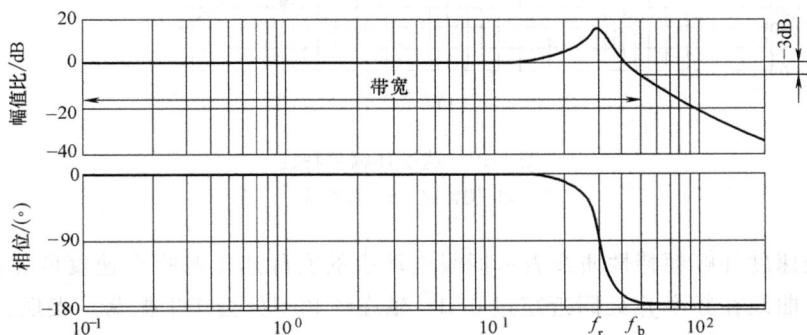

图 7-18 伯德（Bode）图

其中，幅值比随频率变化的为幅频特性，相位差随频率变化的为相频特性。Bode 图是频率特性分析常用的工具，在数控机床伺服优化中通常用于速度环的频率分析。

对机床一个伺服轴而言，总是希望输出与输入比值为 1，即实际值等于设定值，如速度环的实际速度和指令速度，且相位差为 0，即没有超前或滞后。通常在调试时，希望 Bode 图中的幅频曲线在 0dB（$20\lg$ 实际值/指令值 $= 20\lg 1$dB $= 0$dB）处保持尽可能宽的范围。谐振频率 f_r 是幅频特性超过 0dB 时的频率，在一定程度上反映了系统的瞬态响应速度。谐振频率处的相频特性会产生 $0 \sim -180°$ 的突变。谐振频率易引起系统振荡，频率特性分析可测量出机床各伺服轴的谐振频率，通过设置滤波器参数来抑制共振。截止频率 f_b 是幅值比由 0dB 下降到 -3dB 时的频率，频率 $0 \sim f_b$ 的范围称为截止带宽频率或带宽，带宽越大，系统响应的快速性越好。在速度环中，增加速度环增益可使带宽变大，但也容易引起振荡。例如，优化某机床 X 轴速度环，执行测试程序：

G91 G94；

G01 X10. F1200；

G04 X0.1；

G01 X-10. F1200；

M99；

机床 X 轴运行，计算机通过 SERVO GUIDE 软件显示幅频特性曲线，如图 7-19a 所示。

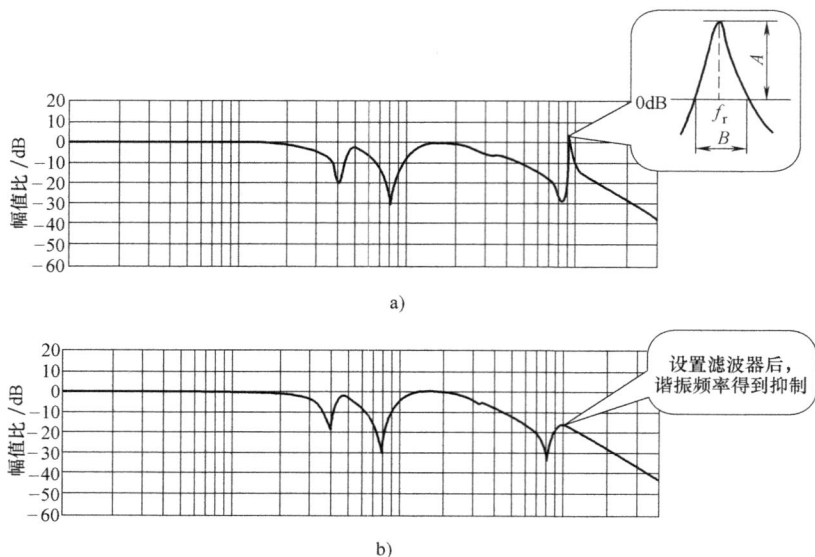

图 7-19 速度环幅频特性

a）调整前 b）调整后

伺服系统速度环幅频特性曲线表示伺服电动机的实际速度与指令速度的比值。图 7-19a 中，幅频特性曲线在频率 f_r 处附近超过 0dB，轴在该频率处会产生振荡，表现为伺服电动机产生啸叫。f_r 称为谐振中心频率，超过 0dB 的频率范围称为谐振频率宽度，见图 7-19a 中 B；超过 0dB 的幅度称为谐振峰值（阻尼），见图 7-19a 中 A。通过滤波器设定参数（中心频率、频率宽度及峰值）可衰减谐振频率，以消除振荡，并在此基础上可继续提高速度环增益，提高速度环快速响应性。图 7-19b 所示为调整后的幅频特性曲线。

思考题与习题

一、填空题

1. 数控机床伺服系统由 _____、_____、_____、_____ 和 _____ 等组成。

2. 伺服系统的控制目标是 _____ 和 _____；控制要求是 _____、_____ 和 _____。

3. 步进电动机及驱动通常组成 _____ 伺服系统，在该伺服系统中，因为没有 _____ 检测和反馈，所以 _____ 精度较 _____（选择"高"或"低"）。

4. 半闭环伺服系统中，伺服电动机中的编码器用于 _____ 和 _____ 检测；闭环伺服系统中，编码器用于 _____ 检测，光栅用于 _____ 检测。

5. 伺服系统位置环的主要参数是 _____，速度环的主要参数是 _____ 和 _____。

6. 伺服调整的首要任务是_____，通过调整_____环的参数来实现。

7. 执行 G00 指令时要求_____及_____，速度增益可选择_____（选择"大"或"小"）；执行 G01、G02 及 G03 指令时要求_____及_____，速度增益可选择_____（选择"大"或"小"）。

8. 反向间隙补偿和丝杠螺距累积误差补偿可提高_____，反向间隙加速补偿（摩擦补偿）可保证轴反向时_____，前馈补偿可减小_____，提高轮廓加工精度。

二、简答题

1. 数控机床伺服系统位置控制的本质是什么？

2. 位置跟随误差是怎样产生的？与哪些参数有关（写出表达式）？

3. 位置增益大小对伺服系统有什么影响？

4. 为什么要将两轴联动伺服轴的位置增益设定成相同？

5. 伺服补偿有哪些方面？

6. 加减速时间长短对伺服系统有什么影响？

三、分析题

为检验某数控铣床 X-Y 轴联动的伺服特性，通过圆度测试得到圆轨迹图形如图 7-20 所示。

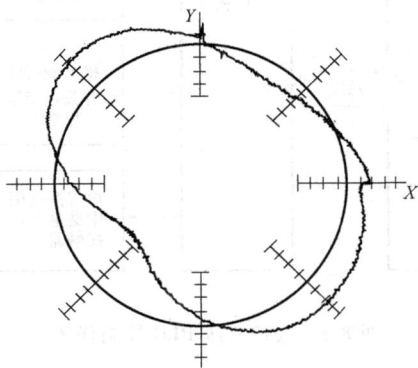

图 7-20 圆轨迹图形

请分析：

1）造成椭圆轨迹的原因是什么？如何调整？

2）过象限处有突起现象，原因是什么？如何调整？

模块八

数控机床PLC控制

任务一　数控机床 PLC 的控制对象

现代数控系统均内置有可编程序控制器（PLC），与常规 PLC 控制的不同之处在于，数控机床 PLC 有对外和对内两重控制任务，如图 8-1 所示。

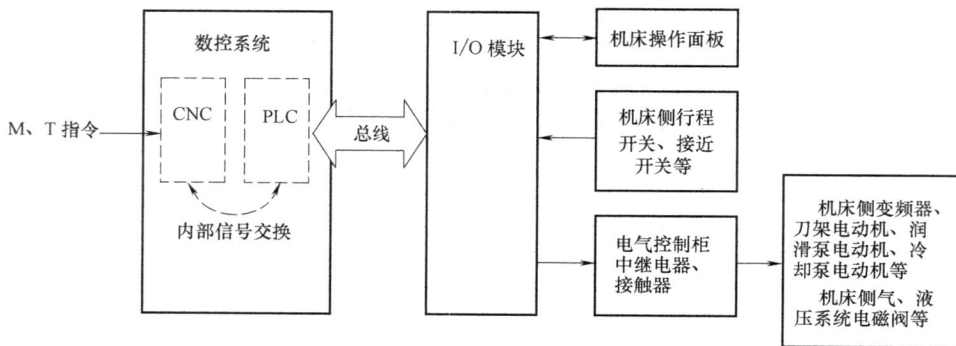

图 8-1　数控机床 PLC 控制任务

1. 数控机床 PLC 对外控制

数控机床在手动或自动操作方式下，通过机床操作面板上的按键，或执行 M、T 指令，经数控系统中的 PLC 控制对外输出开关信号，使机床侧的辅助功能运行，如冷却开、关、刀库选刀、机械手换刀等；同时，机床侧各类检测开关将机床当前的状态输入到 PLC 中，由 PLC 做逻辑运算。

2. 数控机床 PLC 对内控制

数控机床 PLC 每个动作的执行与完成都要与 CNC 进行数据交换，数据交换的信号称为接口信号，每个接口信号都有数控系统规定的功能。CNC 根据这些接口信号可以对主轴和伺服轴等进行控制。

任务二　数控机床 PLC 程序组成

数控机床 PLC 程序大都用梯形图编写，并有相应的软件支持，如 FANUC 0i C/D 系统用

LADDER Ⅲ软件、SINUMERIK 802D/802D sl 系统用 S7-200 软件等。一台数控机床的 PLC 程序通常由以下部分组成：

1）机床急停保护。

2）机床轴超程保护。

3）机床操作方式选择。

4）系统功能选择。

5）主轴倍率和进给倍率。

6）主轴控制。

7）选刀和换刀。

8）冷却和润滑。

9）PLC 报警等。

项目二 输入、输出开关信号

任务一 输入开关信号

一、控制开关

控制开关通常分布在机床操作面板上，通过人为操控使外部电路通断，以实现某个控制功能。图 8-2 所示为数控机床常用的各类开关。

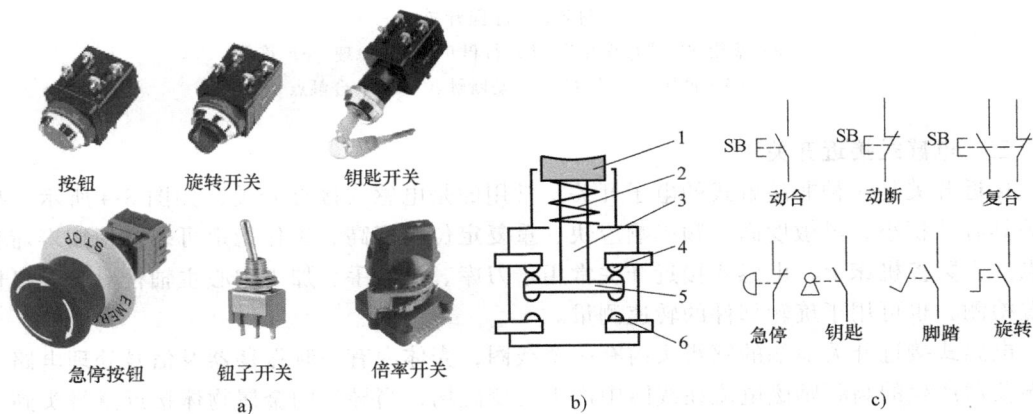

图 8-2 数控机床常用的各类开关

a）各类开关外观 b）按钮动作原理 c）开关符号

1—按钮帽 2—复位弹簧 3—推杆 4—动断（常闭）触点 5—桥板 6—动合（常开）触点

按钮按下去之前，外部电路断开，按钮按下去之后，外部电路接通，此触点为动合触点（常开触点）；按钮按下去之前，外部电路接通，按钮按下去之后，外部电路断开，此触点为动断触点（常闭触点）。

按钮通常用于机床上有关动作的执行和停止，如主轴起动和停止、冷却开和关等；旋转开关、钮子开关常用于机床状态选择，如自动和手动操作选择、坐标轴选择等；钥匙开关用于系统数据保护；脚踏开关用于数控车床液压尾座顶尖伸出和退回、液压卡盘夹紧和松开；急停按钮在紧急状态下切断电源，使机床动作停止，急停按钮只有动断触点；倍率开关用于主轴倍率、进给倍率及操作方式选择等，倍率开关处在不同位置时，开关触点的通、断组合构成二进制码，对应不同的状态。

二、行程开关

行程开关又称限位开关，它将机械位置转变为开关信号，如图8-3所示。行程开关的动作过程与控制按钮类似，只是用移动部件上的撞块来触碰行程开关上的柱塞，通过柱塞使触点闭合或断开，行程开关触点的分合速度取决于撞块的移动速度。行程开关在数控机床上主要用于坐标轴的限位、移动部件的定位等。

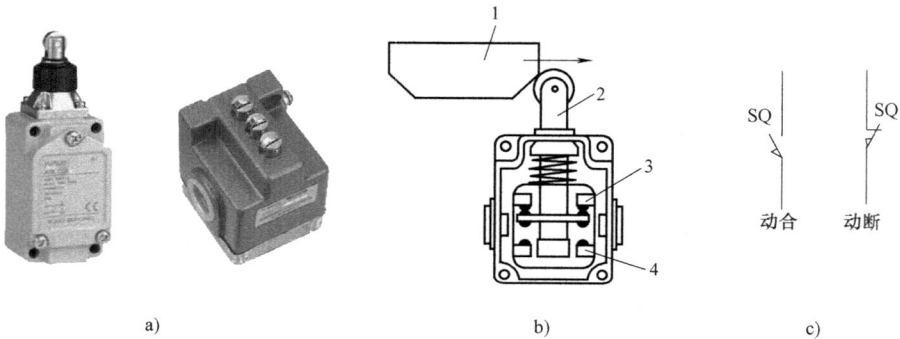

图 8-3　行程开关
a）滚轮柱塞式行程开关　b）行程开关动作原理　c）符号
1—撞块　2—柱塞　3—动断触点　4—动合触点

三、电感式接近开关

接近开关是一种非接触式的电子开关，常用的是电感式接近开关，如图8-4所示。接近开关具有体积小、灵敏度高、频率响应快、重复定位精度高、工作稳定可靠及使用寿命长等优点。在数控机床上，电感式接近开关常用于刀库、机械手、加工中心主轴松紧刀等机构的位置检测，也可用于旋转部件的转速测量。

电感式接近开关前端的感辨头内有一个线圈，壳体内有高频振荡器及信号处理电路。高频振荡器产生的高频励磁电流在线圈中产生交变磁场，当导磁的金属物体接近感辨头到一定距离时，金属表面产生电涡流，电涡流产生的磁场又反作用于感辨头的磁场，使高频励磁电流减小，信号处理电路对励磁电流的大小进行检测后，输出开关信号。齐平式接近开关内部的检测部分在金属壳体内，与外表面平齐，不会产生侧边磁场干扰，也称屏蔽式接近开关；非齐平式接近开关内部的检测部分在金属壳体外，存在侧边磁场干扰，也称非屏蔽式接近开关。接近开关的动作距离与接近开关的直径有关，也与齐平式和非齐平式有关，一般非齐平式的轴向感应动作距离是齐平式感应距离的2倍。接近开关输出有较大的带载能力，可直接驱动继电器线圈。另外，接近开关输出信号有NPN或PNP形式，在与I/O模块输入端连接时，应注意接线形式。接近开关通常带有电源和通断状态的指示灯。

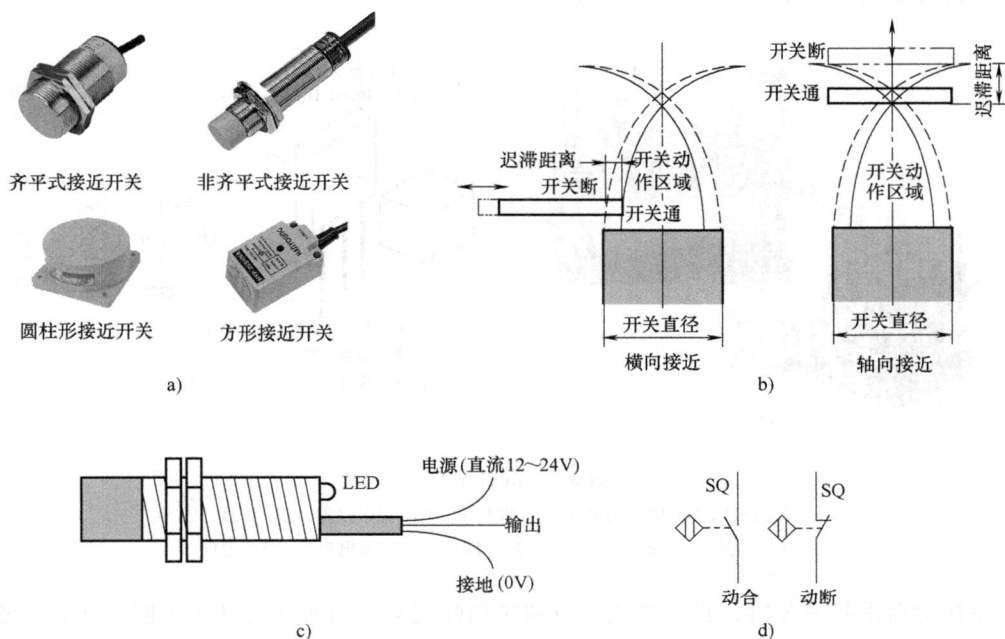

图 8-4　电感式接近开关

a）接近开关类型　b）动作原理　c）接线　d）符号

四、磁感应式开关

磁感应式开关又称磁敏开关，主要对气缸活塞位置进行非接触式检测，如图 8-5 所示。固定在活塞上的磁性环随活塞运动到磁感应开关位置时，其磁场的作用使开关内振荡线圈的电流发生变化，内部放大器将电流转换成输出开关信号。根据气缸形式的不同，磁感应开关有绑带式安装和支架式安装等类型。

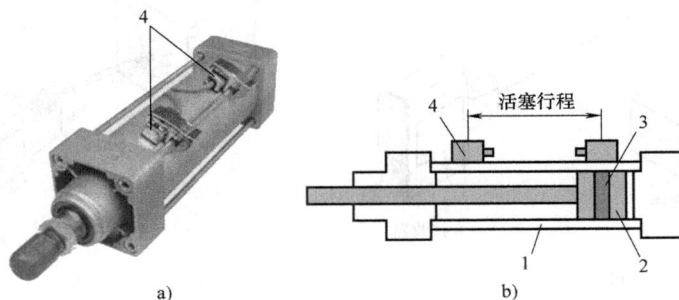

图 8-5　磁感应式开关

a）安装在气缸上的磁感应开关　b）气缸活塞行程控制

1—缸筒　2—活塞　3—磁环　4—磁感应开关

五、霍尔开关

霍尔开关是将霍尔元件、放大电路及开关电路等集成在一个芯片上的集成电路，常用于数控车床四方电动刀架的刀位检测，如图 8-6 所示。

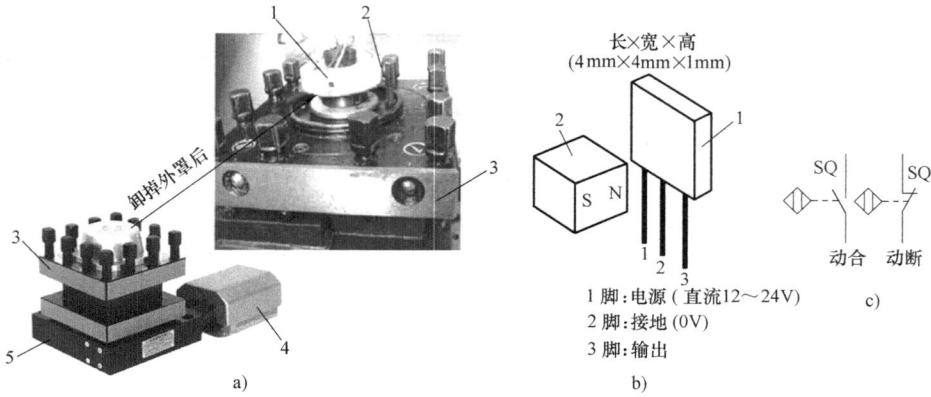

图 8-6 霍尔开关
a）数控车床四方电动刀架中的霍尔开关 b）动作原理 c）符号
1—霍尔开关集成电路 2—磁铁 3—刀架 4—刀架电动机 5—刀座

当磁铁远离霍尔开关时，霍尔开关感应到磁场强度小，霍尔开关处于关断状态；当磁铁靠近霍尔开关时，霍尔开关感应到磁场强度大，霍尔开关接通。有关四方电动刀架的换刀过程见模块二。

六、光电开关

光电开关是一种用来检测物体靠近、通过等状态的光电传感器，具有抗干扰能力强、感应距离长及动作灵敏等特点。在数控机床中，光电开关用于检测物体的定位、限位及计数等场合。常用的光电开关有遮断式和反射式，如图 8-7 所示。

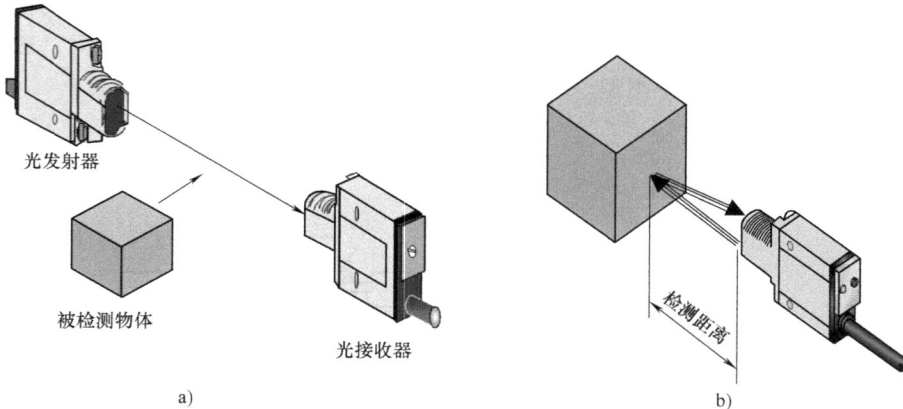

图 8-7 光电开关
a）遮断式 b）定区域反射式

遮断式光电开关由相互分离且相对安装的光发射器和光接收器组成。当被检测物体位于发射器和接收器之间时，红外光线被阻断，接收器接收不到红外线而产生开关信号。反射式光电开关集发射和接收为一身。定区域反射式光电开关有一个非常确定的检测区域，不经过该区域的被测物体不会引起光电开关的动作。其他反射式光电开关还有散射型和反射镜反射型等。

此外，在数控机床的润滑、冷却及气液压系统中，安装有液位开关、流量开关及压力开关等，对润滑油箱和液压油箱的液位、气液压管道中的流量和压力进行检测，以保证机床稳定、可靠地运行。有关液位开关、流量开关和压力开关的类型和原理请读者参考有关资料。

任务二 输出开关信号

一、继电器

继电器是一种根据外界信号来控制电路通断的电磁开关，常用于控制电路的通断，如图8-8所示。

继电器由线圈和触点组成，线圈电压为直流+24V，有多组动合和动断触点，如图8-8b、d所示。继电器线圈得电时，线圈产生的磁场吸合衔铁，使接在控制电路中的动合触点或动断触点动作，从而控制电路的通断。继电器线圈上要反并联续流二极管，以便当线圈断电时为线圈中的感应电流提供放电回路。

二、接触器

接触器也是一种电磁开关，常用于主电路的通断，如图8-9所示。接触器由线圈和触点组成，线圈电压有单相交流110V和220V，其主触点接在主电路中以承载大的负载电流，辅助触点接在控制电路中。

当接触器线圈接通电源时，线圈电流产生磁场，使静铁心产生足以克服弹簧反作用力的吸力，将动

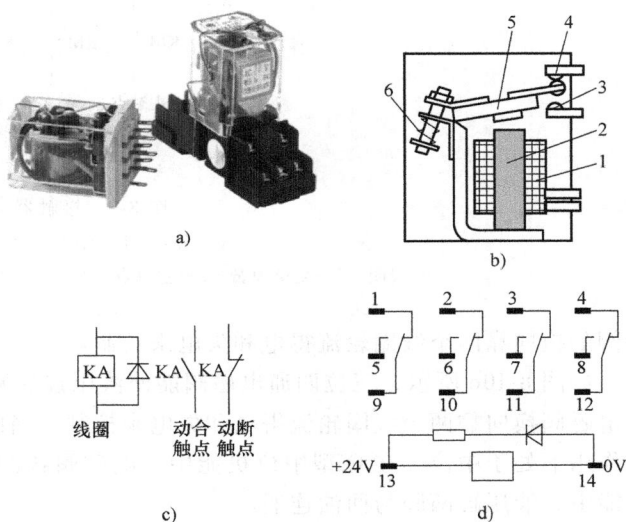

图 8-8 继电器

a）外观 b）结构 c）符号 d）继电器触点编号
1—线圈 2—铁心 3—动合触点
4—动断触点 5—衔铁 6—复位弹簧

铁心向下吸合，使主触点闭合，主触点将主电路接通；当接触器线圈断电时，静铁心吸力消失，动铁心在弹簧力的作用下复位，主触点复位，主电路断开。接触器还有一组动合和动断辅助触点，用于控制电路的通断。为了给线圈断电时提供放电回路，在线圈两端并联阻容吸收装置。

三、电磁换向阀

在液压和气动系统中，电磁换向阀用来控制流体的方向，使液压缸或气缸活塞动作方向发生改变，如数控车床液压尾座中顶尖的伸出和缩进，液压卡盘的夹紧和松开；加工中心主轴松紧刀气缸，斗笠式刀库刀盘推出和缩回气缸等。图8-10所示为液压系统电磁换向阀，图8-11所示为气动系统电磁换向阀。

如图8-10b所示，二位四通电磁阀不能使液压缸活塞在任一位置停止运动，单电控二位四通电磁阀的换向靠一个线圈的得电和失电来控制，线圈失电时滑阀靠弹簧复位；双电控电

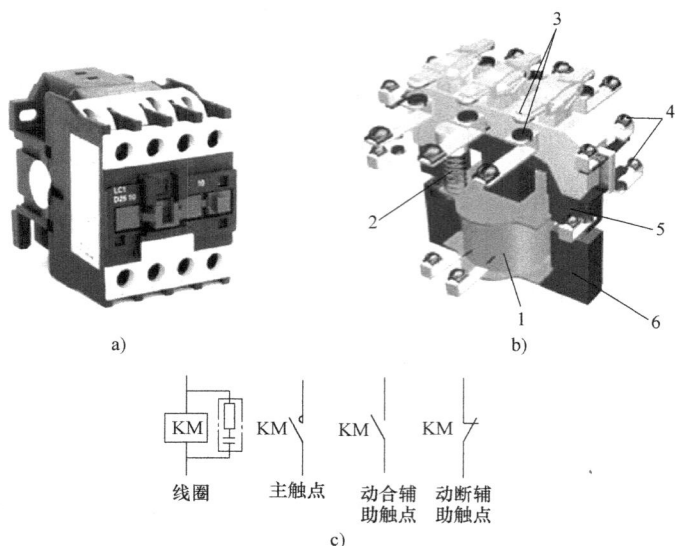

图 8-9 接触器

a）外观 b）结构 c）符号

1—线圈 2—复位弹簧 3—主触点 4—辅助触点 5—动铁心 6—静铁心

磁阀的换向靠两个线圈轮流得电和失电来控制。

如图 8-10c 所示，三位四通电磁阀能使液压缸活塞在任一位置停止运动，双电控三位四通电磁阀换向靠两个线圈轮流得电和失电来控制。当两个线圈同时失电时，滑阀在两个弹簧的作用下处于中位，在 O 型中位机能中，电磁阀各油口关闭，系统保持压力；在 Y 型中位机能中，液压缸两腔与回油连通。

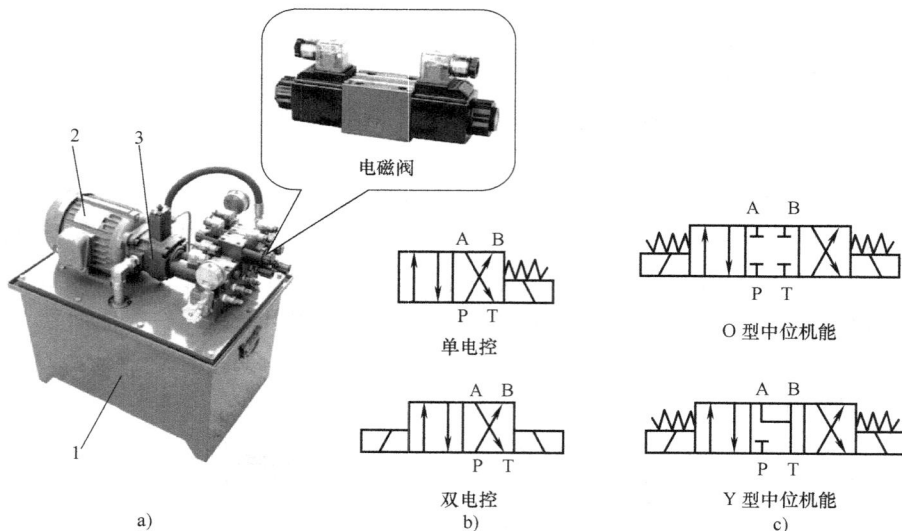

图 8-10 液压系统电磁换向阀

a）液压工作站 b）二位四通电磁阀 c）三位四通电磁阀

1—油箱 2—电动机 3—液压泵

如图 8-11 所示，单电控电磁阀线圈得电时，1-4 口进气，2-3 口排气；线圈失电时，滑阀在弹簧作用下复位，1-2 口进气，4-5 口排气。双电控电磁阀换向靠两个线圈轮流得电和失电来控制。液压和气动电磁阀的结构类型和控制方式决定了 PLC 的控制逻辑。

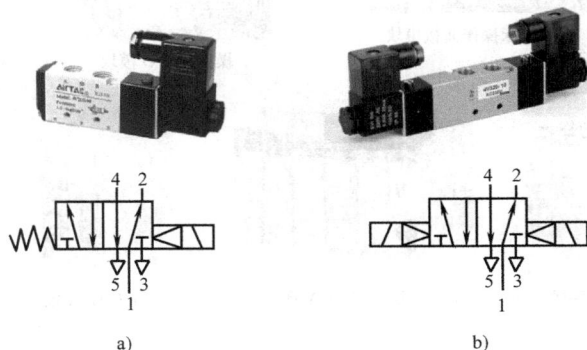

a) b)

图 8-11 气动系统电磁换向阀

a）单电控二位五通电磁阀 b）双电控二位五通电磁阀

有关数控机床中的气动和液压控制可参考图 2-19 和图 2-23 加工中心斗笠式刀库主轴松紧刀气缸及刀库气缸的气动控制，以及图 2-21 数控车床液压尾座的液压系统。

项目三 FANUC 系统 PMC

任务一 PMC I/O 模块

一、模块类型

在 FANUC 数控系统中，PMC（Programmable Machine Controller）是可编程序机床控制器的简称，是专门用于数控机床开关控制的控制器，其基本功能与可编程序逻辑控制器（PLC）是一样的，只是另外有专门用于数控机床控制的特殊功能，以及与 CNC 的接口信号。目前，FANUC 系统的 PMC 均为内装型，其硬件和软件都作为数控系统的基本组成部分，与数控系统一起统一设计制造。外部输入/输出开关是通过 I/O 模块与数控系统建立联系的，FANUC 数控系统的 I/O 模块有标准机床操作面板模块、操作盘 I/O 模块、外置 I/O 单元、分线盘 I/O 模块等，如图 8-12 所示。

I/O 模块类型主要是根据输入/输出信号点的数量来进行选择的，例如，操作盘 I/O 模块输入/输出点数为 48/32，外置 I/O 单元输入/输出点数为 96/64。I/O 模块都有固定地址的引脚，通过连接插座及端子板与外部开关连接。另外，I/O Link 轴是一种专门的伺服驱动器，由其驱动的轴受 PMC 控制，不与其他伺服轴联动。I/O Link 轴可实现分度或定位控制，常用于刀库选刀等控制场合。

二、PMC 组成

FANUC 0i 系列数控系统的 PMC 采用 I/O Link 总线控制。图 8-13 所示为 FANUC 0i C 系统 PMC 控制的组成。

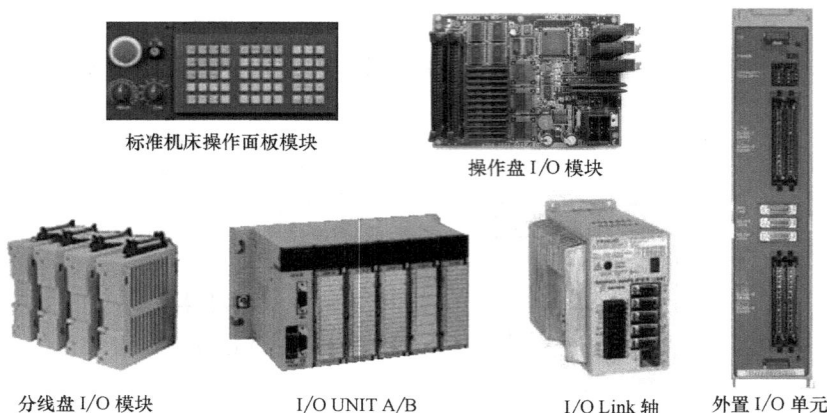

图 8-12　I/O 模块

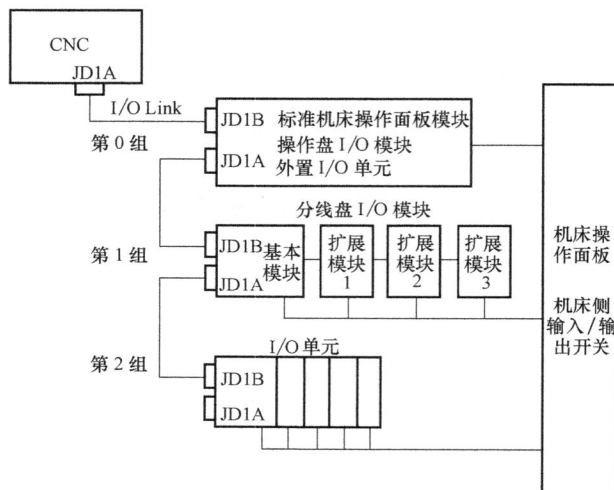

图 8-13　FANUC 0i C 系统 PMC 控制的组成

在 FANUC 0i C 系统中，I/O Link 总线是 JD1A 和 JD1B 两端口之间的连接，数控系统为主控端，所有 I/O 模块均为从控端，离主控端最近的从控端称为第 0 组，依次类推，最多带 16 组（第 0 组~第 15 组）。第 0 组连接的 I/O 装置可以是标准机床操作面板模块、外置 I/O 单元及操作盘 I/O 模块等。

三、PMC 信号

PMC 控制是以梯形图的形式来实现的，梯形图中用到的 PMC 信号如图 8-14 所示。

PMC 信号分外部信号和内部信号。外部信

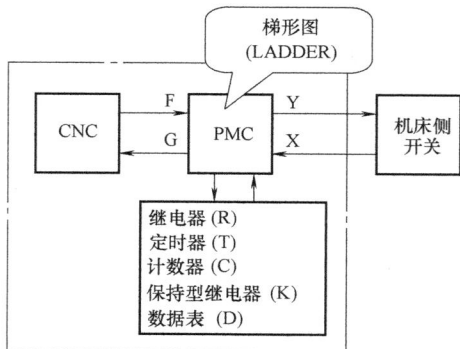

图 8-14　PMC 信号

号就是和外部开关通断状态有关的信号，X 地址表示输入开关，Y 地址表示输出开关。内部信号有两个方面：一是 PMC 与 CNC 之间的接口信号，反映了 CNC 和 PMC 运行的状态，其中，CNC 输出到 PMC 的是 F 地址信号，PMC 输入到 CNC 的是 G 地址信号；二是 PMC 自身功能信号，如内部继电器 R、定时器 T、计数器 C、保持型继电器 K 及数据表 D 等。实现 PMC 控制的程序是梯形图。

任务二 PMC 地址

一、输入/输出开关地址

在 PMC 中，一个地址的信息包括三个方面，即地址类型、字节和位。X 地址对应机床侧的输入开关信号，如按钮、行程开关、接近开关、压力开关等，每个输入开关可定义一个 X 地址；Y 地址对应机床侧的输出开关信号，如继电器、指示灯等，每个输出开关可定义一个 Y 地址。图 8-15 所示为外部开关与 PMC 输入/输出地址的对应关系。

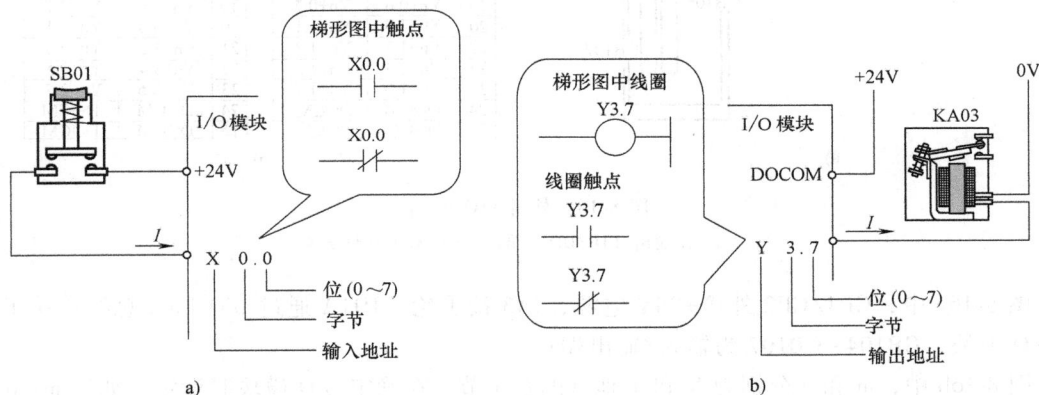

图 8-15 外部开关与 PMC 输入/输出地址的对应关系

a) 输入地址 b) 输出地址

例如，外部按钮 SB01 对应输入地址 X0.0，X0.0 表示输入地址为第 0 字节的第 0 位，该地址为一个"位"信号，在梯形图中用常开触点或常闭触点来表示，触点接通或断开用"1"或"0"表示，对常开触点，SB01 未接通时 X0.0 置"0"（X0.0 = 0），触点断开；SB01 接通时 X0.0 置"1"（X0.0 = 1），触点闭合。同样地，外部继电器 KA03 对应输出地址 Y3.7，Y3.7 表示输出地址为第 3 字节的第 7 位，该地址为一个"位"信号，在梯形图中用线圈和触点来表示，当线圈 Y3.7 置"1"（Y3.7 = 1）时，继电器 KA03 线圈接通，继电器触点动作；线圈 Y3.7 置"0"（Y3.7 = 0）时，继电器 KA03 线圈断开；在线圈 Y3.7 通、断的同时，Y3.7 触点闭合或断开，通常在梯形图控制电路中起自锁和互锁的作用。

要说明的是，有些开关的输入地址是固定的，如急停按钮固定地址为 X8.4（助记符 *ESP，*为低电平有效），第 1～4 轴回参考点减速开关固定地址为 X9.0～X9.3（*DEC1～*DEC3）等。

二、PMC I/O 模块地址定义

当机床侧输入/输出开关与 PMC I/O 模块连接时，则每个开关在 PMC I/O 模块中的

地址也就确定了。图 8-16a 所示为外置 I/O 单元端口，图 8-16b 所示为外置 I/O 单元 X 和 Y 地址定义。

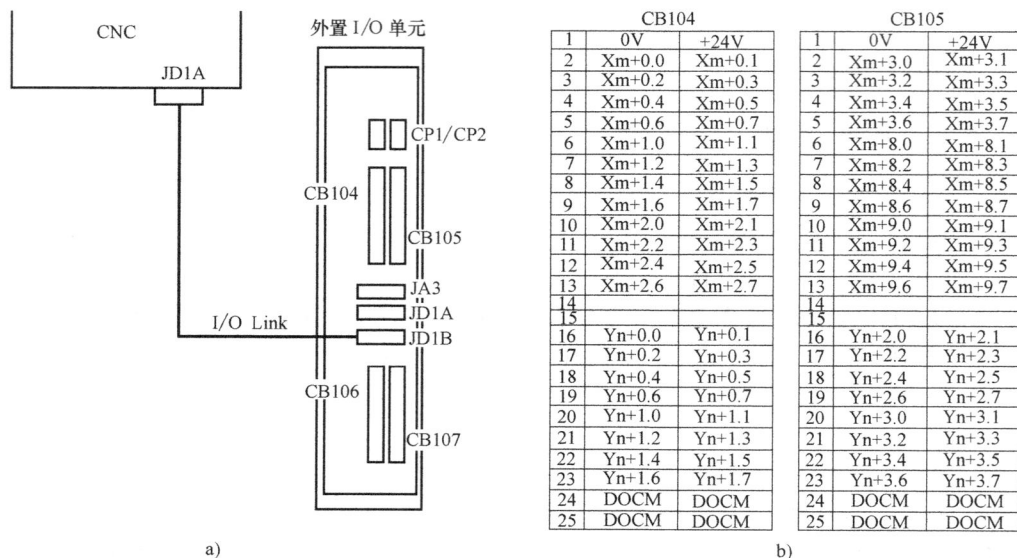

CB104	0V	+24V		CB105	0V	+24V
1	0V	+24V		1	0V	+24V
2	Xm+0.0	Xm+0.1		2	Xm+3.0	Xm+3.1
3	Xm+0.2	Xm+0.3		3	Xm+3.2	Xm+3.3
4	Xm+0.4	Xm+0.5		4	Xm+3.4	Xm+3.5
5	Xm+0.6	Xm+0.7		5	Xm+3.6	Xm+3.7
6	Xm+1.0	Xm+1.1		6	Xm+8.0	Xm+8.1
7	Xm+1.2	Xm+1.3		7	Xm+8.2	Xm+8.3
8	Xm+1.4	Xm+1.5		8	Xm+8.4	Xm+8.5
9	Xm+1.6	Xm+1.7		9	Xm+8.6	Xm+8.7
10	Xm+2.0	Xm+2.1		10	Xm+9.0	Xm+9.1
11	Xm+2.2	Xm+2.3		11	Xm+9.2	Xm+9.3
12	Xm+2.4	Xm+2.5		12	Xm+9.4	Xm+9.5
13	Xm+2.6	Xm+2.7		13	Xm+9.6	Xm+9.7
14				14		
15				15		
16	Yn+0.0	Yn+0.1		16	Yn+2.0	Yn+2.1
17	Yn+0.2	Yn+0.3		17	Yn+2.2	Yn+2.3
18	Yn+0.4	Yn+0.5		18	Yn+2.4	Yn+2.5
19	Yn+0.6	Yn+0.7		19	Yn+2.6	Yn+2.7
20	Yn+1.0	Yn+1.1		20	Yn+3.0	Yn+3.1
21	Yn+1.2	Yn+1.3		21	Yn+3.2	Yn+3.3
22	Yn+1.4	Yn+1.5		22	Yn+3.4	Yn+3.5
23	Yn+1.6	Yn+1.7		23	Yn+3.6	Yn+3.7
24	DOCM	DOCM		24	DOCM	DOCM
25	DOCM	DOCM		25	DOCM	DOCM

图 8-16 外置 I/O 单元

a) 输入/输出（DI/DO）端口　b) X/Y 地址定义

图 8-16a 中，CP1/CP2 外接 +24V 电源，JA3 接手轮，JD1A 通过 I/O Link 总线连接下一个 I/O 模块，CB104~CB107 为输入/输出端口。

图 8-16b 中，m 和 n 分别为 X 和 Y 地址的首字节，在确定 I/O 模块时设定，如设 m=0 和 n=0，即输入/输出地址首字节为 0，则 CB104 端口 2 号引脚 A（表示为 A2）的地址规定为输入地址 X0.0，2 号引脚 B（表示为 B2）的地址规定为输入地址 X0.1；CB105 端口 23 号引脚 A（表示为 A23）的地址规定为输出地址 Y3.6，23 号引脚 B（表示为 B23）的地址规定为输出地址 Y3.7。I/O 模块 X、Y 地址确定后，则每个地址与外部开关的对应关系也就确定了。

三、接线方式

1. 输入/输出开关接线

FANUC 系统 PMC 输入/输出开关的接线有源型和漏型方式，通常采用源型输入和源型输出的接线方式。图 8-17 所示为某数控车床外置 I/O 单元部分 I/O 电气图及接线。

在图 8-17a 所示的源型输入接线方式中，外部输入开关一端接 I/O 模块的 +24V 端，当外部开关接通时，电流由开关流入 I/O 模块输入地址 X；在图 8-17b 所示的源型输出接线方式中，I/O 模块上 DOCOM 端外接 +24V 外部电源，当 I/O 模块有输出信号时，外部电路接通，电流由 I/O 模块输出地址 Y 流出。

2. 输出电路

PMC 输出的晶体管开关信号由于带负载能力的限制，不能直接驱动主电路中的接触器、电磁阀及电磁抱闸等线圈，需要通过继电器来过渡，以控制电路中的小电流来获得主电路的大电流，如图 8-18 所示。

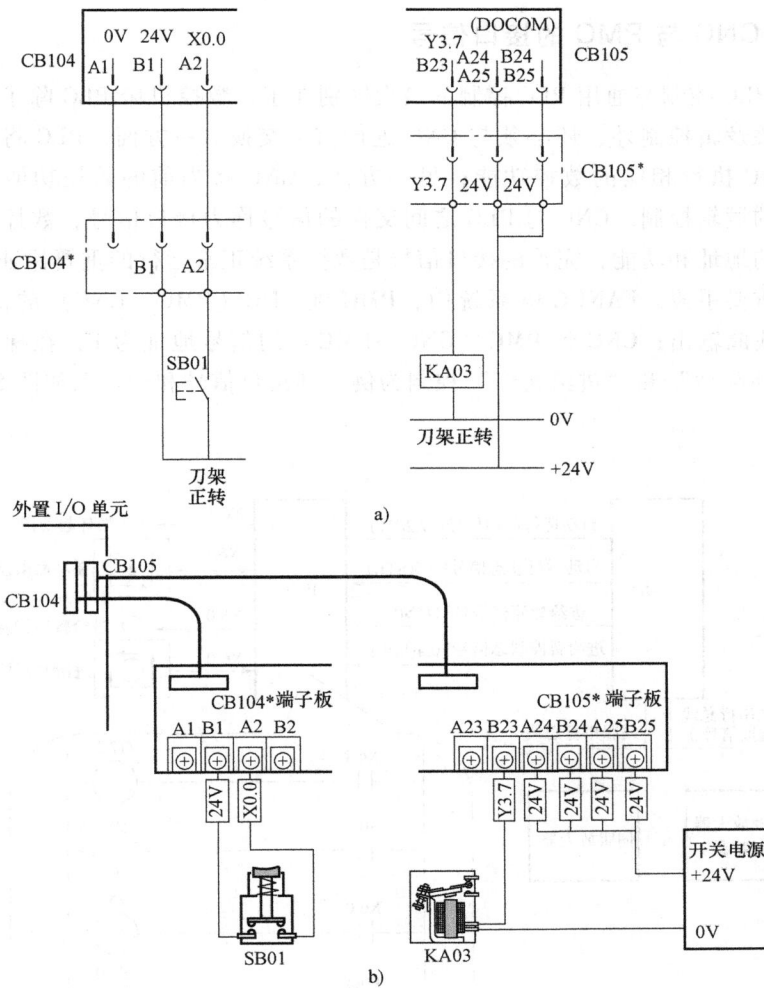

图 8-17　I/O 电气图及接线

a) I/O 电气图　b) 接线

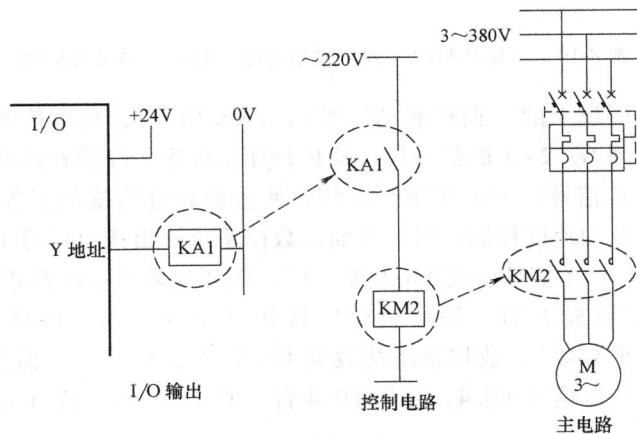

图 8-18　PMC 输出控制

任务三 CNC 与 PMC 的接口信号

数控机床 PLC 控制与通用 PLC 控制的最大区别在于，数控机床 PLC 除了执行通用 PLC 相同的外部开关逻辑控制外，还必须与 CNC 进行信号交换。一方面，PLC 将当前的状态告诉 CNC，使 CNC 执行相应的数控功能；另一方面，CNC 将当前的数控功能通知 PLC，使 PLC 执行相应的逻辑控制。CNC 与 PLC 之间交换的信号称为接口信号，数控系统对每个接口信号有规定的地址和功能，完善的接口信号是数控系统正常运行的重要保证，也是数控系统故障诊断的重要手段。FANUC 0i 系统中，PMC 到 CNC（PMC→CNC）的信号地址为 G，在梯形图中为线圈输出；CNC 到 PMC（CNC→PMC）的信号地址为 F，在梯形图中为触点输入。以"循环起动"和"进给暂停"控制为例，其接口信号和梯形图如图 8-19 所示。

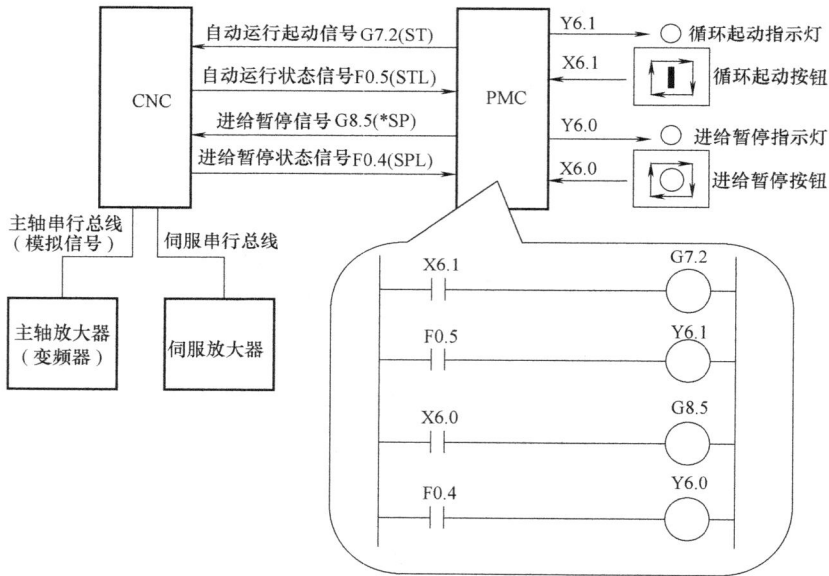

图 8-19 "循环起动"和"进给暂停"接口信号及梯形图

当按下机床操作面板上的"循环起动"按钮（X6.1）后，接口信号 G7.2 置"1"，一方面，数控系统接收到 G7.2=1 的信号后，即执行加工程序，经插补运算和数据处理，通过主轴串行总线（或模拟信号）和伺服串行总线，使主轴和进给按加工程序指令规定的要求运动，并实现位置控制和速度控制；另一方面，数控系统输出接口信号 F0.5，并使 F0.5 置"1"，PMC 接收到 F0.5=1 信号后使 Y6.1 置"1"，循环起动指示灯点亮。

当按下机床操作面板上的"进给暂停"按钮（X6.0）后，接口信号 G8.5 置"0"（G8.5 信号规定低电平有效），数控系统接收到 G8.5=0 的信号后，即终止执行进给运动；同时，数控系统输出接口信号 F0.4，并使 F0.4 置"1"，经 PMC 使 Y6.0 置"1"，进给暂停指示灯点亮。

更详细的 CNC 与 PMC 的接口信号说明可参阅 FANUC 数控系统的技术手册。

任务四 主轴 M03、M04 和 M05 控制

一、串行主轴

串行主轴是指数控系统与主轴驱动器之间通过数字串行总线进行数据交换，实现对主轴正、反转和停止等控制。一方面，数控系统接收到 S 指令后，根据主轴传动比等参数，计算出主轴电动机的转速，经串行主轴总线传输给主轴驱动器，再由主轴驱动器拖动主轴电动机实现与 S 指令匹配的转速 n_M；另一方面，数控系统接收到 M03、M04 和 M05 指令后，通过 CNC 与 PMC 之间的接口信号，由 PMC 进行逻辑控制，并将控制结果由 CNC 经串行主轴总线传输给主轴驱动器，实现主轴电动机的正、反转或停止控制。PMC 与 CNC 间的接口信号如图 8-20 所示，PMC 梯形图如图 8-21 所示。

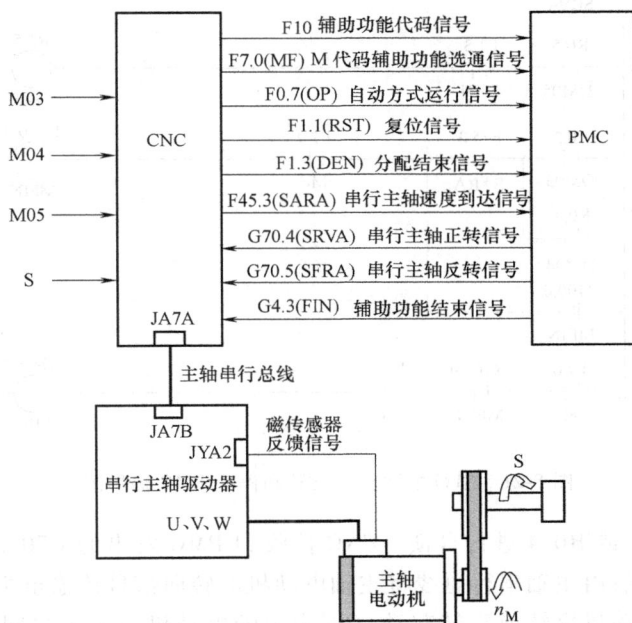

图 8-20 串行主轴正、反转和停止 PMC 信号

梯形图说明：

① 行：系统执行 M03、M04 或 M05 指令时，CNC 一方面向 PMC 发出 M 代码辅助功能选通信号 F7.0 为"1"；另一方面将辅助功能代码 F10（M 代码在 F10 中用二进制表示）信号发送至 PMC。PMC 执行译码指令（DECB），把 M 代码信息译成 R 继电器触点信号，本例中，M03 用 R0.3 表示，M04 用 R0.4 表示，M05 用 R0.5 表示。

②、③ 行：这是有关主轴正、反转控制的梯形图，该梯形图是典型的"起、保、停"形式。其中，系统处于自动运行方式时，CNC 发出信号 F0.7 为"1"，表示当前控制为自动方式；R0.3、R0.4 触点分别用于主轴正转或反转起动，由 G70.5 或 G70.4 线圈输出给

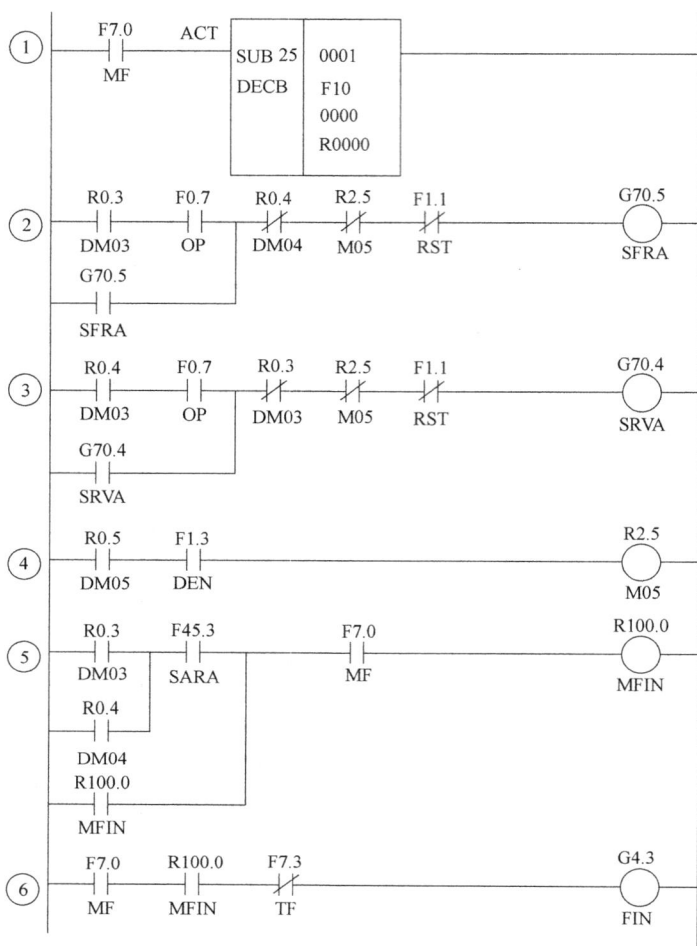

图 8-21　串行主轴正、反转和停止 PMC 梯形图

CNC，其触点对 R0.3 或 R0.4 进行自锁。CNC 接收到 PMC 发出的 G70.5 或 G70.4 信号后，经系统控制软件处理后由主轴串行总线将主轴电动机的转向信号传输至主轴驱动器，再由主轴驱动器带动主轴电动机反转或正转起动（因为主轴电动机与主轴之间有一级传动，所以主轴电动机反转即为主轴正转，反之亦然）。主轴正转或反转停止由下列信号之一控制：一是正、反转互锁信号（R0.3 与 R0.4 互锁），二是复位信号（系统复位按键，以及 M02、M30 代码，F1.1 置"0"），三是主轴停止信号 R2.5。

④ 行：该行是主轴停止梯形图，加入了系统分配结束信号 F1.3。在执行 M05 指令时，如果移动指令（G01、G02 或 G03）与 M05 在同一程序段中，由 F1.3 保证在执行完移动指令后再执行 M05 指令，进给结束后主轴才停止，避免在进给过程中因主轴突然停止而产生"抗刀"现象。

⑤ 行：执行 M03 或 M04 指令后，主轴电动机正转或反转起动加速，CNC 通过主轴电动机中的磁传感器和主轴串行总线检测主轴电动机实际速度，当实际速度到达指令速度时，CNC 向 PMC 发出主轴速度到达信号，F45.3 置"1"，同时，R100.0 置"1"，表示 M03 或 M04 指令执行完成。

⑥ 行：R100.0 置 "1"，PMC 向 CNC 发出辅助功能结束信号，G4.3 置 "1"，CNC 接收到 G4.3 信号后，经过系统设定的辅助功能结束延时时间（标准设定为 16ms）后，M 代码辅助功能选通信号 F7.0 复位，则 G4.3 也复位。同时，在①行中，F7.0 复位后，切断 M 代码指令输出信号，系统准备读取下一条 M 代码指令。

二、模拟主轴

模拟主轴中，主轴电动机由第 3 方变频器驱动，主轴电动机的正、反转和停止是通过 PMC 来控制的，如图 8-22 所示。

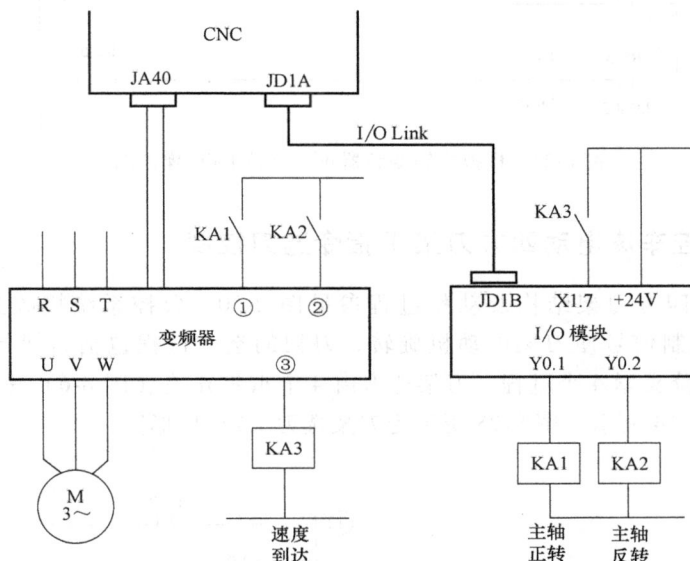

图 8-22 模拟主轴变频器 PMC 正、反转控制

图 8-22 中，在自动控制方式下，当数控系统接收到 M03、M04 或 M05 及 S 指令时，一方面输出与 S 指令相对应的模拟电压到变频器，实现主轴电动机的变频调速；另一方面，输出与 M03、M04 和 M05 相对应的辅助功能代码信号 F10 发送至 PMC，经 PMC 译码和梯形图控制，输出 Y0.1 或 Y0.2 信号经继电器 KA1 或 KA2 触点使变频器正转输入端①或反转输入端②接通或断开，电动机正转、反转或停止。变频器输出端③由变频器参数设定为 "速度到达" 信号输出，当电动机正转或反转起动加速到达变频器给定频率时，输出端③输出使继电器 KA3 线圈得电，其触点接通 PMC 上的 X1.7。有关模拟主轴变频器正、反转 PMC 梯形图如图 8-23 所示。

参见图 8-21，模拟主轴变频器正、反转 PMC 梯形图与串行主轴正、反转 PMC 梯形图比较，最大的区别在于 PMC 正、反转的输出信号。图 8-23 中，R0.3、R0.4 和 R0.5 分别表示 M03、M04 和 M05 的译码信号，R0.3、R0.4 触点分别用于主轴正转或反转起动，由 Y0.1 或 Y0.2 接通继电器 KA1 或 KA2 线圈，Y0.1 或 Y0.2 触点对 R0.3 或 R0.4 进行自锁。继电器 KA1 或 KA2 触点接通变频器上的反转输入端或正转输入端，经变频器驱动主轴电动机反转或正转。主轴正转或反转停止由下列信号之一控制：一是正、反转互锁信号（R0.3 与 R0.4 互锁）；二是复位信号（系统复位按键，以及 M02、M30 代码，F1.1 置 "0"）；三是主轴停止信号 R2.5，R2.5 由系统分配结束信号 F1.3 和 R0.5 共同作用获得。

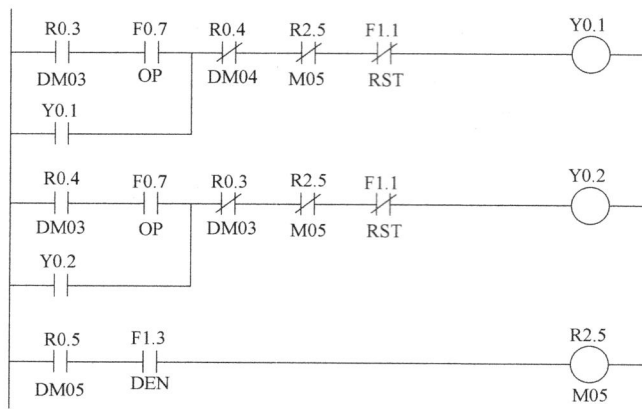

图 8-23 模拟主轴变频器正、反转 PMC 梯形图

任务五 数控车床电动四方刀架 T 指令选刀控制

数控车床电动四方刀架结构及动作过程参见图 2-20。数控系统接收到 T 指令后，经 PMC 控制，输出控制信号使刀架电动机旋转，刀架的选刀过程包括刀架抬起、刀架转位、刀架定位和刀架下降夹紧 4 个过程。刀架选刀由 4 个霍尔开关（图 8-6）进行检测，霍尔开关 PMC 地址如图 8-24 所示。图 8-25 所示为刀架选刀 PMC 梯形图。

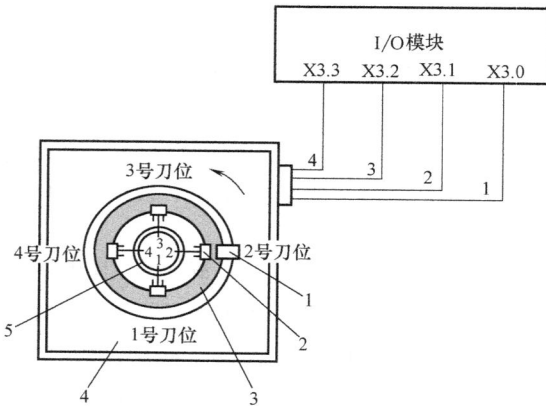

图 8-24 四方刀架中的霍尔开关及输入地址
1—磁钢 2—霍尔开关（4 个）
3—发信盘 4—刀架体 5—空心主轴

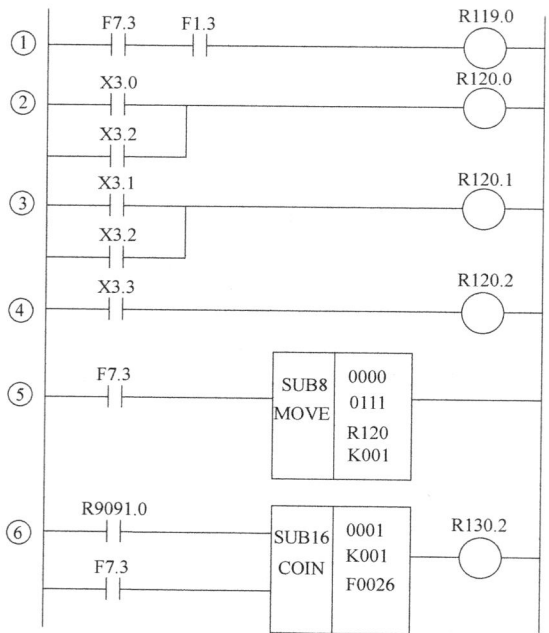

图 8-25 刀架选刀 PMC 梯形图

CNC 将 T 指令译码后生成二进制码，存入 F0026 地址中，并发送给 PMC。F0026 中数值为指令刀位。

梯形图说明：

① 行：T 指令执行使能 R119.0 置 "1"，使能有两个条件：一是，T 指令选通信号 F7.3 置 "1"；二是，T 指令必须在执行完移动指令后进行，F1.3 置 "1"。

②、③和④行：实际刀位检测由二进制编码组成。

R120.2　R120.1　R120.0

0	0	1	X3.0 = 1 →T1
0	1	0	X3.1 = 1 →T2
0	1	1	X3.2 = 1 →T3
1	0	0	X3.3 = 1 →T4

⑤ 行：MOVE 指令是把比较数据和处理数据进行逻辑 "与" 运算，并将结果传输到指定地址。图 8-25 所示梯形图中，处理数据为 00000111，比较数据为 R120 地址中的二进制码，指定地址是 K001。MOVE 执行的结果是，将 R120 地址中的二进制码与 00000111 逻辑 "与" 后，R120 中的低 3 位传输到保持型继电器 K001 地址中。K001 中数值即为实际刀位，随刀架的转动而变化。

⑥ COIN 为比较指令，用来检查参考值与比较值是否一致。图 8-25 所示梯形图中，比较值地址是 F0026，参考值地址是 K001。COIN 指令执行的结果是，当实际刀位等于指令刀位时，COIN 指令输出 R130.2 置 "1"，表示选刀完成。

项目四　SINUMERIK 802D/802D sl 数控系统 PLC

任务一　PP72/48 I/O 模块

一、数字量输入/输出地址

SINUMERIK 802D/802D sl 数控系统通过 PROFIBUS-DP 总线和 PP72/48 I/O 模块实现机床外围辅助功能的控制，PLC 控制功能相当于 S7-200。PP72/48 I/O 模块如图 8-26 所示。

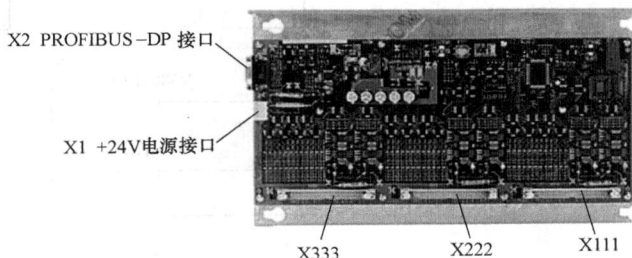

图 8-26　PP72/48 I/O 模块

PP72/48 I/O 模块有 3 个 50 芯插槽 X333、X222 和 X111，每个插槽有 24 位数字量输入和 16 位数字量输出，总计有 72 位数字量输入和 48 位数字量输出。数字量输入地址用 "I×.×" 表示，×.×为字节和位，如 I0.0 表示为输入地址 0 字节第 0 位，输入地址与外部输入开关相对应；数字量输出地址用"Q×.×"表示，×.×为字节和位，如 Q0.0 表示为输出地址 0 字节第 0 位，输出地址与外部输出开关相对应。图 8-27 所示为输入/输出地址及 PLC 梯形图。

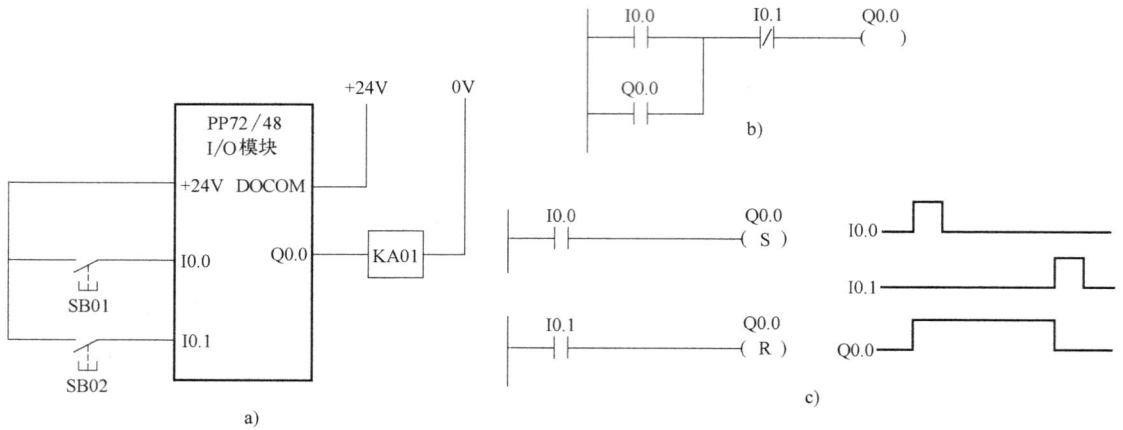

图 8-27　输入/输出地址及 PLC 梯形图
a）输入/输出地址及接线　b）"起、保、停"梯形图　c）置位/复位梯形图及时序图

二、PLC 与 CNC 接口信号

PLC 与 CNC 之间的接口信号用 V 地址来指定，每个 V 地址有固定的功能定义。以轴限位控制为例，如图 8-28 所示。

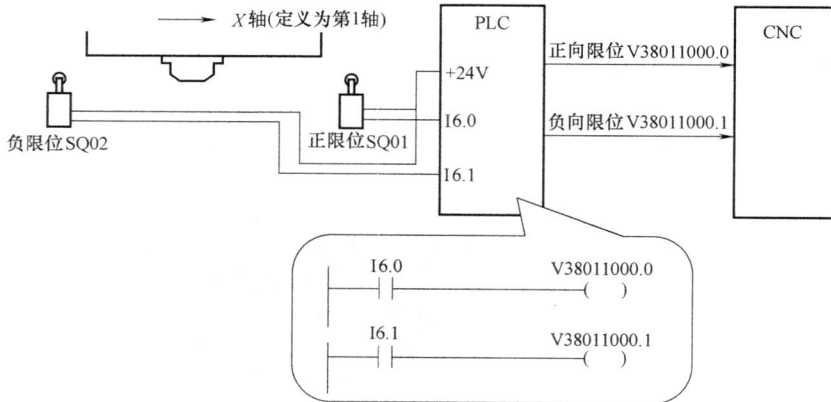

图 8-28　轴限位 PLC 控制及接口信号

当 X 轴撞到正向限位或负向限位时，限位开关触发接口信号 V38011000.0 或 V38011000.1 置"1"，由 PLC 发送给 CNC，CNC 一旦接收到该接口信号后，立即封锁所有轴的控制信号，使所有轴立即停止。

任务二 PLC 控制实例

SINUMERIK 802D/802D sl 数控系统提供了 PLC 实例程序和子程序库，通过组织这些子程序，修改或添加机床实际应用所需的其他程序，就可设计成新的 PLC 应用程序了。例如，33 号子程序（子程序名 EMG_ STOP）是专门用于急停处理的子程序；44 号子程序（子程序名 COOLING）是专门用来进行冷却控制的子程序；46 号子程序（子程序名 TURRET1）用于 4/6 刀位、霍尔开关检测的车床刀架的换刀控制。图 8-29 所示为冷却泵电气线路及开关输入和输出地址，图 8-30 所示为冷却子程序的梯形图及注释。

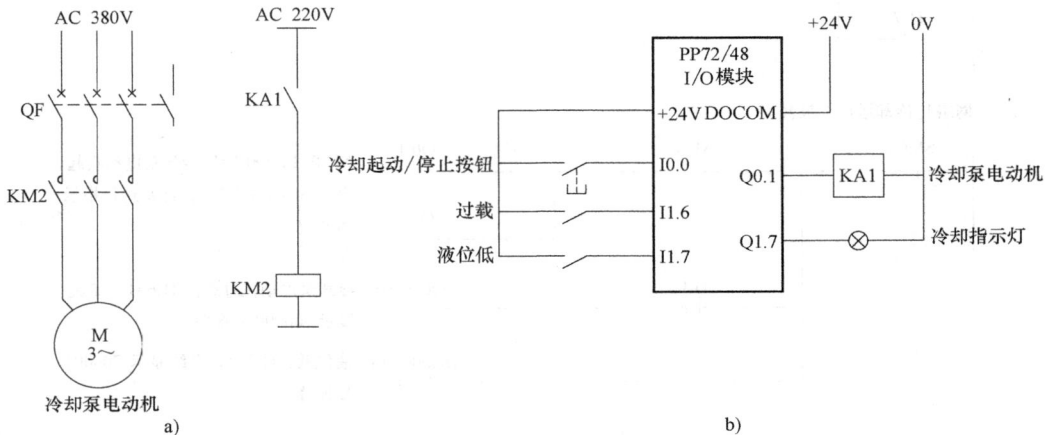

图 8-29　冷却泵电气线路及开关输入和输出地址

a）电气线路　b）外部开关输入/输出地址

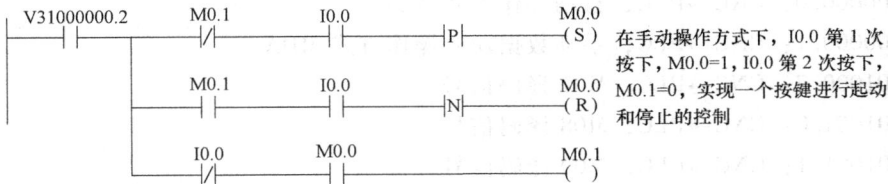

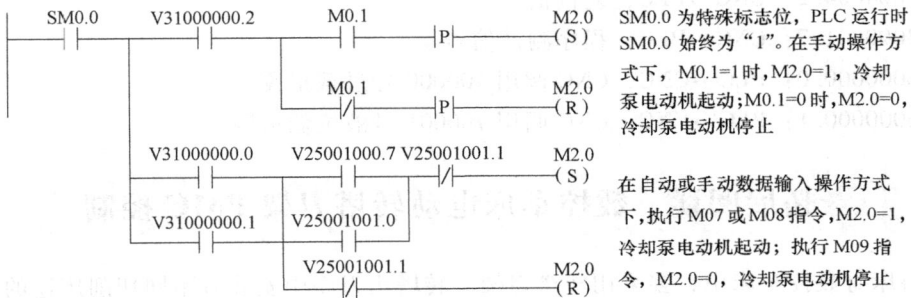

图 8-30　冷却子程序的梯形图及注释

网络3 冷却停止

在急停、复位、程序测试，以及冷却泵电动机过载和液位低的状态下，M2.0=0，冷却电动机停止

网络4 冷却运行、报警

M2.0=1，Q0.1=1 冷却泵电动机起动，同时，Q1.7=1，冷却运行指示灯点亮

冷却泵电动机过载，I1.6=1，系统显示 700000 号报警

液位低，I1.7=1，系统显示 700001 号报警

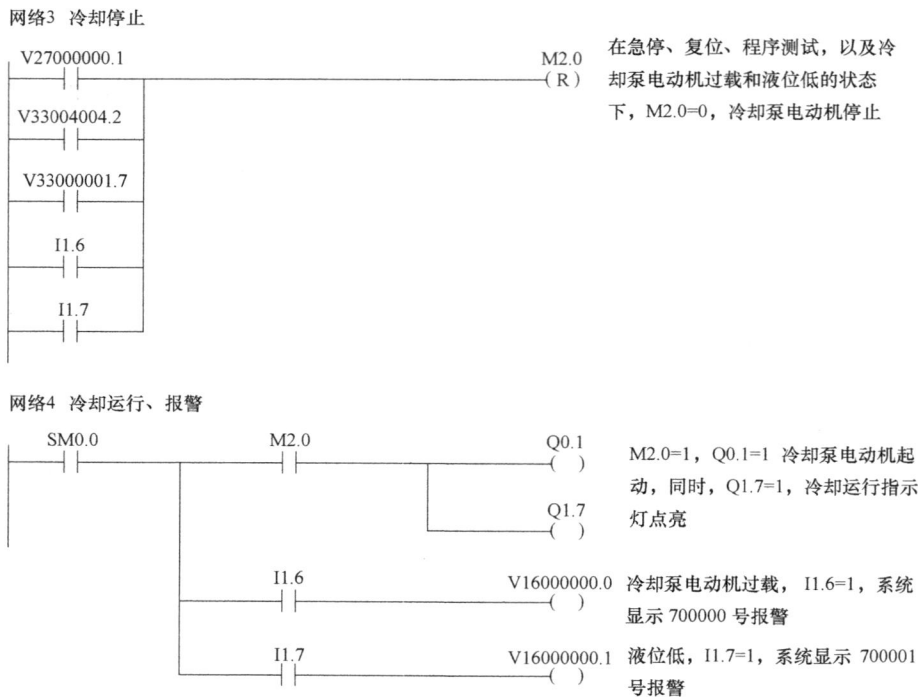

图 8-30　冷却子程序的梯形图及注释（续）

程序中接口信号说明：

V31000000.2：CNC→PLC，手动操作方式 JOG

V31000000.0：CNC→PLC，自动操作方式 AUTO

V31000000.1：CNC→PLC，手动数据输入操作方式 MDA

V25001000.7：CNC→PLC，M07 译码信号

V25001001.0：CNC→PLC，M08 译码信号

V25001001.1：CNC→PLC，M09 译码信号

V27000000.1：CNC→PLC，急停信号

V33004004.2：CNC→PLC，复位信号

V33000001.7：CNC→PLC，程序测试信号

V16000000.0：PLC→CNC，CNC 调用 700000 号过载报警

V16000000.1：PLC→CNC，CNC 调用 700001 号液位低报警

拓展阅读　数控车床电动转塔刀架 PMC 控制

在斜床身数控车床中，多采用转塔刀架。转塔头刀座中安装有不同切削用途的刀具，通过转塔头的旋转分度定位实现自动换刀功能。转塔刀架有液压式、电动式、伺服式和动力头等形式。

一、结构和动作原理

1. 结构特点

电动转塔刀架如图 8-31 所示。

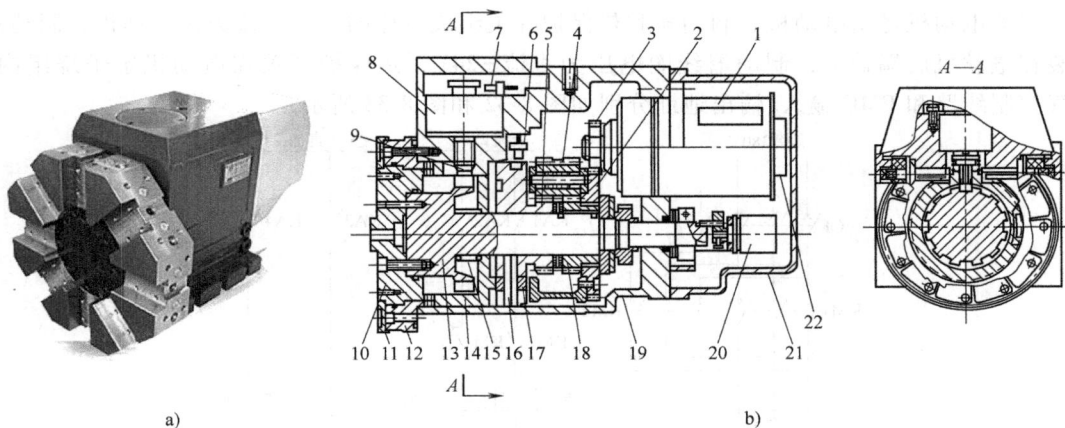

图 8-31　电动转塔刀架

a）外观　b）结构

1—刀架电动机　2—齿轮　3—电动机齿轮　4—行星齿轮　5—空套齿轮　6—锁紧接近开关
7—预分度到位接近开关　8—预分度电磁铁　9—插销　10—转塔　11—挡圈　12—定齿盘
13—分度主轴　14—动齿盘　15—弹簧　16—滚轮架　17—滚轮　18—驱动齿轮　19—箱体
20—绝对式编码器　21—后盖　22—刀架电动机电磁制动器

该电动转塔刀架的特点有：

1）采用行星齿轮减速机构，转塔通过端齿盘精确定位。

2）转塔无须抬起即可实现松开和锁紧控制，并可双向回转和就近选刀，转塔定位和锁紧由接近开关发出信号。

3）转塔选刀由绝对式编码器进行检测。

2. 换刀过程

电动转塔刀架换刀经历转塔松开、转塔分度和转塔反靠锁紧等过程。

（1）转塔松开　执行 T 指令后，刀塔电动机电磁制动器 22 得电松开，刀架电动机 1 按选刀最短路径规定的方向旋转，通过一对齿轮带动行星齿轮 4 旋转。由于此时定齿盘 12 和动齿盘 14 尚未脱开，转塔还处于锁紧状态，驱动齿轮 18 不动，行星齿轮只能带动空套齿轮 5 转动，空套齿轮再带动滚轮架 16 使动齿盘后面的凸轮松开，在弹簧 15 的作用下，动齿盘向后移动，脱开定齿盘，转塔松开完成。

（2）转塔分度　滚轮架受到端齿盘后面键槽的限制而停止转动，而驱动齿轮通过行星齿轮带动转塔主轴对转塔头进行转位分度，绝对式编码器 20 输出与刀座号相对应的二进制码。当转到目标刀座前一刀座位置时，预分度电磁铁 8 线圈得电，插销 9 伸出；转塔继续转动，当目标刀座到达换刀位置时，插销插入转塔主轴凹槽中，预分度到位接近开关 7 发出信号，刀塔电动机停转，转塔停止转动，转塔分度完成。

（3）转塔反靠锁紧　刀架电动机停转后经延时开始反转，经行星齿轮和空套齿轮带动滚轮架反转，滚轮架压紧凸轮，使动齿盘向前移动，端齿盘重新啮合，锁紧接近开关 6 发出信号，刀架电动机停转，电磁制动器断电锁紧刀架电动机，同时，预分度电磁铁线圈断电，插销在弹簧的作用下复位，转塔刀架 T 指令执行完成。

二、电气控制线路

刀架电动机是由电动机、制动器和热保护开关组成一体的三相交流力矩电动机，制动器安装在电动机后端盖上，制动器线圈电压为直流 +24V，热保护开关在电动机定子绕组内，电气控制线路和 PMC 输入/输出地址分别如图 8-32 和图 8-33 所示。

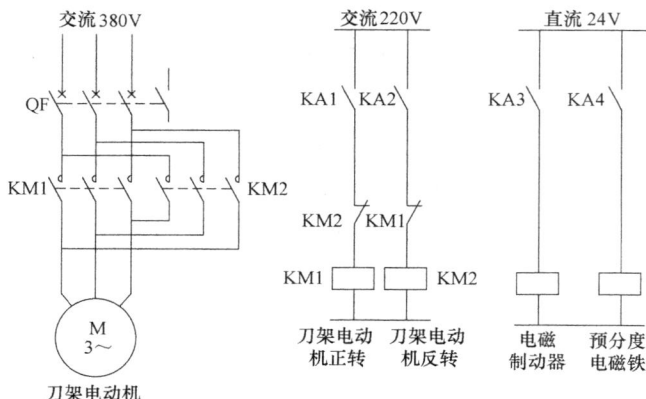

图 8-32 电动转塔刀架电气控制线路

断路器 QF 实现刀架电动机的短路和过载保护。接触器 KM1 和 KM2 分别控制刀架电动机的正、反转，KM1 和 KM2 分别由继电器 KA1 和 KA2 控制。继电器 KA3 控制电动机的制动线圈，制动线圈得电，刀架电动机松开；制动线圈断电，刀架电动机锁紧。当目标前一位置转到换刀位置时，继电器 KA4 得电动作，预分度电磁铁线圈得电；当指令刀具转到换刀位置时，电磁铁推动插销移动，预分度到位接近开关 SQ1 发出信号，电动机停止转动，刀塔选刀完成。经延时，刀架电动机反转使刀塔锁紧，锁紧接近开关 SQ2 发出信号，KA3 和 KA4 断电，则制动线圈断电，刀架电动机锁紧。同时，预分度电磁铁线圈断电，插销复位，准备下一次的换刀动作。

a)

b)

图 8-33 电动转塔刀架 PMC 输入/输出地址

a）输入信号地址　b）输出信号地址

三、PMC 控制

换刀控制的核心是转塔选刀控制，FANUC 系统 PMC 指令中有专门的功能指令用于选刀控制，如 ROTB（SUB26）。ROTB 功能指令格式如图 8-34 所示。

ROTB 功能指令格式中，RNO、BYT、DIR、POS 及 INC 由常"0"或常"1"触点设定。ROTB 指令使用条件有以下几项内容：

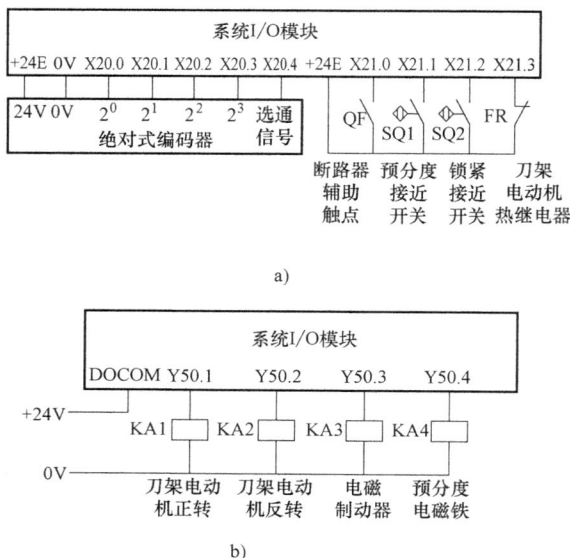

1）起始位置数（RNO）。RNO＝0，旋转起始位置数为0；RNO＝1，旋转起始位置数为1。

2）数据处理的位数（BYT）。BYT＝0，指定2位BCD码；BYT＝1，指定4位BCD码。

3）指定最短路径旋转方向（DIR）。DIR＝0，不选择，只按正向旋转；DIR＝1，选择，可正、反向旋转。

4）位置计算（POS）。POS＝0，旋转方向确定后，计算当前位置与目标位置之间的步距数；POS＝1，计算目标位置前一个位置数。

图8-34　ROTB功能指令格式

5）指定位置数或步距数（INC）。INC＝0，计算目标位置；INC＝1，计算到达目标的步距数。

6）控制条件（ACT）。ACT＝0，不执行ROT指令；ACT＝1，执行ROT指令，并有旋转方向输出。

7）旋转方向输出（W1）。若设定DIR＝1，即选择最短路径旋转时，则W1＝0，刀架（刀库）顺时针方向旋转；W1＝1，逆时针方向旋转。

转塔上有固定的刀位编号，刀具号与刀位号一一对应。目标位置是指由T指令指定的刀具所对应的刀位号；当前位置是指在换刀位置的刀位号，随着转塔的转动，当前位置也随之变化。当前位置由与转塔同轴连接的绝对式编码器检测获得。刀塔上每个刀位对应一个4位二进制码，每转动一个刀位，二进制码变化一次。4位二进制码由地址X20.0～X20.3确定，如图8-35所示。

根据ROTB指令参数的定义，以及转塔刀架选刀的动作原理，转塔刀架的换刀过程如图8-36所示。

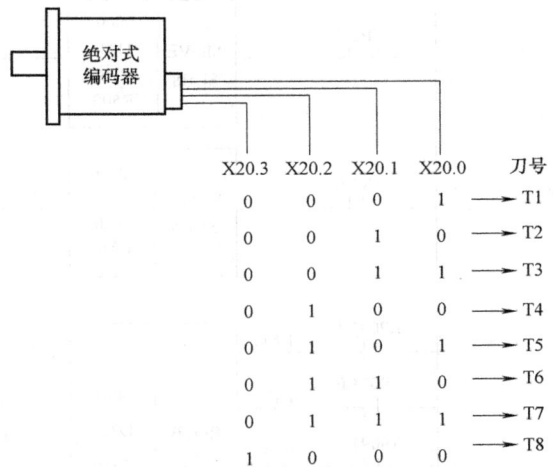

图8-35　刀位二进制编码

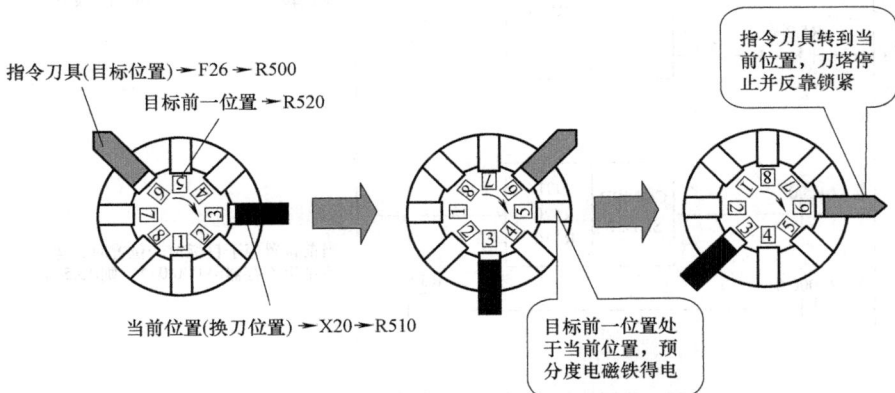

图8-36　转塔刀架的换刀过程

ROTB 功能指令用于电动转塔刀架换刀控制的部分梯形图及注释如图 8-37 所示。

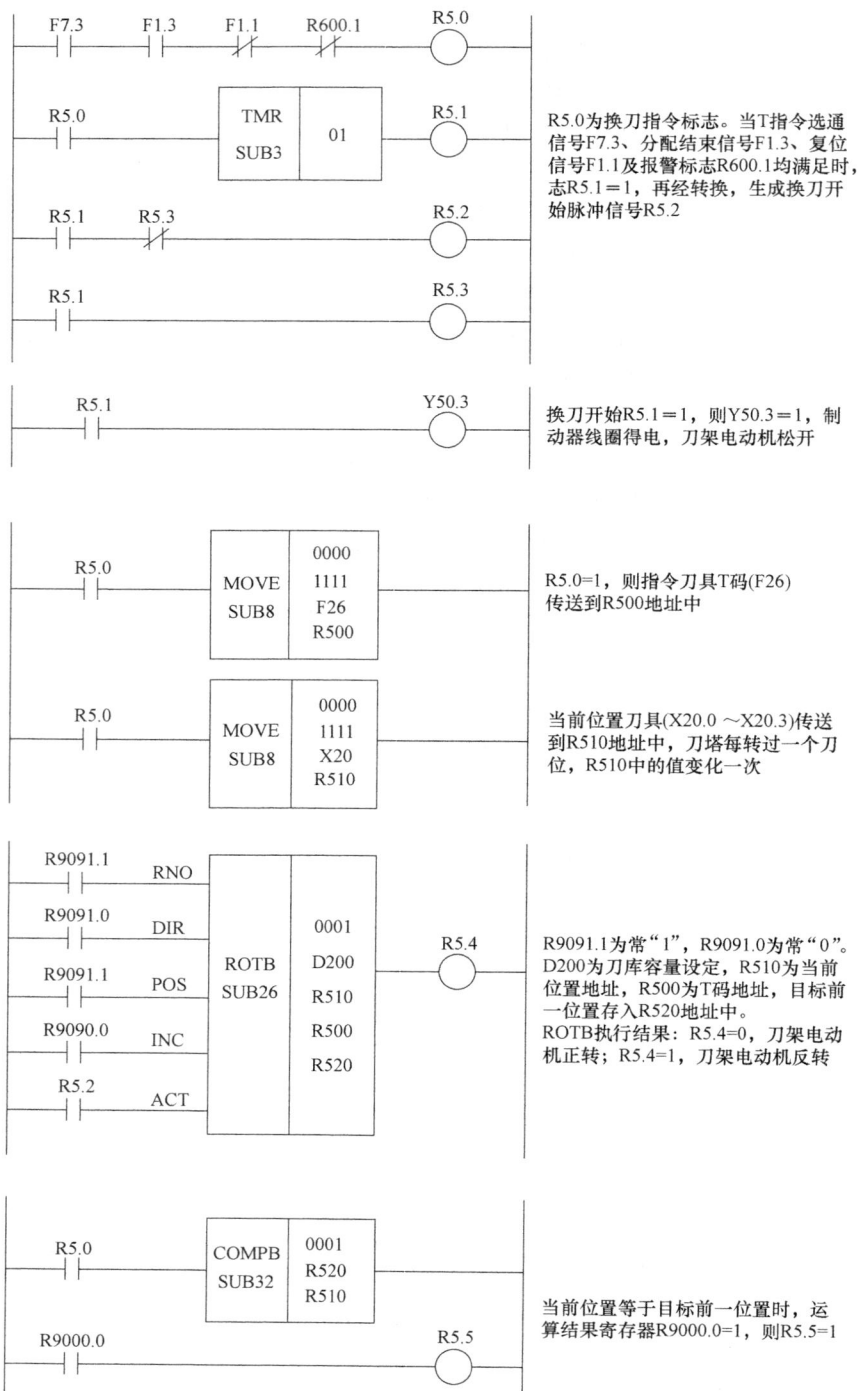

图 8-37　ROTB 指令用于选刀控制的部分梯形图及注释

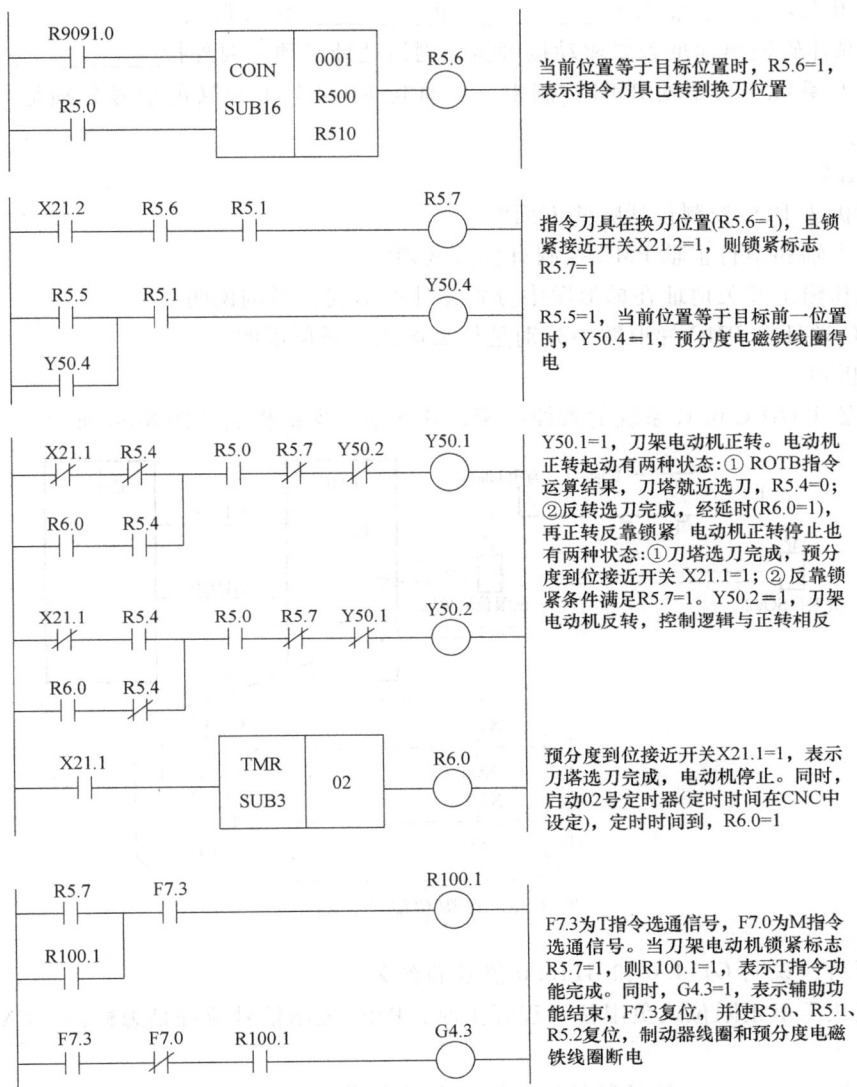

当前位置等于目标位置时，R5.6=1，表示指令刀具已转到换刀位置

指令刀具在换刀位置(R5.6=1)，且锁紧接近开关X21.2=1，则锁紧标志R5.7=1

R5.5=1，当前位置等于目标前一位置时，Y50.4=1，预分度电磁铁线圈得电

Y50.1=1，刀架电动机正转。电动机正转起动有两种状态：① ROTB指令运算结果，刀塔就近选刀，R5.4=0；②反转选刀完成，经延时(R6.0=1)，再正转反靠锁紧 电动机正转停止也有两种状态：①刀塔选刀完成，预分度到位接近开关 X21.1=1；②反靠锁紧条件满足R5.7=1。Y50.2=1，刀架电动机反转，控制逻辑与正转相反

预分度到位接近开关X21.1=1，表示刀塔选刀完成，电动机停止。同时，启动02号定时器（定时时间在CNC中设定），定时时间到，R6.0=1

F7.3为T指令选通信号，F7.0为M指令选通信号。当刀架电动机锁紧标志R5.7=1，则R100.1=1，表示T指令功能完成。同时，G4.3=1，表示辅助功能结束，F7.3复位，并使R5.0、R5.1、R5.2复位，制动器线圈和预分度电磁铁线圈断电

图 8-37　ROTB指令用于选刀控制的部分梯形图及注释（续）

思考题与习题

一、填空题

1. 数控机床 PLC 主要用于_____和_____指令的控制。

2. FANUC 系统 PMC 中，外部输入开关地址为_____，外部输出开关地址为_____；在 PMC 与 CC 内部交换的信号中，CNC→PMC 的地址为_____，PMC→CNC 的地址为_____。

3. SINUMERIK 802D/802D sl 系统 PLC 中，外部输入开关地址为_____，外部输出开关地址为_____；PLC 与 CNC 内部交换的信号地址为_____。

4. 接近开关输出开关信号有_____和_____两种形式。

5. PLC 晶体管输出地址若要驱动接触器，则该地址必须先要外接_____。

6. FANUC 系统串行主轴 PMC 控制中，主轴电动机正转和反转的信号分别是_____和_____。

二、简答题

1. 数控机床 PLC 控制包括哪些方面？

2. 模拟主轴和串行主轴 PMC 控制有什么区别？

3. 输入和输出开关地址在梯形图中分别是什么形式？举例说明。

4. F 和 G 地址在 PMC 梯形图中分别是什么形式？举例说明。

三、分析题

1. 某配置 FANUC 0i C 系统的数控机床，其硬限位保护控制如图 8-38 所示。

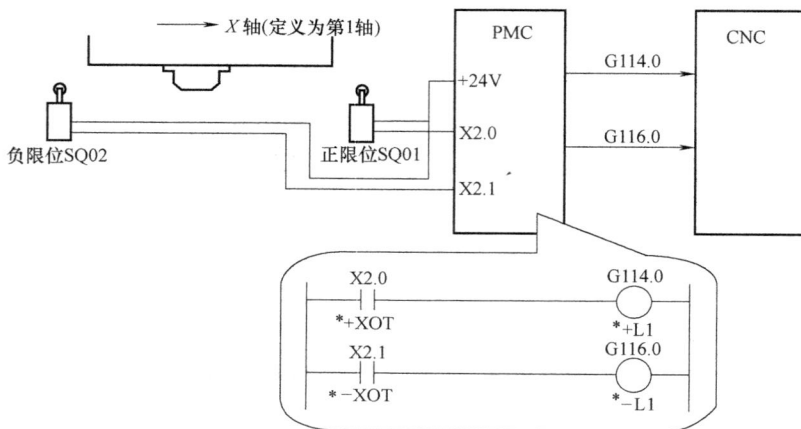

图 8-38　硬限位保护控制

1）查资料，说明 G114.0 和 G116.0 信号的含义。

2）当撞块压上正限位或负限位行程开关时，PMC 控制信号流程是怎样的？CNC 做出什么反应？

2. 配置 FANUC 0i C 系统的数控机床，其机床操作面板由机床制造厂家自行设计制造。面板上有一个切削液开关按键，用于手动切削液开和关，其 PMC 梯形图如图 8-39 所示。

地址说明：

X18.7：冷却按键

X8.4：冷却泵电动机过载信号

X9.5：切削液位低信号

Y8.3：冷却泵电动机起动信号

Y15.6：冷却运行指示灯

Y14.4：冷却报警指示灯

F1.1：CNC 复位信号

1）点画线框内是有关冷却按键的梯形图，分析该按键的控制逻辑。

2）机床主轴箱上通常有一个松、紧刀按钮，如图 8-40 所示。

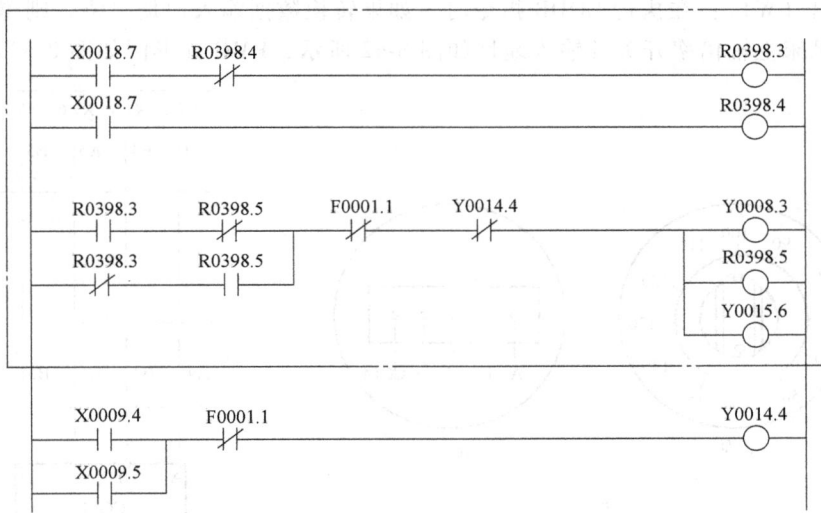

图 8-39　切削液控制 PMC 梯形图

参考图 2-18 和图 2-19 所示的松、紧刀机构及气动控制原理，以及切削液开关按键梯形图，设计在手动操作方式下，松、紧刀的 PMC 梯形图。

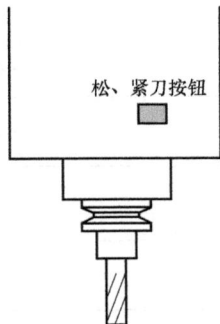

图 8-40　松、紧刀按钮

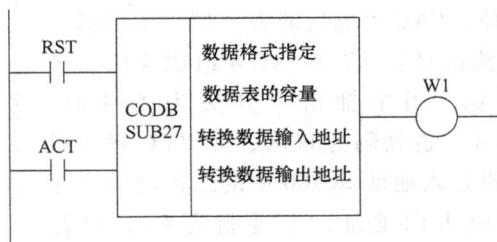

图 8-41　CODB 功能指令的格式

3. 机床操作面板上的主轴倍率 PMC 梯形图涉及 CODB 功能指令，其指令格式如图 8-41 所示。

CODB 功能指令的作用是，将指定的数据表内数据输出到转换数据的输出地址中。指令格式说明如下：

执行条件（ACT）：ACT=1 时，执行 CODB 指令；ACT=0 时，不执行 CODB 指令。

复位（RST）：RST=1 时，输出 W1 为 0；RST=0 时，输出 W1 不变。

数据格式指定：指定转换数据表中二进制数据的字节数，0001 表示 1 个字节二进制数，00020001 表示 4 个字节二进制数，0004 表示 4 个字节二进制数。

数据表的容量：指定转换数据表的范围（0~255），数据表的开头为 0 号。

转换数据输入地址：指定转换数据所在数据表的表内地址，可通过倍率开关来设定该地址。

转换数据输出地址：指定数据表内的数据转换后的输出地址。

错误输出（W1）：在执行 CODB 指令时，如果转换数据输入地址出错，则 W1 为 1。

某数控机床主轴倍率开关及输入地址如图 8-42 所示，PMC 梯形图如图 8-43 所示。

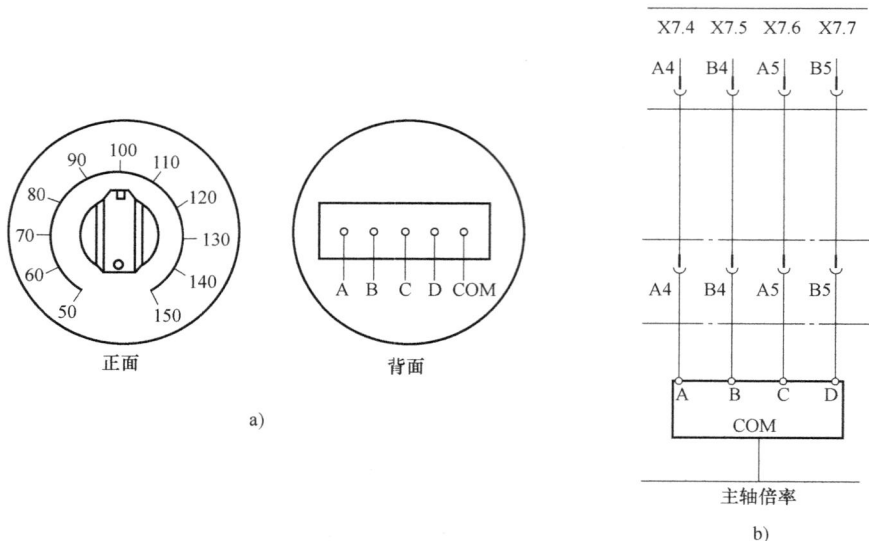

图 8-42 主轴倍率开关及输入地址

a）主轴倍率开关 b）输入地址

梯形图中，执行条件（ACT）R9091.1 为特殊功能位，CNC 上电后即为"1"。主轴倍率开关不同档位对应 X7.7～X7.4 组成 4 位二进制码，例如，当主轴倍率开关为 50% 时，X7.7～X7.4 二进制码为 0000，经 PMC 程序得到转换数据输入地址 R0100 中的二进制码也为 0000（对应表内地址，十进制为 0），执行 CODB 指令后，将表内地址 0 对应的数据 50（十进制）转换成 2 个字节的二进制码输出到 G30 地址中，G30 是专门用于主轴倍率的接口信号地址。G30 中的二进制码数据经 PMC 传送到 CNC，CNC 将当前的主轴倍率与程序给定的 S 指令相乘，得到实际的主轴转速。根据以上分析，问：

1）当主轴倍率开关为 120% 时，写出 X7.7～X7.4 二进制码状态。

2）此时，R0100 对应的表内地址为多少？

3）设 S600，则当前主轴实际转速为多少？

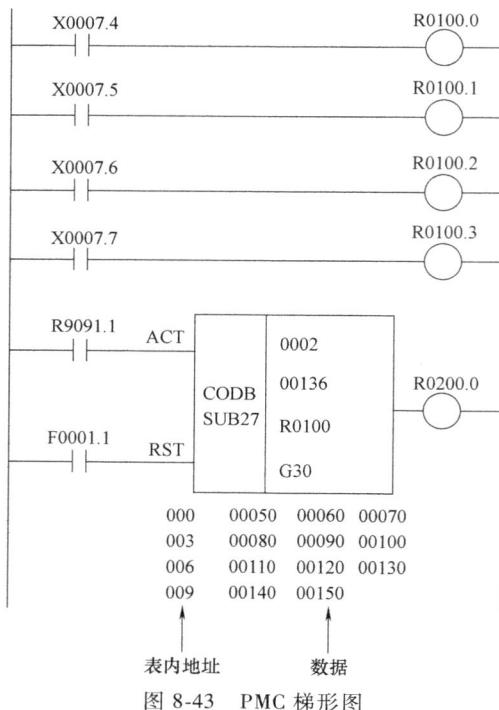

图 8-43 PMC 梯形图

参 考 文 献

[1] 吴祖育，秦鹏飞. 数控机床 [M]. 3 版. 上海：上海科学技术出版社，2000.

[2] 朱晓春. 数控技术 [M]. 2 版. 北京：机械工业出版社，2011.

[3] 严育和. 数控技术 [M]. 修订版. 北京：清华大学出版社，2012.

[4] 何雪明，吴晓光，刘有余. 数控技术 [M]. 3 版. 武汉：华中科技大学出版社，2014.

[5] 李斌，李曦. 数控技术 [M]. 武汉：华中科技大学出版社，2010.

[6] 蒋丽. 数控原理与系统 [M]. 北京：国防工业出版社，2011.

[7] 王爱玲. 数控原理及数控系统 [M]. 2 版. 北京：机械工业出版社，2013.

[8] 郑晓峰. 数控原理与系统 [M]. 2 版. 北京：机械工业出版社，2013.

[9] 陈富安. 数控原理与系统 [M]. 2 版. 北京：人民邮电出版社，2011.

[10] 王平. 数控原理与控制系统 [M]. 北京：中国劳动社会保障出版社，2006.

[11] 陈俊龙. 数控技术与数控机床 [M]. 2 版. 杭州：浙江大学出版社，2010.

[12] 徐宏海，王莉. 数控机床机械结构与电气控制 [M]. 北京：化学工业出版社，2011.

[13] 陈先锋，何亚飞，朱弘峰. SIEMENS 数控技术应用工程师——SINUMERIK 840D/810D 数控系统功能应用与维修调
整教程 [M]. 北京：人民邮电出版社，2010.

[14] 宋松，李兵. FANUC 0i 系列数控系统连接调试与维修诊断 [M]. 北京：化学工业出版社，2013.

[15] 罗敏. FANUC 数控系统设计及应用 [M]. 北京：机械工业出版社，2014.

[16] 裴炳文. 数控系统（数控技术应用专业）[M]. 北京：机械工业出版社，2002.

[17] 熊光华. 数控机床 [M]. 北京：机械工业出版社，2001.

[18] 周兰，常晓俊. 现代数控加工设备 [M]. 北京：机械工业出版社，2005.

[19] 王侃夫. 数控机床控制技术与系统 [M]. 2 版. 北京：机械工业出版社，2007.

[20] 梁森，王侃夫，黄杭美. 自动检测与转换技术 [M]. 3 版. 北京：机械工业出版社，2013.

[21] 孙慧平，陈子珍，瞿志永. 数控机床装配、调试与故障诊断 [M]. 北京：机械工业出版社，2011.

[22] 王侃夫. 数控机床故障诊断及维护 [M]. 2 版. 北京：机械工业出版社，2015.

[23] 杨叔子，杨克冲，等. 机械工程控制基础 [M]. 6 版. 武汉：华中科技大学出版社，2011.

[24] 林孔元，王萍. 电气工程学概论 [M]. 北京：高等教育出版社，2009.

[25] 邵泽强，陈庆胜. 数控机床电气线路装调 [M]. 北京：机械工业出版社，2012.